Python高级编程

（第2版）

[波兰] Michał Jaworski 著
[法] Tarek Ziadé

张亮 阿信 译

人民邮电出版社

北京

图书在版编目（CIP）数据

Python高级编程：第2版 / （波）贾沃斯基
(Michal Jaworski)，（法）莱德（Tarek Ziadé）著；
张亮，阿信译. -- 2版. -- 北京：人民邮电出版社，
2017.10（2022.8重印）
ISBN 978-7-115-46015-8

Ⅰ. ①P… Ⅱ. ①贾… ②莱… ③张… ④阿… Ⅲ. ①
软件工具－程序设计 Ⅳ. ①TP311.561

中国版本图书馆CIP数据核字（2017）第151660号

版权声明

◆ 著　　　[波兰] Michał Jaworski　　[法] Tarek Ziadé
　　译　　　张　亮　阿　信
　　责任编辑　胡俊英
　　执行编辑　武晓燕
　　责任印制　焦志炜

◆ 人民邮电出版社出版发行　　北京市丰台区成寿寺路 11 号
　　邮编　100164　　电子邮件　315@ptpress.com.cn
　　网址　http://www.ptpress.com.cn
　　北京七彩京通数码快印有限公司印刷

◆ 开本：800×1000　1/16
　　印张：26.5　　　　　　　　　2017 年 10 月第 2 版
　　字数：525 千字　　　　　　　2022 年 8 月北京第 15 次印刷
　　著作权合同登记号　图字：01-2016-7609 号

定价：89.00 元

读者服务热线：(010)81055410　印装质量热线：(010)81055316
反盗版热线：(010)81055315
广告经营许可证：京东市监广登字 20170147 号

内容提要

Python 作为一种高级程序设计语言，凭借其简洁、易读及可扩展性日渐成为程序设计领域备受推崇的语言之一。

本书基于 Python 3.5 版本进行讲解，通过 13 章的内容，深度揭示了 Python 编程的高级技巧。本书从 Python 语言及其社区的现状开始介绍，对 Python 语法、命名规则、Python 包的编写、部署代码、扩展程序开发、管理代码、文档编写、测试开发、代码优化、并发编程、设计模式等重要话题进行了全面系统化的讲解。

本书适合想要进一步提高自身 Python 编程技能的读者阅读，也适合对 Python 编程感兴趣的读者参考学习。全书结合典型且实用的开发案例，可以帮助读者创建高性能的、可靠且可维护的 Python 应用。

作者简介

Michał Jaworski 有着 7 年 Python 编程的经验。他还是 graceful 的创建者，这是一个构建于 falcon 之上的 REST 框架。他曾在不同的公司担任过多种角色，从一名普通的全栈开发人员到软件架构师再到一家快节奏创业公司的工程副总裁。他目前是 Opera 软件公司 TV Store（电视应用商店）团队的首席后端工程师。他在设计高性能的分布式服务方面拥有丰富的经验。他还是一些流行的 Python 开源项目的活跃贡献者。

Tarek Ziadé 是 Mozilla 的工程经理，与一个专门用 Python 为 Firefox 构建大规模 Web 应用的团队合作。他对 Python 打包做出过贡献，而且从早期 Zope 开始就使用过各种不同的 Python Web 框架。

Tarek 还创建了 Afpy——法国的 Python 用户组，并且用法语写过两本关于 Python 的书。他还在诸如 Solutions Linux、PyCon、OSCON 和 EuroPython 等国际活动中做过多次法语演讲和教学。

译者简介

张亮（**hysic**），毕业于北京大学物理学院，是一名爱好机器学习和数据分析的核安全工程师，主要负责本书前 6 章的翻译，并对本书进行了技术审读。

阿信，软件工程师，业余时间喜欢读书，也喜欢翻译。

审稿人简介

个简本帮

    Facundo Batista 是 Python 编程语言方面的专家，拥有超过 15 年的 Python 编程经验。他是这门语言的核心开发者，也是 Python 软件基金会的成员。他还获得了 2009 年的社区服务奖，奖励他组织了阿根廷的 PyCon 及其 Python 社区，以及对标准库的贡献和在翻译 Python 文档方面所做的工作。

    他还在阿根廷与其他国家（美国和欧洲）的主要 Python 会议上发表演讲。总之，他有丰富的分布式协同经验，10 多年来一直参与 FLOSS 开发并与全球人员合作。

    他曾在 Telefónica Móviles 和 Ericsson 担任电信工程师，还曾在 Cyclelogic 担任 Python 专家（首席开发工程师），目前的职务是 Canonical 的高级软件开发工程师。

    他还喜欢打网球，同时是两个可爱宝宝的父亲。

前言

Python 很棒！

从 20 世纪 80 年代末出现的最早版本到当前版本，Python 的发展一直遵循着相同的理念：提供一个同时具备可读性和生产力的多范式编程语言。

人们曾经将 Python 看作另一种脚本语言，认为它不适合构建大型系统。但多年以来，在一些先驱公司的努力下，Python 显然可以用于构建几乎任何类型的系统。

实际上，许多其他语言的开发者也醉心于 Python，并将它作为首选语言。

如果你购买了这本书，可能已经知道这些内容了，所以无需再向你证明这门语言的优点。

本书展现了作者多年构建各种 Python 应用的经验，从几个小时完成的小型系统脚本，到许多开发人员历经数年编写的大型应用。

本书描述了开发人员使用 Python 的最佳实践。

本书包含了一些主题，这些主题并不关注语言本身，而是更多地关注如何利用相关的工具和技术。

换句话说，本书描述了高级 Python 开发人员每天的工作方式。

本书内容

第 1 章介绍了 Python 语言及其社区的现状。本章展示了 Python 不断变化的方式及原因，还解释了为什么这些事实对任何想要自称 Python 专家的人来说是很重要的。本章还介绍了最流行和最公认的 Python 工作方式——常用的生产力工具和现已成为标准的约定。

第 2 章深入介绍迭代器、生成器、描述符等内容。本章还包括关于 Python 习语和 CPython 类型内部实现的有用注释，这些类型的计算复杂度是对这些习语的阐释。

第 3 章介绍了语法最佳实践，但重点放在类级别以上。本章包括 Python 中更高级的面向对象的概念和机制。学习这些知识是为了理解本章最后一节的内容，其中介绍的是 Python

元编程的各种方法。

第 4 章介绍了如何选择好的名称。它是对 PEP 8 中命名最佳实践的扩展，并且给出了一些如何设计良好 API 的提示。

第 5 章介绍如何创建 Python 包以及使用哪些工具，以便在官方的 Python 包索引或其他包仓库中正确地分发。对于 Python 包还补充了一些工具的简要回顾，这些工具可以让你用 Python 源代码创建独立可执行文件。

第 6 章主要针对 Python Web 开发人员和后端工程师，因为讲的是代码部署。本章解释了如何构建 Python 应用，使其可以轻松部署到远程服务器，还介绍了可以将这个过程自动化的工具。本章是第 5 章的延续，因此还介绍了如何使用包和私有包仓库来简化应用部署。

第 7 章解释了为什么为 Python 编写 C 扩展程序有时可能是一个好的解决方案。本章还展示了只要使用了正确的工具，它并不像想象中那么难。

第 8 章深入介绍了项目代码库的管理方式，还介绍了如何设置各种持续开发流程。

第 9 章包含文档相关的内容，提供了有关技术写作和 Python 项目文档化方式的建议。

第 10 章解释了测试驱动开发的基本原理，还介绍了可用于这种开发方法的工具。

第 11 章解释了何为优化，介绍了分析技术和优化策略指南。

第 12 章是对第 11 章的扩展，为 Python 程序中经常出现的性能问题提供了一些常用的解决方案。

第 13 章介绍了 Python 并发这一宏大的主题。本章解释了并发的概念、何时需要编写并发应用，以及 Python 程序员主要使用的并发方法。

第 14 章用一套有用的设计模式以及 Python 的代码示例对本书进行了总结。

阅读本书的前提

本书面向的是可以在任何操作系统上使用 Python 3 进行软件开发的人员。

这不是一本面向初学者的书，所以我假设你已经在开发环境中安装了 Python，或者知道如何安装 Python。不管怎样，本书考虑到以下事实：不是每个人都需要充分了解 Python 的最新功能或官方推荐的工具。因此，第 1 章概述了常见的实用程序（例如虚拟环境和 pip），这些实用程序现在已经成为 Python 专业开发人员的标准工具。

目标读者

本书面向的是想要进一步掌握 Python 的开发人员。开发人员主要指的是专业人士，即用 Python 编写软件的程序员。这是因为本书主要侧重于工具和实践，它们对于创建高性能的、可靠且可维护的 Python 软件至关重要。

这并不意味着业余爱好者无法从本书中发现有趣的内容。对于任何对学习 Python 高级概念感兴趣的人来说，本书都是很棒的。任何具备 Python 基本技能的人都应该能够读懂本书的内容，虽然经验不足的程序员可能需要一些额外的努力。对于有点落后仍在继续使用 Python 2.7 或更老版本的人来说，本书也是对 Python 3.5 的全面介绍。

最后，从阅读本书中受益最多的人群应该是 Web 开发者和后端工程师。这是因为本书重点介绍了在他们的工作领域中特别重要的两个主题：可靠的代码部署与并发。

本书约定

本书用多种文本样式来区分不同种类的信息。下面是这些样式的示例及其含义解释。

文本中的代码、数据库表的名称、文件夹名称、文件名称、文件扩展名、路径名称、虚拟 URL、用户输入和 Twitter 句柄的格式如下所示："利用 str.encode(encoding, errors) 方法，用注册编解码器对字符串进行编码。"

代码块的格式如下所示：

```
[print("hello world")
print "goodbye python2"
```

如果我们想让你将注意力集中在代码块的特定区域，相关的几行或几项将会被设成粗体，如下所示：

```
cdef long long fibonacci_cc(unsigned int n) nogil:
    if n < 2:
        return n
    else:
        return fibonacci_cc(n - 1) + fibonacci_cc(n - 2)
```

命令行的输入或输出如下所示：

```
$ pip show pip
---
Metadata-Version: 2.0
Name: pip
Version: 7.1.2
Summary: The PyPA recommended tool for installing Python packages.
Home-page: https://pip.pypa.io/
Author: The pip developers
Author-email: python-virtualenv@groups.google.com
License: MIT
```

```
Location: /usr/lib/python2.7/site-packages
Requires:
```

新术语和**重要词语**将以粗体显示。你会在屏幕上看到的单词（例如在菜单或对话框中）将以下面这种文本形式出现："单击 **Next** 按钮可跳转至下一屏"。

> 警告或重要提示。

> 提示和技巧。

读者反馈

我们十分欢迎读者的反馈意见。让我们了解你对本书的看法——喜欢哪些内容，不喜欢哪些内容。这些反馈对我们很重要，因为它有助于我们编写出对读者真正有帮助的书。

一般性的反馈请发送邮件至 feedback@packtpub.com，并在邮件主题中注明本书的标题。

如果你是某个领域的专家，并且有兴趣写一本书或者参与出版一本书，请参阅我们的作者指南。

客户支持

现在你已经成为这本 Packt 图书的拥有者，为了让你的购买物超所值，我们还为你提供了许多其他方面的服务。

下载示例代码

你可以用自己的账号在 Packt 的官方网站下载本书的示例代码文件。如果你是在其他地方购买的本书，可以访问 Packt 的官方网站并注册，文件会直接通过邮件发送给你。

下载代码文件的步骤如下所示。

- 用你的电子邮件地址和密码登录或注册我们的网站。
- 将鼠标指针悬停在顶部的 **SUPPORT** 选项卡上。
- 单击 **Code Downloads & Errata**。
- 在 **Search** 框中输入本书的名字。
- 选择你要下载代码文件的书籍。
- 从下拉菜单中选择本书的购买途径。

- 单击 **Code Download**。

你还可以在 Packt 网站的本书页面单击 **Code Files** 按钮来下载代码文件。在 **Search** 框输入本书的书名即可访问该页面。请注意，你需要登录 Packt 账号。

文件下载完成后，请确保用下列软件的最新版本对文件夹进行解压或提取。

- 在 Windows 上用 WinRAR 或 7-Zip。
- 在 Mac 上用 Zipeg、iZip 或 UnRarX。
- 在 Linux 上用 7-Zip 或 PeaZip。

本书的代码包也托管在 GitHub，网址为 https://github.com/PacktPublishing/Expert-Python-Programming_Second-Edition。在 GitHub 上还有大量图书和视频资源。快去看一下吧！

勘误

尽管我们已经竭尽全力确保本书内容的准确性，但错误在所难免。如果你发现了书中的错误，无论是正文错误还是代码错误，希望你能将其报告给我们，我们将不胜感激。这样不仅能够减少其他读者的困惑，还能帮助我们改进本书后续版本的质量。如果你需要提交勘误，请访问 http://www.packtpub.com/submit-errata，选择相应的书名，单击 **Errata Submission Form** 链接，然后输入你的勘误信息并提交。一旦通过验证，我们将接受你提交的勘误，同时勘误内容也将被上传到我们的网站，或者被添加到对应勘误区的现有勘误列表中。

想要查看之前提交的勘误，请访问 https://www.packtpub.com/books/content/support，并在搜索框中输入相应的书名。你想查看的信息将出现在 **Errata** 下面。

侵权行为

所有媒体在互联网上都一直饱受版权侵害的困扰。Packt 坚持对版权和授权进行全力保护。如果你在互联网上发现我社图书任何形式的盗版，请立即为我们提供网址或网站名称，以便我们采取进一步的措施。

请将疑似盗版材料的链接发送到 copyright@packtpub.com。

我们感谢你对作者的保护，这有助于我们继续为你提供更有价值的内容。

疑难解答

如果你对本书的某个方面抱有疑问，请通过 questions@packtpub.com 联系我们，我们会尽力为你解决。

目录

第1章
Python 现状

Python 很适合开发者使用。

无论你或你的客户用的是什么操作系统，都可以使用 Python。例如你可以在 Linux 上工作，然后部署到其他系统上，除非你的代码与特定平台相关，或者用到了特定平台的库。但这一特性已经不新鲜了（Ruby、Java 等很多其他语言都可以做到这一点）。本书还会讲到 Python 的其他特性，所有这些特性是使得 Python 成为一家公司主力开发语言的重要原因。

本书主要讲的是 Python 的 3.5 版本，如果没有明确说明的话，书中所有代码示例都是用这个版本的 Python 编写的。由于这一版本尚未被广泛使用，本章将会向读者介绍一下 Python 3 的当前现状，同时介绍 Python 的现代开发方法。本章主要包括以下内容。

- 如何保持 Python 2 和 Python 3 之间的兼容性。
- 为了开发的顺利进行，在应用层面和操作系统层面如何解决开发环境隔离的问题。
- 如何增强 Python 提示符的功能。
- 如何使用 pip 安装 Python 包。

每本书的开头都要来点开胃小菜。如果你对 Python 已经很熟悉了（特别是最新的 3.x 版本），并且掌握了开发中做环境隔离的正确方法，你可以跳过本章的前两节，快速阅读其他小节即可。其他小节会讲到一些工具和资源，它们并非必不可少，但可以大大提高 Python 开发效率。不过一定要读一下关于应用层环境隔离和 pip 的一节，因为这一节提到的工具会在本书后面的内容中用到。

1.1 Python 的现状与未来

Python 的历史最早可追溯到 20 世纪 80 年代末，但是 1.0 版的发行时间是在 1994 年，所以 Python 并不是一门非常年轻的语言。这里本该介绍 Python 主要版本发布的整个时间线，但其实真正重要的日期只有一个：2008 年 12 月 3 日，也就是 Python 3.0 的发布日期。

在写作本书时，Python 3 的首次发布已经经过去了 7 年。PEP 404 也已经创建了 4 年，PEP

404 是"取消发布"（un-release）Python 2.8 并正式关闭 Python 2.x 分支的官方文档。虽然过去了这么长的时间，Python 社区中依然存在明显的分歧。语言本身在迅速发展，但大量用户却并不想更新版本。

1.2　Python 升级及其原因

原因很简单。Python 升级是因为有这样的需求。语言之间的竞争随时都在上演。每隔几个月都会突然冒出一门新语言，声称解决了之前所有语言中存在的问题。对于大多数类似的项目，开发人员很快就会失去兴趣，它们的名气也只是一时炒作。

不管怎样，这也表示存在着更严重的问题。人们之所以设计新的编程语言，是因为他们发现现有的语言无法以最佳方式来解决问题。认识不到这样的需求是目光短浅的。此外，Python 的使用范围也越来越广泛，人们发现它有许多可以改进的地方，也应该做出这样的改进。

Python 的很多改进往往是由特定应用领域的需求驱动的。其中最重要的领域是 Web 开发，这一领域需要 Python 改进对并发的处理。

有些变化只是由于 Python 项目的历史原因导致的。这些年已经发现了 Python 的一些不合理之处，有些是标准库模块结构混乱或冗余，有些是程序设计缺陷。最初，发布 Python 3 是要对这门语言进行较大的清理与更新，但结果显示，这个计划并没有收到预期的效果。在很长一段时间内，很多开发人员对 Python 3 只是抱着好奇的态度而已，但希望这种情形正在好转。

1.3　追踪 Python 最新变化——PEP 文档

Python 社区有一种应对变化的固定方法。虽然各种各样的 Python 语言修改意见主要在邮件列表（python-ideas@python.org）中进行讨论，但只有发布了名为 PEP 的新文档，新的变化才会生效。**PEP** 的全称是 **Python 改进提案**（Python Enhancement Proposal，PEP）。它是提交 Python 变化的书面文档，也是社区对这一变化进行讨论的出发点。这些文档的整个目的、格式和工作流程的标准格式也都包含在一份 Python 改进提案中，也就是 PEP 1 文档（http://www.python.org/dev/peps/pep-0001）。

PEP 文档对 Python 的作用十分重要，根据讨论的主题，PEP 主要有以下 3 种用途。

- **通知**：汇总 Python 核心开发者需要的信息，并通知 Python 发布日程。
- **标准化**：提供代码风格、文档或其他指导意见。
- **设计**：对提交的功能进行说明。

所有提交过的 PEP 都被汇总在一个文档中，就是 PEP 0（https://www.python.org/dev/peps/）。由于这些 PEP 都在同一个网站上很容易找到，其 URL 也很容易猜到，因此本书一般用编号来指代这些文档。

如果你对 Python 语言的未来发展方向感兴趣，但又没时间跟踪 Python 邮件列表中的讨论，那么 PEP 0 会是很好的信息来源。它会告诉你，哪些文档已被接受但尚未实施，哪些文档仍在审议中。

PEP 还有其他的用途。人们通常会问这样的问题：

- A 功能为什么要以这样的方式运行？
- Python 为什么没有 B 功能？

大多数情况下，关于该功能的某个 PEP 文档已经给出了上述问题的详细回答。很多提交的关于 Python 语言功能的 PEP 文档并没有通过。这些文档可作为历史资料来参考。

1.4 当前 Python 3 的普及程度

Python 3 有许多强大的新功能，那么它在社区中广泛普及了吗？遗憾的是，并没有。有一个著名的网站叫"Python 3 荣耀之墙（Python 3 Wall of Superpowers）"，里面记录了大多数常用软件包与 Python 3 的兼容性，不久前这个网站刚刚改名为"Python 3 耻辱之墙（Python 3 Wall of Shame）"。目前这种状况正在逐步改善，上述网站的软件包列表中绿色的比例也在每月缓慢增加[①]。尽管如此，但这并不代表很快所有应用开发团队都只使用 Python 3。当所有常用软件包都支持 Python 3 时，"我们所用的软件包还没有迁移到 Python 3"这一常用借口将不再适用。

造成目前这种状况的主要原因是，将现有应用从 Python 2 迁移到 Python 3 上总是一项不小的挑战。像 2to3 之类的工具可以进行代码自动转换，但无法保证转换后的代码 100% 正确。而且，如果不做人工修改的话，转换后的代码性能可能不如转换前。将现有的复杂代码库迁移到 Python 3 上可能需要付出巨大的精力和成本，某些公司可能无法负担这些成本。但这些成本可以分割成小份来逐步完成。一些优秀的软件架构设计方法可以帮助其逐步实现这一目标，如面向服务的架构或者微服务。新的项目组件（服务或微服务）可以用新方法编写，现有的项目组件可以逐步迁移。

长远来看，将项目迁移到 Python 3 只有好处。根据 PEP-404 这份文档，Python 2.x 分支将不会发布 2.8 版本。而且未来所有重要的项目（如 Django、Flask 和 NumPy）可能都将放弃 2.x 的兼容性，仅支持 Python 3。

---

① 在这个网站上，如果某个软件包被标为绿色，则表示它支持 Python 3，红色则表示不支持。——译者注

我个人对这个问题的观点可能会引发争议。我认为在创建新的软件包时，最好鼓励社区完全放弃支持 Python 2。当然，这一做法极大地限制了这些软件的适用范围，但对于那些坚持使用 Python 2.x 的人来说，这可能是改变他们想法的唯一方法。

1.5　Python 3 和 Python 2 的主要差异

前面已经说过，Python 3 打破了对 Python 2 的向后兼容。但它并不是完全重新设计的。而且，也并不是说 2.x 版本的 Python 模块在 Python 3 下都无法运行。代码可以完全跨版本兼容，无需其他工具或技术在两大版本上都可以运行，但一般只有简单应用才能做到这一点。

1.5.1　为什么要关注这些差异

本章前面说过我个人对 Python 2 兼容性的看法，但是目前不可能完全忽视这一点。还有一些 Python 包（例如第 6 章将讲到的 fabric）十分实用，但可能短期内不会迁移到 Python 3。

另外，有时我们还会受到所在公司的制约。现有的遗留代码可能非常复杂，迁移代码的费用难以承受。所以即使我们现在决定只用 Python 3，短期内也不可能完全放弃 Python 2。

如今想要自称专业开发者，没有对社区的回馈是说不过去的，所以帮助开源软件开发者向现有软件包中添加对 Python 3 的兼容，可以很好地偿还在使用这些软件包时产生的"道德债（moral debt）"。当然，不了解 Python 2 和 Python 3 的差异是无法做到这一点的。顺便提一下，对于 Python 3 新手来说，这也是一项很好的练习。

1.5.2　主要的语法差异和常见陷阱

要比较不同版本之间的差异，最好的参考资料就是 Python 文档。不过为了方便读者，本节总结了其中最重要的内容。但不熟悉 Python 3 的读者还是要去阅读官方文档。

Python 3 引入的重要差异一般可分为以下几个方面。

- 语法变化，删除/修改了一些语法元素，并添加了一些新的语法元素。
- 标准库中的变化。
- 数据类型与集合的变化。

1．语法变化

有些语法变化会导致当前代码无法运行，这些变化是最容易发现的，它们会导致代码根本无法运行。包含新语法元素的 Python 3 代码在 Python 2 中无法运行，反之亦然。由于删除了某些元素，导致 Python 2 代码显然无法与 Python 3 兼容。运行有这些问题的代码时，解释器很快就会抛出 SyntaxError 异常。下面是一个无法运行的脚本示例，只包含两个语句，都会引发语法错误而无法运行：

```
print("hello world")
print "goodbye python2"
```

上述代码在 Python 3 中的实际运行结果如下：

```
$ python3 script.py
  File "script.py", line 2
    print "goodbye python2"
                          ^
SyntaxError: Missing parentheses in call to 'print'
```

列出所有的语法差异会比较长，而且 Python 3.x 的新版本也会不时添加新的语法元素，在较早版本的 Python 中就会引发错误（即使在相同的 3.x 版本上也会报错）。其中最重要的语法差异将会在第 2 章和第 3 章中讲到，所以这里无需全部列出。

与 Python 2.7 相比，删除或改动的内容要相对少一些，下面给出最重要的变化内容。

- print 不再是一条语句而是一个函数，所以必须加上括号。
- 捕获异常的语法由 except exc, var 改为 except exc as var。
- 弃用比较运算符<>，改用!=。
- from module import * （https://docs.python.org/3.0/reference/simple_stmts.html#import）现在只能用于模块，不能用在函数中。
- 现在 from .[module] import name 是相对导入的唯一正确的语法。所有不以点字符开头的导入都被当作绝对导入。
- sorted 函数与列表的 sort 方法不再接受 cmp 参数，应该用 key 参数来代替。
- 整数除法表达式（如 1/2）返回的是浮点数。取整运算可以用//运算符，如 1//2。这样做的好处是浮点数也可以用这个运算符，所以 5.0//2.0 == 2.0。

2．标准库中的变化

语法变化很容易发现，标准库中的重大变化也是非常容易发现的。Python 的每个后续版本都会向标准库模块中添加、弃用、改进或完全删除某些内容。在旧版 Python（1.x 和 2.x）中也会定期有这样的变化，所以出现在 Python 3 中并不让人吃惊。大多数情况下，对于删除或重组的模块（例如 urlparse 移到了 urllib.parse），在运行解释器时会对导入语句抛出异常。这样的问题很容易发现。无论如何，为了确保能够发现所有类似的问题，完整的代码测试覆盖率是必不可少的。在某些情况下（例如使用延迟加载模块时），这个通常在全局导入时出现的问题并不会出现，直到在代码中将某些模块作为函数调用时才会出现。因此，在测试期间确保每行代码都要实际运行是很重要的。

> **延迟加载模块**
>
> 延迟加载模块是指在全局导入时并不加载的模块。在 Python 中，import 语句可以包含在函数内部，这样导入是在函数调用时才会发生，而不是在全局导入时发生。在某些情况下，模块的这种加载方式可能比较合理，但大多数情况下，这只是对设计不佳的模块结构的变通方法（例如避免循环导入），通常应避免这种加载方式。当然，对于标准库模块来说，没有理由使用延迟加载。

3．数据类型与集合的变化

开发人员在努力保持兼容性或只是将现有代码迁移到 Python 3 上时，需要特别注意 Python 中数据类型与集合的表示方式的变化。虽然不兼容的语法变化或标准库变化很容易发现，也很容易修复，但集合与数据类型的变化要么难以察觉，要么需要大量的重复工作。这样的变化列表会很长，再次重申，官方文档是最好的参考资料。

不过，这一节必须讲一下 Python 3 中字符串处理方式的变化，因为这是 Python 3 中最具争议也是讨论最多的变化，尽管这是一件好事，使很多问题变得更加明确。

现在所有字符串都是 Unicode，字节（bytes）需要加一个 b 或 B 的前缀。Python 3.0 和 3.1 不支持使用 u 前缀（例如 u"foo"），使用的话会引发语法错误。不支持这个前缀是引发所有争议的主要原因。这导致难以编写能够兼容 Python 不同分支的代码，2.x 版需要用这个前缀来创建 Unicode。Python 3.3 又恢复了这个前缀，虽然没有任何语法上的意义，只是为了简化兼容过程。

1.5.3 　用于保持跨版本兼容性的常用工具和技术

在 Python 不同版本之间保持兼容性是一项挑战。根据项目的大小不同，这项挑战可能会增加许多额外的工作量，但绝对可行，也很值得去做。对于在许多环境中都会用到的 Python 包来说，必须要保持跨版本兼容性。如果开源包没有定义明确并经过测试的兼容范围（compatibility bound），是不太可能流行起来的。而且，对于只在公司网络封闭使用的第三方代码来说，也可以大大受益于在不同环境中的测试。

这里应该注意，虽然这一部分内容主要关注 Python 不同版本之间的兼容，但这些方法也适用于保持与外部依赖项之间的兼容，外部依赖项包括不同的包版本、二进制库、系统或外部服务等。

整个过程主要分为 3 个部分，按重要性排序如下。

- 定义并记录目标兼容范围的及其管理方法。
- 在每个环境中进行测试，并对每个兼容的依赖版本进行测试。
- 实现实际的兼容代码。

告知兼容范围是整个过程中最重要的一部分，因为这可以让代码使用者（开发人员）对代码的工作原理和未来的变化方式有一定的预期和假设。我们的代码可能用于多个不同项目的依赖，这些项目也在努力管理兼容性，所以把代码兼容性说清楚还是很重要的。

本书总是尽量给出几个选择，而不会强烈推荐某个特定选项，而这里是少数几个例外之一。目前来看，管理兼容性未来变化的最佳方法，就是正确使用**语义化版本**（Semantic Versioning semver）的版本号。它是一个广为接受的标准，用仅包含 3 个数字的版本标识符来标记代码的变化范围。它还给出了如何处理弃用的方法建议。下面是摘录 semver 官网的摘要。

版本格式：主版本号.次版本号.修订号，版本号递增规则如下。

- 主版本号（MAJOR）：当你做了不兼容的 API 修改。
- 次版本号（MINOR）：当你做了向后兼容的功能性新增。
- 修订号（PATCH）：当你做了向后兼容的问题修正。

先行版本号及版本编译信息可以加到"主版本号.次版本号.修订号"的后面，作为延伸。

测试时就会发现一个悲伤的事实，为了保证代码与每个依赖版本和每个环境（这里环境指的是 Python 版本）都保持兼容，必须在所有可能的组合中对代码进行测试。当然，如果项目的依赖很多，做到这一点基本是不可能的，因为随着依赖版本数目的增加，组合的数目也会迅速增加。因此，通常需要做一些权衡，使得运行所有兼容性测试无需花费数年的时间。第 10 章中介绍一般的测试，里面也介绍了所谓的矩阵测试中工具的选择。

> 项目遵循 semver 的好处在于，通常只有主版本才需要测试，因为次版本和修订版本中保证没有向后不兼容的变化。只有项目不违背这样的约定，这种说法才能成立。不幸的是，每个人都会犯错，许多项目中都出现了后向不兼容的变化，甚至在修订版本中也出现了这种变化。尽管如此，由于 semver 声称对次版本和修订版本的变化保持严格的向后兼容，那么打破这个规则就可以视为 bug，可以在修订版本中进行修复。

如果明确定义了兼容范围并严格测试，那么实现兼容层就是最后一步，也是最不重要的一步。但是，每一位对这个话题感兴趣的程序员都应该知道下列工具和技术。

最基本的就是 Python 的 `__future__` 模块。它将 Python 新版本中的一些功能反向迁移到旧版本中，采用的是导入语句的形式：

```
from __future__ import <feature>
```

future 语句提供的功能是和语法相关的元素，其他方法很难处理这些元素。这个语句只能影响它所在的模块。下面是 Python 2.7 交互式会话的实例，从 Python 3.0 中引入 Unicode：

```
Python 2.7.10 (default, May 23 2015, 09:40:32) [MSC v.1500 32 bit
(Intel)] on win32
Type "help", "copyright", "credits" or "license" for more
information.
>>> type("foo")  # 旧的字面值
<type 'str'>
>>> from __future__ import unicode_literals
>>> type("foo")  # 现在变成了 unicode
<type 'unicode'>
```

下面列出了所有可用的 __future__ 语句，关注 2/3 兼容性的开发者都应该知道。

- division：Python 3 新增的除法运算符（PEP 238）。
- absolute_import：将所有不以点字符开头的 import 语句格式解释为绝对导入（PEP 328）。
- print_function：将 print 语句变为函数调用，所以在 print 后面必须加括号（PEP 3112）。
- unicode_literals：将每个字符串解释为 Unicode（PEP 3112）。

__future__ 中的可选语句列表很短，只包含几个语法功能。对于其他变化的内容，例如元类语法（第 3 章会讲到这一高级特性），维持其兼容性则困难得多。future 语句也无法完全解决多个标准库重组的问题。幸运的是，有些工具旨在提供一致可用的兼容层。最有名的就是 Six 模块，提供了常用的 2/3 兼容性的整个样板。另一个很有前途但名气稍逊的工具是 future 模块。

在某些情况下，开发人员可能不想在一些小型 Python 包里添加其他依赖项。通常的做法是将所有兼容性代码放在一个附加模块中，该模块通常命名为 compat.py。下面是来自 python-gmaps 项目的 compat 模块实例：

```
# -*- coding: utf-8 -*-
import sys

if sys.version_info < (3, 0, 0):
    import urlparse  # noqa

    def is_string(s):
        return isinstance(s, basestring)

else:
```

```
from urllib import parse as urlparse  # noqa

def is_string(s):
    return isinstance(s, str)
```

这样的 compat.py 模块十分常见，即使是利用 Six 保持 2/3 兼容性的项目也很常见，因为这种方法非常方便，用于保存在不同版本的依赖包之间保持兼容性的代码。

> **下载示例代码**
>
> 你可以用自己的账号在 Packt 的官方网站下载本书的示例代码文件。如果你是在其他地方购买的本书，你可以访问 Packt 的官方网站并注册，文件会直接通过邮件发送给你。
>
> 下载代码文件的步骤如下。
>
> - 用你的电子邮件地址和密码登录或注册我们的网站。
> - 将鼠标指针悬停在顶部的 **SUPPORT** 选项卡上。
> - 单击 **Code Downloads & Errata**。
> - 在 **Search** 框中输入本书的名字。
> - 选择你要下载代码文件的书籍。
> - 从下拉菜单中选择本书的购买途径。
> - 单击 **Code Download**。
>
> 文件下载完成后，请确保用下列软件的最新版本对文件夹进行解压或提取。
>
> - 在 Windows 上用 WinRAR 或 7-Zip。
> - 在 Mac 上用 Zipeg、iZip 或 UnRarX。
> - 在 Linux 上用 7-Zip 或 PeaZip。
>
> 本书的代码包也托管在 GitHub，网址为 https://github.com/PacktPublishing/Expert-Python-Programming_Second-Edition。在 GitHub 上还有大量图书和视频资源。去看一下吧！

1.6 不只是 CPython

最重要的 Python 实现是用 C 语言编写的，叫作 **CPython**。大多数人在讨论 Python 时指的都是 CPython。随着语言的进化，C 语言实现也相应发生变化。除了 C 之外，Python

还有其他几种实现方式，这些实现方式都在努力地跟上主流。大多数实现方式的时间表都要落后于 CPython，但它们提供了一个好机会，可以在具体环境中使用并推广 Python 语言。

1.6.1　为什么要关注 Python 实现

Python 实现有许多种。在 Python 官网上关于这一话题的维基百科页面中，主要介绍了 20 多种语言变体、方言或除 C 语言之外的 Python 解释器实现。其中一些只是实现了语言核心语法、功能和内置扩展的一个子集，但至少有几个与 CPython 几乎完全兼容。最重要的是，虽然其中一些只是玩具项目或实验，但大部分都是为了解决某些实际问题而创建的，这些问题要么是用 CPython 无法解决，要么需要开发人员花费巨大的精力。这些问题的实例包括如下几个。

- 在嵌入式系统中运行 Python 代码。
- 与运行框架（如 Java 或.NET）或其他语言做代码集成。
- 在 Web 浏览器中运行 Python 代码。

本节将简要介绍目前 Python 开发人员可用的最流行和最新的 Python 实现。

1.6.2　Stackless Python

Stackless Python 自称 Python 增强版。之所以名为 Stackless（无栈），是因为它没有依赖 C 语言的调用栈。它实际上是修改过的 CPython 代码，还添加了一些新的功能，在创建 Stackless Python 时 Python 核心实现中还没有这些功能。其中最重要的功能就是由解释器管理的微线程，用来替代依赖系统内核上下文切换和任务调度的普通线程，既轻量化又节约资源。

Stackless Python 最新可用的版本是 2.7.9 和 3.3.5，分别实现的是 Python 2.7 和 3.3。在 Stackless Python 中，所有的额外功能都是内置 stackless 模块内的框架。

Stackless Python 并不是最有名的 Python 实现，但很值得一提，因为它引入的思想对编程语言社区有很大的影响。将 Stackless Python 中的内核切换功能提取出来并作为一个独立包发布，名为 greenlet，现在是许多有用的库和框架的基础。此外，它的大部分功能都在 PyPy 中重新实现，PyPy 是另一个 Python 实现，我们将稍后介绍。

1.6.3　Jython

Jython 是 Python 语言的 Java 实现。它将代码编译为 Java 字节代码，开发人员在 Python 模块中可以无缝使用 Java 类。Jython 允许人们在复杂应用系统（例如 J2EE）中使用 Python 作为顶层脚本语言，它还将 Java 应用引入到 Python 世界中。Jython 的一个很好的例子就是，在 Python 程序中可以使用 Apache Jackrabbit（这是一个基于 JCR 的文档仓库 API）。

Jython 最新可用的版本是 Jython 2.7，对应的是 Python 2.7 版。它宣称几乎实现了 Python

所有的核心标准库，并使用相同的回归测试套件。Jython 3.x 版正在开发中。

Jython 与 CPython 实现的主要区别如下所示。

- 真正的 Java 垃圾回收，而不是引用计数。
- 没有**全局解释器锁**（Global Interpreter Lock，GIL），在多线程应用中可以充分利用多个内核。

这一语言实现的主要缺点是缺少对 C/Python 扩展 API 的支持，因此用 C 语言编写的 Python 扩展在 Jython 中无法运行。这种情况未来可能会发生改变，因为 Jython 3.x 计划支持 C/Python 扩展 API。

某些 Python Web 框架（例如 Pylons）被认为是促进 Jython 的开发，使其可用于 Java 世界。

1.6.4 IronPython

IronPython 将 Python 引入.NET 框架中。这个项目受到微软的支持，IronPython 的主要开发人员都在微软工作。它是推广语言的一种重要实现。除了 Java，.NET 社区是最大的开发者社区之一。还值得注意的是，微软提供了一套免费开发工具，可以将 Visual Studio 转换为成熟的 Python IDE。这是作为 Visual Studio 的插件发布的，名为**PTVS**（Python Tools for Visual Studio，用于 Visual Studio 的 Python 工具），在 GitHub 可以找到其开源代码。

最新的稳定版本是 2.7.5，与 Python 2.7 兼容。与 Jython 类似，Python 3.x 的实现也在开发中，但还没有可用的稳定版本。虽然.NET 主要在微软 Windows 系统上运行，但是 IronPython 也可以在 Mac OS X 和 Linux 系统上运行。这一点要感谢 Mono，一个跨平台的开源.NET 实现。

与 CPython 相比，IronPython 的主要区别或优点如下。

- 与 Jython 类似，没有全局解释器锁（Global Interpreter Lock，GIL），在多线程应用中可以充分利用多个内核。
- 用 C#和其他.NET 语言编写的代码可以轻松集成到 IronPython 中，反之亦然。
- 通过 Silverlight，在所有主流 Web 浏览器中都可以运行。

说到弱点，IronPython 也与 Jython 非常类似，因为它也不支持 C/Python 扩展 API。对于想要使用主要基于 C 扩展的 Python 包（例如 NumPy）的开发人员来说，这一点是很重要的。有一个叫作 ironclad 的项目，其目的是在 IronPython 中无缝使用这些扩展，虽然它最新支持的版本是 2.6，开发似乎也停止了。

1.6.5 PyPy

PyPy 可能是最令人兴奋的 Python 实现，因为其目标就是将 Python 重写为 Python。在 PyPy 中，Python 解释器本身是用 Python 编写的。在 Python 的 CPython 实现中，有一个 C

代码层来实现具体细节。但在 PyPy 实现中，这个 C 代码层用 Python 完全重写。

这样你可以在代码运行期间改变解释器的行为，并实现 CPython 难以实现的代码模式。

目前 PyPy 的目的是与 Python 2.7 完全兼容，而 PyPy3 则与 Python 3.2.5 版兼容。

以前对 PyPy 感兴趣主要是理论上的原因，只有喜欢深入钻研语言细节的人才会对它感兴趣。它通常不用于生产环境，但这些年来这种状况已经发生改变。现在许多基准测试给出惊人的结果，PyPy 通常比 CPython 实现要快得多。这个项目有自己的基准测试网站，记录了用数十种不同的基准测试对每一版本性能的测量结果（参见 http://speed.pypy.org/）。网站清晰地显示，启用 JIT 的 PyPy 至少比 CPython 要快好几倍。由于 PyPy 的这一特性以及其他特性，使得越来越多的开发人员决定在生产环境中切换到 PyPy。

PyPy 与 CPython 实现的主要区别在于以下几个方面。

- 使用垃圾回收，而不是引用计数。
- 集成跟踪 JIT 编译器，可以显著提高性能。
- 借鉴了 Stackless Python 在应用层的无栈特性。

与几乎所有其他的 Python 实现类似，PyPy 也缺乏对 C/Python 扩展 API 的完全官方支持。但它至少通过 CPyExt 子系统为 C 扩展提供了某种程度的支持，虽然文档不完整，功能也尚未完善。此外，社区正在努力将 NumPy 迁移到 PyPy 中，因为这是最需要的功能。

1.7　Python 开发的现代方法

作为专家，最重要的是要对所选用的编程语言有深刻的理解。对于任何技术来说都是如此。但如果不知道在特定语言社区中的常用工具和实践的话，想开发一款好软件是相当困难的。Python 所有的单项功能都可以在其他某种语言中找到。所以，直接比较语法、表现力（expressiveness）或性能的话，总会在一个或多个方面存在更好的解决方案。但 Python 真正出众的领域在于围绕语言打造的整个生态系统。多年来，Python 社区完善了标准实践和标准库，有助于在更短的时间内创建更可靠的软件。

对于上文提到的生态系统，最明显也最重要的一部分就是大量免费的开源包，可以用来解决许多问题。编写新软件总是一个费钱又费时的过程。能够复用现有代码而无需**重新造轮子**（reinvent the wheel），可以大大降低开发的时间和成本。这也是某些公司的项目在经济上可行的唯一原因。

由于这个原因，Python 开发者花费大量精力来创建工具和标准，方便使用他人创建的开源包。我们首先介绍虚拟隔离环境、改进的交互式 shell 和调试器，然后介绍一些程序，有助于发现、搜索和分析 **PyPI**（**Python Package Index**，Python 包索引）上大量可用的 Python 包。

1.8 应用层 Python 环境隔离

现在许多操作系统都将 Python 作为标准组件。对于大多数 Linux 发行版和基于 Unix 的系统（如 FreeBSD、NetBSD、OpenBSD 或 OS X 系统）来说，要么默认安装了 Python，要么系统软件包仓库中包含 Python。其中很多系统甚至将 Python 作为核心组件的一部分。有些操作系统的安装程序是用 Python 编写的，例如 Ubuntu 系统的 Ubiquity、Red Hat Linux 和 Fedora 系统的 Anaconda。

基于这一事实，PyPI 上的许多包也可以用系统包管理工具（如 Debian 和 Ubuntu 的 apt-get、Red Hat Linux 的 rpm、Gentoo 的 emerge）作为本地包来管理。不过应该记住，可用的库非常有限，大部分也比 PyPI 上的版本要旧。因此，**PyPA**（Python Packaging Authority，Python 包官方小组）推荐始终采用 pip 来获取最新版本的 Python 包。虽然从 CPython 2.7.9 版和 3.4 版开始，pip 已经成为一个独立的 Python 包，但每一个新版本都会默认安装 pip。安装新 Python 包的方法就是这么简单，如下所示：

pip install <package-name>

pip 功能十分强大，可以强制安装特定版本的 Python 包（语法为 pip install package-name==version），或升级到最新可用的版本（使用--upgrade 参数）。对于本书中提到的大多数命令行工具来说，在命令后添加-h 或--help 参数并运行可以轻松获得其完整的用法说明，但下面给出一个示例会话，展示其最常用的选项：

```
$ pip show pip
---
Metadata-Version: 2.0
Name: pip
Version: 7.1.2
Summary: The PyPA recommended tool for installing Python packages.
Home-page: https://pip.pypa.io/
Author: The pip developers
Author-email: python-virtualenv@groups.google.com
License: MIT
Location: /usr/lib/python2.7/site-packages
Requires:

$ pip install 'pip<7.0.0'
Collecting pip<7.0.0
  Downloading pip-6.1.1-py2.py3-none-any.whl (1.1MB)
    100% |████████████████████████████████| 1.1MB 242kB/s
```

```
Installing collected packages: pip
  Found existing installation: pip 7.1.2
    Uninstalling pip-7.1.2:
      Successfully uninstalled pip-7.1.2
Successfully installed pip-6.1.1
You are using pip version 6.1.1, however version 7.1.2 is available.
You should consider upgrading via the 'pip install --upgrade pip'
command.

$ pip install --upgrade pip
You are using pip version 6.1.1, however version 7.1.2 is available.
You should consider upgrading via the 'pip install --upgrade pip'
command.
Collecting pip
  Using cached pip-7.1.2-py2.py3-none-any.whl
Installing collected packages: pip
  Found existing installation: pip 6.1.1
    Uninstalling pip-6.1.1:
      Successfully uninstalled pip-6.1.1
Successfully installed pip-7.1.2
```

在某些情况下，可能默认 pip 不可用。从 Python 3.4 版和 2.7.9 版开始，总是可以使用 ensurepip 模块来引导启动 pip，具体如下：

```
$ python -m ensurepip
Ignoring indexes: https://pypi.python.org/simple
Requirement already satisfied (use --upgrade to upgrade): setuptools in /
usr/lib/python2.7/site-packages
Collecting pip
Installing collected packages: pip
Successfully installed pip-6.1.1
```

关于在旧版 Python 中如何安装 pip 的方法，访问项目的文档页面可获取最新信息。

1.8.1　为什么要隔离

pip 可用于安装系统级的 Python 包。在基于 Unix 的系统和 Linux 系统上，这么做需要超级用户权限，所以实际的调用如下所示：

```
sudo pip install <package-name>
```

注意，在 Windows 上并不需要这样做，因为没有默认安装 Python 解释器，Windows 上的 Python 通常由用户手动安装，无需超级用户权限。

无论如何，不推荐直接从 PyPI 安装系统级的 Python 包，也应尽量避免这一做法。前面说 PyPA 推荐使用 pip，这似乎与前面的说法相矛盾，但其中是有很重要的原因。如前所述，通过操作系统软件包仓库，Python 往往是许多软件包的重要组成部分，也可以提供许多重要服务。系统发行版的维护者投入大量精力选择合适的软件包版本，以匹配各种包依赖。通常来说，系统软件包仓库中的 Python 包都包含自定义补丁，或者使用较旧的版本，只是为了保证与其他系统组件的兼容。利用 pip 将这些 Python 包强制更新至某一版本，打破了向后兼容，也可能会破坏某些关键的系统服务。

即使在本地计算机上，为了方便开发而做这些事情也不是一个好的理由。那样胡乱使用 pip 几乎总会引起麻烦，最终导致难以调试的问题。并不是说要严格禁止从 PyPI 全局安装 Python 包，但这么做时一定要清楚地认识到相关风险。

幸运的是，这个问题有一个简单的解决方案，就是环境隔离。在不同的系统抽象层中对 Python 运行环境进行隔离的工具有很多种。其主要作用是，将项目依赖与其他项目和/或系统服务需要的包进行隔离。这种方法的好处在于以下几个方面。

- 解决了这样的难题："X 项目依赖于 1.x 版，但 Y 项目却需要 4.x 版"。开发人员可以同时开发多个项目，这些项目的依赖不同，甚至可能相互冲突，但项目之间却不会相互影响。
- 项目不再受限于系统发行版仓库中包的版本。
- 不会破坏依赖特定包版本的其他系统服务，因为新版软件包只存在于隔离环境内部。
- 项目依赖的包列表可以轻松"锁定（frozen）"，复制起来也很容易。

隔离最简单也最轻便的方法就是使用应用层的虚拟环境。它们仅隔离 Python 解释器和其中可用的 Python 包。其设置非常简单，通常也足以保证小项目和小软件包开发过程中的隔离。

不幸的是，在某些情况下，这种做法可能不足以保证充分的一致性和可重复性。对于这种情况，系统级隔离是对工作流程很好的补充，本章后面也会介绍一些可用的方案。

1.8.2 常用解决方案

在运行时隔离 Python 的方法有几种。最简单也最显而易见的方法，就是手动修改 PATH 和 PYTHONPATH 环境变量或将 Python 二进制文件移动到其他位置，以改变它发现可用 Python 包的方式，将环境变量修改成保存项目依赖的自定义位置，当然这种方法也最难维护。幸运的是，有几种工具可以帮助维护虚拟环境，并维护系统中安装包的存储方式。这些工具主要包括：virtualenv、venv 和 buildout。它们在底层做的事情实际上与我们手动做的一样。实际的策略取决于具体的工具实现。但一般来说，它们更方便使用，而且还有其他好处。

1. virtualenv

在这个工具列表中，virtualenv 是目前最常用的工具。它名字的含义就是虚拟环境（virtual environment）。它并不是 Python 标准发行版的一部分，所以需要用 pip 来获取。它也是值得在系统层面安装的 Python 包之一（在 Linux 系统和基于 Unix 的系统中要用到 sudo）。

安装完成后，利用下面的命令可以创建一个新的虚拟环境：

```
virtualenv ENV
```

这里的 ENV 应替换为新环境的名字。这将在当前工作目录路径中创建一个新的 ENV 目录。里面包含以下几个新目录。

- bin/：里面包含新的 Python 可执行文件和其他包提供的脚本/可执行文件。
- lib/ 和 include/：这些目录包含虚拟环境中新 Python 的支持库文件。新的 Python 包将会安装在 ENV/lib/pythonX.Y/site-packages/ 中。

创建好新环境后，需要用 Unix 的 source 命令在当前 shell 会话中激活它：

```
source ENV/bin/activate
```

这将会影响环境变量，从而改变当前 shell 会话的状态。为了告知用户已经激活了虚拟环境，shell 提示符会在开头增加 (ENV) 字符串。下面举个例子，在会话中创建一个新环境并激活：

```
$ virtualenv example
New python executable in example/bin/python
Installing setuptools, pip, wheel...done.
$ source example/bin/activate
(example)$ deactivate
$
```

关于 virtualenv 要注意，最重要的是它完全依赖于在文件系统中的存储状态。它不会提供额外功能来跟踪应该安装哪些包。这些虚拟环境不可移植，不能移动到其他系统或机器。对每个新的应用部署来说，都需要从头开始创建新的虚拟环境。因此，virtualenv 用户有一个良好实践，就是将所有项目依赖保存到一个 requirements.txt 文件（约定命名）中，正如下面的代码所示：

```
# 井号（#）后面的内容是注释。

# 明确版本号，可重复性高。
```

```
eventlet==0.17.4
graceful==0.1.1

# 如果项目在不同依赖版本中都通过测试,
# 也可以指定相对版本编号。
falcon>=0.3.0,<0.5.0

# 应尽量明确 Python 包的版本,
# 除非始终需要最新版。
pytz
```

有了这个文件,用 pip 就可以轻松安装所有依赖,因为它可以接受需求文件作为参数:

pip install -r requirements.txt

需要记住,需求文件并不总是理想的解决方案,因为它没有给定依赖的准确列表,而只给出了需要安装的依赖。因此,如果需求文件并非最新版,无法反映环境的实际状态,那么整个项目在开发环境中可以正常运行,但在其他环境中却无法启动。当然,pip freeze 命令可以打印出当前环境所有的 Python 包,但不应该盲目使用这个命令。它会打印出所有内容,甚至那些仅用于测试而并不用于项目的 Python 包。本书提到的另一款工具 buildout 就解决了这个问题,所以可能是某些开发团队的更佳选择。

> 对于 Windows 用户来说,Windows 下的 virtualenv 对内部目录结构使用了一种不同的命名方式。你要用 Scripts/、Libs/和 Include/3 个目录,而不是 bin/、lib/和 include/,以更好地匹配这种操作系统上的开发约定。用于激活/关闭环境的命令也不一样。你要用 ENV/Scripts/activate.bat 和 ENV/Scripts/deactivate.bat,而不是将 source 命令作用在 activate 和 deactivate 脚本上。

2. venv

虚拟环境很快逐步完善,成为了社区中的常用工具。从 Python 3.3 开始,标准库已经支持创建虚拟环境。其用法与 Virtualenv 几乎相同,虽然命令行选项采用了不同的命名约定。新的 venv 模块提供了 pyvenv 脚本,可以用于创建新的虚拟环境:

pyvenv ENV

这里的 ENV 应替换为新环境的名字。此外,现在也可以用 Python 代码直接创建新的环境，因为所有功能都包含在内置的 venv 模块中。其他用法和实现细节（例如环境目录的结构、激活/关闭脚本）与 Virtualenv 几乎完全相同，所以换用这种方法应该很简单，也不会牵扯太多精力。

对于使用较新版本 Python 的开发人员来说，推荐使用 venv 而不是 Virtualenv。对于 Python 3.3 版，切换到 venv 可能需要付出更多的精力，因为这一版本在新环境中没有默认安装 setuptools 和 pip，所以用户需要手动安装它们。幸运的是，这一点在 Python 3.4 中已经修改，并且由于 venv 的可定制性，其内容可以被改写。对于细节的解释可参见 Python 文档，但有些用户可能会认为它过于复杂，仍然在这一版本的 Python 中继续使用 Virtualenv。

3. buildout

buildout 是一个强大工具，可与引导启动并部署用 Python 编写的应用。它的一些高级特性将在本书后面讲到。在很长一段时间内，他还被用作创建 Python 隔离环境的工具。由于 buildout 需要声明性的配置，每次依赖发生变化都必须修改配置，因此这些环境更容易复制和管理，无需依赖环境状态。

不幸的是，这一情况已发生变化。从 2.0.0 版开始，buildout 包不再提供与系统 Python 在任何层级的隔离。处理隔离的任务留给其他工具来做，如 virtualenv，所以仍然可以用 buildout 来做隔离，但事情变得有点复杂。buildout 必须要在隔离环境中初始化才能真正隔离。

与之前版本的 buildout 相比，这一版本有一个主要缺点，就是它要依赖其他隔离方法。开发这些代码的开发人员不再确定对依赖的描述是否完整，因为有些 Python 包可以绕过声明性配置来安装。当然，这个问题可以通过适当的测试和发布过程来解决，但却使整个工作流程更加复杂。

总而言之，buildout 不再是提供环境隔离的解决方案，但其声明性配置可以提高虚拟环境的可维护性和可重复性。

1.8.3   选择哪种工具

不存在适用于所有情况的最佳解决方案。一家公司认为好的解决方案可能并不适用于其他团队的工作流程。而且每个应用的需求也各不相同。小项目可以只使用 virtualenv 或 venv，比较简单，但大型项目可能还需要 buildout 的帮助，以便进行更复杂的装配。

之前没有详细说明的是，在 buildout 早期版本（2.0.0 版之前）中，可以在隔离环境中对项目进行装配，其结果与 Virtualenv 给出的结果类似。不幸的是，这个项目的 1.x 分支不再受到维护，所以不建议因为这个原因使用它。

我推荐尽可能使用 venv 模块，而不是 virtualenv。因此，对于面向 Python 3.4 或更高版本的项目，应该默认选择 venv。在 Python 3.3 中使用 venv 可能不太方便，因为没有内置 setuptools 和 pip 的支持。对于面向更多 Python 版本（包括其他解释器和 2.x 分支）的项目，virtualenv 似乎是最佳选择。

1.9 系统级环境隔离

在大多数情况下，软件实现之所以可以快速迭代，是因为开发人员复用了大量现有组件。不要重复你自己（Don't Repeat Yourself），这已经成为许多程序员的通用准则和座右铭。将其他包和模块用在代码库中只是这种文化的一部分。二进制库、数据库、系统服务、第三方 API 等也应该被当作"可复用组件"。甚至整个操作系统都是可复用的。

基于 Web 应用的后端服务是一个超级复杂的应用实例。最简单的软件栈（software stack）通常由几层组成（从最底层开始）：

- 数据库或其他类型的存储。
- Python 实现的应用程序代码。
- HTTP 服务器，例如 Apache 或 NGINX。

当然，这些软件可以进一步简化，但实际上是不可能的。事实上，大型应用往往复杂到难以区分每一层。大型应用会用到多种不同的数据库，被分为多个独立进程，还会用到许多其他系统服务来进行缓存、队列、记录日志、服务发现等等。遗憾的是，复杂度没有上限，代码似乎只是遵循热力学第二定律而已。

真正重要的是，并非所有的软件栈元素都可以在 Python 运行环境的层面进行隔离。无论是 HTTP 服务器（例如 NGINX）还是关系型数据库管理系统（RDBMS，例如 PostgreSQL），在不同的系统上通常都有不同的版本。如果没有合适的工具，很难保证开发团队中每个人使用的每个组件的版本完全相同。如果团队中所有开发人员都在开发同一个项目的话，那么所有人可能会在开发工具箱上获得相同版本的服务，这在理论上是可能的。但如果他们使用的操作系统与生产环境不同的话，所有这些努力都是徒劳的。当然也不可能强迫程序员在并非本人最喜欢的系统上工作。

问题在于，可移植性仍然是一项巨大的挑战。在生产环境中，并非所有服务的运行方式都和在开发人员电脑上完全相同，而且这一点不可能改变。即使是 Python 在跨平台方面付出了巨大的努力，但在不同系统上的行为也会有所不同。通常来说，这些情况都有详细的文档，只有直接进行系统调用时才会发生。但是，靠程序员的记忆力来记住一长串兼容性问题，是很容易出错的。

这个问题的常见解决方法就是将整个系统隔离为应用程序环境。一般可以利用各种类型的系统虚拟化工具来实现。当然，虚拟化会降低性能，但是现代计算机的硬件都支持虚拟化，性能损失通常可以忽略不计。另一方面，可能的好处却有很多，如下所示。

- 开发环境可以完全匹配生产环境中使用的系统版本和服务，这有助于解决兼容性问题。
- 系统配置工具（如 Puppet、Chef 或 Ansible，如果用的到的话）可以复用于开发环境配置。
- 如果可以自动创建这样的环境，那么新来的团队成员就可以轻松上手项目。
- 开发人员可以直接调用系统底层特性，在工作机的操作系统上可能没有这些特性，举个例子，在 Windows 中不可用的**用户空间文件系统**（File System in User Space，FSUS）。

1.9.1　使用 Vagrant 的虚拟开发环境

目前，Vagrant 似乎是最流行的工具，用一种简单方便的方法来创建并管理开发环境。它可用于 Windows、Mac OS 和一些常见的 Linux 发行版，没有任何其他依赖。Vagrant 以虚拟机或容器的形式来创建新的开发环境。具体实现取决于虚拟化供应商（provider）。VirtualBox 是与 Vagrant 安装程序绑定的默认供应商，但也有其他供应商。最有名的供应商是 VMware、Docker、LXC(Linux Containers)和 Hyper-V。

Vagrant 最重要的配置是一个名为 Vagrantfile 的文件。每个项目的这个文件都应该是独立的。该文件中最重要的内容如下所示。

- 选择虚拟化供应商。
- 用作虚拟机镜像的 box 文件。
- 选择环境搭建（provisioning）方法。
- 虚拟机（VM）和虚拟机主机之间的共享存储。
- 虚拟机与主机之间的转发端口。

Vagrantfile 的语法语言是 Ruby。示例配置文件提供了用于启动项目的优秀模板，并且还有详细的文档，因此无需掌握这种语言的知识。用一行命令就可以创建模板配置文件：

```
vagrant init
```

这一命令会在当前工作目录下创建一个名为 Vagrantfile 的新文件。通常最好将这个文件保存在相关项目的根目录下。这个文件已经是一个有效配置，可以利用默认供应商和基础镜像文件（base box）来创建新的虚拟机。默认不启用环境搭建（provisioning）。添加完 Vagrantfile 后，利用下面这个命令可以启动新的虚拟机：

```
vagrant up
```

初始启动可能需要几分钟的时间，因为需要从网上下载 box 文件。还有一些初始化过程可能要花费一些时间，这取决于使用的供应商、box 文件和每次打开现有虚拟机时的系统性能。通常来说，这个过程只需要几秒。一旦启动并运行了新的 Vagrant 环境，开发者可以利用下面这个简短的命令连接 SSH：

```
vagrant ssh
```

在项目源代码树中，在 Vagrantfile 之下的任何位置都可以运行这一命令。为了方便开发人员，我们会在上层目录中查找配置文件，并与相应的虚拟机实例进行匹配。然后它会建立安全的 shell 连接，可以像任何普通远程机器一样与开发环境进行交互。唯一的区别在于，整个项目的源代码树（根目录是 Vagrantfile 所在的位置）是在虚拟机文件系统的/vagrant/目录下。

1.9.2 容器化与虚拟化的对比

容器是全机器虚拟化的替代方法。它是轻量级的虚拟化方法，内核与操作系统允许运行多个隔离的用户空间实例。容器和主机之间共享操作系统（OS），因此从理论上来说，这种方法的开销比完全虚拟化要少。这样的容器只包含应用程序代码和系统级的依赖，但从内部运行进程的角度来看，它看起来像一个完全隔离的系统环境。

软件容器之所以流行，主要是因为 Docker，这是容器的可用实现之一。Docker 可以用名为 Dockerfile 的简单文本文件的形式来描述其容器。可以创建并存储这样定义的容器。它还支持增量修改，如果向容器中添加了新的内容，无需从头重新创建。

像 Docker 和 Vagrant 这样不同的工具在功能上似乎有所交叉，但二者主要的区别在于构建这些工具的原因。如前所述，构建 Vagrant 主要用作开发工具。用一行命令就可以引导启动整个虚拟机，但无法原样打包并部署或发布。另一方面，Docker 正是为此而创建的，可以将整个容器打包，发送到生产环境中并部署。如果顺利实现的话，这可以大大改进产品部署的过程。因此，只有 Docker 和类似的解决方案（例如 Rocket）还要用于生产环境的部署过程时，在开发过程中使用这些方法才是有意义的。将 Docker 仅用于开发过程的隔离，可能会产生过大开销，还会有不一致的缺点。

1.10 常用的生产力工具

生产力工具是一个模糊的术语。一方面，几乎所有在线发布的开源代码包都是一种生产力提升工具。它们为某些问题提供了现成的解决方案，因此人们不必再浪费时间（理想情况下）。另一方面，可以说整个 Python 都是关于生产力的。两种说法都没有错。Python 这种语言的一切及其社区几乎都是为了尽可能高效地开发软件而设计的。

这就建立了一个正反馈循环。由于写代码简单又有趣，所以很多程序员用空闲时间创建工具，使写代码变得更加简单更加有趣。基于这一事实，这里为生产力工具给出一个非常主观而且不科学的定义：使开发过程更加简单、更加有趣的一款软件。

从定义来看，生产力工具主要关注开发过程中的某些特定环节，例如测试、调试和包管理，并不是所构建产品的核心部分。在某些情况下，虽然每天都会用到这些工具，但它们甚至不会出现在项目的代码库中。

最重要的生产力工具是 pip 和 venv，本章前面已经讨论过了。有些生产力工具可以解决特定的问题（如分析和测试），本书有专门的章节来介绍。本节主要介绍一些其他章节没有提到而又十分值得推荐的工具。

1.10.1 自定义 Python shell——IPython、bpython、ptpython 等

Python 程序员在交互式解释器会话上花费了大量时间。它非常适合测试短代码片段、访问文档、甚至在运行时调试代码。默认的 Python 交互式会话非常简单，并没有类似 tab 补全或代码内省助手（code introspection helper）的许多功能。幸运的是，对默认 Python shell 的扩展和定制是非常简单的。

用一个启动文件就可以配置交互式提示符。Python 在启动时会寻找 PYTHONSTARTUP 环境变量，并执行这一变量指向的文件中的代码。有些 Linux 发行版提供了默认的启动脚本，一般位于主目录中，名为.pythonstartup。通常会提供 tab 补全功能和命令历史记录来加强提示符，这些功能是基于 readline 模块。（你需要安装 readline 库）。

如果你没有这样的文件，创建一个也很容易。下面是最简单的启动文件示例，添加了键补全功能和显示历史记录：

```
# python 启动文件
import readline
import rlcompleter
import atexit
import os

# tab 补全
readline.parse_and_bind('tab: complete')

# 历史记录
histfile = os.path.join(os.environ['HOME'], '.pythonhistory')
try:
    readline.read_history_file(histfile)

except IOError:
    pass

atexit.register(readline.write_history_file, histfile)
del os, histfile, readline, rlcompleter
```

在主目录中创建这个文件并命名为 `.pythonstartup`。然后在环境中添加 `PYTHONSTARTUP` 变量，其值为该文件的路径。

1. 设置 PYTHONSTARTUP 环境变量

如果你用的是 Linux 或 MAC OS X 系统，最简单的方法就是在主文件夹中创建启动脚本。然后将它与系统 shell 启动脚本中的 `PYTHONSTARTUP` 环境变量链接在一起。举个例子，Bash 和 Korn shell 用的都是 `.profile` 文件，你可以在里面插入这样一行：

```
export PYTHONSTARTUP=~/.pythonstartup
```

如果你用的是 Windows，做法也很简单：以管理员身份在系统首选项中设置新的环境变量，然后将脚本保存在常用文件夹，不要使用特定的用户文件夹。

编写 `PYTHONSTARTUP` 脚本可能是一项很好的练习，但独自创建优秀的自定义 shell 却是一项很少人有时间完成的挑战。幸运的是，已经有一些自定义 Python shell 的实现，可以极大地提高 Python 交互式会话的体验。

2. IPython

IPython 提供了一个扩展的 Python 命令行 shell。它的功能很多，其中最有趣的功能如下所示。

- 动态对象自省。
- 在提示符中访问系统 shell。
- 支持直接分析。
- 方便调试。

现在，IPython 已经成为大型项目 Jupyter 的一部分，该项目提供了实时代码的交互式 notebook，支持多种不同的语言。

3. bpython

bpython 自称 Python 解释器的优秀界面。下面是项目主页上重点强调的一些功能，如下所示。

- 内联语法高亮。
- 类似 Readline 的自动补全，在你输入时会显示建议。
- 对任何 Python 函数都有预期参数列表。
- 自动缩进。
- 支持 Python 3。

4．ptpython

ptpython 是另一款高级的 Python shell。在这个项目中，核心提示符应用的实现是一个叫作 `prompt_toolkit` 的独立包（来自同一作者）。这样你可以轻松创建各种美观的交互式命令行界面。

通常会将 ptpython 与 bpython 在功能上进行比较，但主要区别在于，ptpython 能够与 IPython 及其某些语法兼容，利用这些语法可以实现一些附加功能，例如 `%pdb`、`%cpaste` 或 `%profile`。

1.10.2　交互式调试器

代码调试是软件开发过程中的重要环节。许多程序员浪费大量时间，仅使用大量的日志记录和 `print` 语句作为主力调试工具，但大多数专业开发人员更喜欢使用某种调试器。

Python 已经内置了一款交互式调试器，名为 pdb。它可以在命令行中调用并作用在现有脚本上，如果程序异常退出，Python 将会进入事后调试状态（post-mortem debugging）：

```
python -m pdb script.py
```

事后调试虽然很有用，但并不会涵盖所有场景。只有在 bug 出现的同时应用程序抛出异常并退出，事后调试才有用。大多数情况下，错误代码只是行为异常，但并不会意外退出。这时可以在某行代码上设置自定义断点，只需添加下面这行代码：

```
import pdb; pdb.set_trace()
```

在运行代码时，Python 解释器会在该行代码处启动调试会话。

pdb 用于跟踪问题非常好用，第一眼看去，它和著名的 GDB（GNU 调试器）非常类似。由于 Python 是一门动态语言，pdb 会话与普通解释器会话非常类似。开发人员不仅可以跟踪代码运行，而且还可以任意调用代码，甚至执行模块导入。

遗憾的是，pdb 来源于 bdb，所以第一次使用 pdb 可能会有点难以适应，因为诸如 h、b、s、n、j 和 r 这样的单字母调试命令会让人不知所云。每当有疑问时，在调试会话期间输入 `help pdb` 命令，会给出大量的用法和附加信息。

pdb 中的调试会话也非常简单，并没有提供类似 tab 补全或代码高亮之类的附加功能。幸运的是，PyPI 上有几个包可以在上节提到的 Python shell 中实现这些功能。最有名的例子是。

- ipdb：基于 ipython 的独立包。
- ptpdb：基于 ptpython 的独立包。
- bpdb：与 bpython 绑定。

1.11 有用的资源

互联网为 Python 开发者提供了丰富的有用资源。前面已经提到过，但这里我们再重复一遍，最重要的也是最显而易见的资源如下所示。

- Python 文档。
- PyPI——Python 包索引。
- PEP 0——Python 改进提案的索引。

类似书籍和教程之类的其他资源也很有用，但往往很快就会过时。社区积极维护的资源或者定期发布的资源，都是不会过时的。最值得推荐的是下面两个：

- Awesome-Python 里面包括流行包和框架的列表。
- Python Weekly 是一个著名的业务通讯（newletter），每周向订阅者发送许多新鲜有趣的 Python 包和资源。

这两个资源包含大量阅读资料，可供读者阅读数月。

1.12 小结

本章从 Python 2 和 3 之间的主题差异开始讲起，并针对目前 Python 社区撕裂为两大阵营的现状给出了应对建议。然后介绍了 Python 开发的现代方法，令人吃惊的是，开发这些方法主要是由于这种语言两大版本之间令人遗憾的撕裂。这些方法主要是解决环境隔离问题。本章最后对常用的生产力工具做了简短的总结，并提供了一些常用资源，以供进一步参考。

第 2 章
语法最佳实践——类级别以下

编写高效语法的能力会随着时间逐步提高。回头看看写的第一个程序，你可能就会同意这个观点。正确的语法看起来赏心悦目，而错误的语法则令人烦恼。

除了实现的算法与程序架构设计之外，还要特别注意的是，程序的写法也会严重影响它未来的发展。许多程序被丢弃并从头重写，就是因为难懂的语法、不清晰的 API 或不合常理的标准。

不过 Python 在最近几年里发生了很大变化。因此，如果你被邻居（一个爱嫉妒的人，来自本地 Ruby 开发者用户组）绑架了一段时间，并且远离新闻，那么你可能会对 Python 的新特性感到吃惊。从最早版本到目前的 3.5 版，这门语言已经做了许多改进，变得更加清晰、更加整洁、也更容易编写。Python 基础知识并没有发生很大变化，但现在使用的工具更符合人们的使用习惯。

本章将介绍现在这门语言的语法中最重要的元素，以及它们的使用技巧，如下所示。

- 列表推导（list comprehension）。
- 迭代器（iterator）和生成器（generator）。
- 描述符（descriptor）和属性（property）。
- 装饰器（decorator）。
- with 和 contextlib。

速度提升或内存使用的代码性能技巧将会在第 11、12 章中讲述。

2.1 Python 的内置类型

Python 提供了许多好用的数据类型，既包括数字类型，也包括集合类型。对于数字类型来说，语法并没有什么特别之处。当然，每种类型的定义会有些许差异，也有一些（可能）不太有名的运算符细节，但留给开发人员的选择并不多。对于集合类型和字符串来说，情况就发生变化了。虽然人们常说"做事的方法应该只有一种"，但留给 Python 开发人员的选择确实有很多。在初学者看来，有些代码模式看起来既直观又简单，可是有经验的程序员往往会认为它们不够 Pythonic，因为它们要么效率低下，要么就是过于啰嗦。

这种解决常见问题的 Pythonic 模式（许多程序员称之为习语［idiom］）看起来往往只是美观而已。但这种看法大错特错。大多数习语都揭示了 Python 的内部实现方式以及内置结构和模块的工作原理。想要深入理解这门语言，了解更多这样的细节是很必要的。此外，社区本身也会受到关于 Python 工作原理的一些谣言和成见的影响。只有自己深入钻研，你才能够分辨出关于 Python 的流行说法的真假。

2.1.1 字符串与字节

对于只用 Python 2 编程的程序员来说，字符串的话题可能会造成一些困惑。Python 3 中只有一种能够保存文本信息的数据类型，就是 str（string，字符串）。它是不可变的序列，保存的是 Unicode 码位（code point）。这是与 Python 2 的主要区别，Python 2 用 str 表示字节字符串，这种类型现在在 Python 3 中用 bytes 对象来处理（但处理方式并不完全相同）。

Python 中的字符串是序列。基于这一事实，应该把字符串放在其他容器类型的一节去介绍，但字符串与其他容器类型在细节上有一个很重要的差异。字符串可以保存的数据类型有非常明确的限制，就是 Unicode 文本。

bytes 以及可变的 bytearray 与 str 不同，只能用字节作为序列值，即 0 <= x < 256 范围内的整数。一开始可能会有点糊涂，因为其打印结果与字符串非常相似：

```
>>> print(bytes([102, 111, 111]))
b'foo'
```

对于 bytes 和 bytearray，在转换为另一种序列类型（例如 list 或 tuple）时可以显示出其本来面目：

```
>>> list(b'foo bar')
[102, 111, 111, 32, 98, 97, 114]
>>> tuple(b'foo bar')
(102, 111, 111, 32, 98, 97, 114)
```

许多关于 Python 3 的争议都是关于打破字符串的向后兼容和 Unicode 的处理方式。从 Python 3.0 开始，所有没有前缀的字符串都是 Unicode。因此，所有用单引号（'）、双引号（"）或成组的 3 个引号（单引号或双引号）包围且没有前缀的值都表示 str 数据类型：

```
>>> type("some string")
<class 'str'>
```

在 Python 2 中，Unicode 需要有 u 前缀（例如 u"some string"）。从 Python 3.3 开始，为保证向后兼容，仍然可以使用这个前缀，但它在 Python 3 中没有任何语法上的意义。

前面的一些例子中已经提到过字节，但为了保持前后一致，我们来明确介绍它的语法。字节也被单引号、双引号或三引号包围，但必须有一个 b 或 B 前缀：

```
>>> type(b"some bytes")
<class 'bytes'>
```

注意，Python 语法中没有 bytearray 字面值。

最后同样重要的是，Unicode 字符串中包含无法用字节表示的"抽象"文本。因此，如果 Unicode 字符串没有被编码为二进制数据的话，是无法保存在磁盘中或通过网络发送的。将字符串对象编码为字节序列的方法有两种：

- 利用 str.encode(encoding, errors) 方法，用注册编解码器（registered codec）对字符串进行编码。编解码器由 encoding 参数指定，默认值为 'utf-8'。第二个 errors 参数指定错误的处理方案，可以取 'strict'（默认值）、'ignore'、'replace'、'xmlcharrefreplace' 或其他任何注册的处理程序（参见内置 codecs 模块的文档）。
- 利用 bytes(source, encoding, errors) 构造函数，创建一个新的字节序列。如果 source 是 str 类型，那么必须指定 encoding 参数，它没有默认值。encoding 和 errors 参数的用法与 str.encode() 方法中的相同。

用类似方法可以将 bytes 表示的二进制数据转换成字符串：

- 利用 bytes.decode(encoding, errors) 方法，用注册编解码器对字节进行解码。这一方法的参数含义及其默认值与 str.encode() 相同。
- 利用 str(source, encoding, error) 构造函数，创建一个新的字符串实例。与 bytes() 构造函数类似，如果 source 是字节序列的话，必须指定 str 函数的 encoding 参数，它没有默认值。

> **命名——字节与字节字符串的对比**
>
> 由于 Python 3 中的变化，有些人倾向于将 bytes 实例称为字节字符串。这主要是由于历史原因——Python 3 中的 bytes 是与 Python 2 中的 str 类型最为接近的序列类型（但并不完全相同）。不过 bytes 实例是字节序列，也不需要表示文本数据。所以为了避免混淆，虽然 bytes 实例与字符串具有相似性，但建议始终将其称为 bytes 或字节序列。Python 3 中字符串的概念是为文本数据准备的，现在始终是 str 类型。

1. 实现细节

Python 字符串是不可变的。字节序列也是如此。这一事实很重要，因为它既有优点又有缺点。它还会影响 Python 高效处理字符串的方式。由于不变性，字符串可以作为字典的键或 `set` 的元素，因为一旦初始化之后字符串的值就不会改变。另一方面，每当需要修改过的字符串时（即使只是微小的修改），都需要创建一个全新的字符串实例。幸运的是，`bytearray` 是 `bytes` 的可变版本，不存在这样的问题。字节数组可以通过元素赋值来进行原处修改（无需创建新对象），其大小也可以像列表一样动态地变化（利用 `append`、`pop`、`insert` 等方法）。

2. 字符串拼接

由于 Python 字符串是不可变的，在需要合并多个字符串实例时可能会产生一些问题。如前所述，拼接任意不可变序列都会生成一个新的序列对象。思考下面这个例子，利用多个字符串的重复拼接操作来创建一个新字符串：

```
s = ""
for substring in substrings:
    s += substring
```

这会导致运行时间成本与字符串总长度成二次函数关系。换句话说，这种方法效率极低。处理这种问题可以用 `str.join()` 方法。它接受可迭代的字符串作为参数，返回合并后的字符串。由于这是一个方法，实际的做法是利用空字符串来调用它：

```
s = "".join(substrings)
```

字符串的这一方法还可以用于在需要合并的多个子字符串之间插入分隔符，看下面这个例子：

```
>>> ','.join(['some', 'comma', 'separated', 'values'])
'some,comma,separated,values'
```

需要记住，仅仅因为 `join()` 方法速度更快（对于大型列表来说更是如此），并不意味着在所有需要拼接两个字符串的情况下都应该使用这一方法。虽然这是一种广为认可的做法，但并不会提高代码的可读性。可读性是很重要的！在某些情况下，`join()` 的性能可能还不如利用加法的普通拼接，下面举几个例子。

- 如果子字符串的数量很少，而且已经包含在某个可迭代对象中，那么在某些情况下，创建一个新序列来进行拼接操作的开销可能会超过使用 `join()` 节省下来的开销。
- 在拼接短的字面值时，由于 CPython 中的常数折叠（constant folding），一些复杂的字面值（不只是字符串）在编译时会被转换为更短的形式，例如 `'a' + 'b' + 'c'` 被转换为 `'abc'`。当然，这只适用于相对短的常量（字面值）。

最后，如果事先知道字符串的数目，可以用正确的字符串格式化方法来保证字符串拼接的最佳可读性。字符串格式化可以用 `str.format()` 方法或 `%` 运算符。如果代码段的性能不是很重要，或者优化字符串拼接节省的开销很小，那么推荐使用字符串格式化作为最佳方法。

> **常数折叠和窥孔优化程序**
>
> CPython 对编译过的源代码使用窥孔优化程序来提高其性能。这种优化程序直接对 Python 字节码实现了许多常见的优化。如上所述，常数折叠就是其功能之一。生成常数的长度不得超过一个固定值。在 Python 3.5 中这个固定值仍然是 20。不管怎样，这个具体细节只是为了满足读者的好奇心而已，并不能在日常编程中使用。窥孔优化程序还实现了许多有趣的优化，详细信息请参见 Python 源代码中的 Python/peephole.c 文件。

2.1.2　集合类型

Python 提供了许多内置的数据集合类型，如果选择明智的话，可以高效解决许多问题。你可能已经学过下面这些集合类型，它们都有专门的字面值，如下所示。

- 列表（list）。
- 元组（tuple）。
- 字典（dictionary）。
- 集合（set）

Python 的集合类型当然不止这 4 种，它的标准库扩展了其可选列表。在许多情况下，问题的答案可能正如选择正确的数据结构一样简单。本书的这一部分将深入介绍各种集合类型，以帮你做出更好的选择。

1．列表与元组

Python 最基本的两个集合类型就是列表与元组，它们都表示对象序列。只要是花几小时学过 Python 的人，应该都很容易发现二者之间的根本区别：列表是动态的，其大小可以改变；而元组是不可变的，一旦创建就不能修改。

虽然快速分配/释放小型对象的优化方法有很多，但对于元素位置本身也是信息的数据结构来说，推荐使用元组这一数据类型。举个例子，想要保存(x, y)坐标对，元组可能是一个很好的选择。反正关于元组的细节相当无趣。本章关于元组唯一重要的内容就是，tuple 是**不可变的**（immutable），因此也是**可哈希的**（hashable）。其具体含义将会在后面"字典"一节介绍。比元组更有趣的是另一种动态的数据结构 list，以及它的工作原理和高效处理方式。

（1）实现细节

许多程序员容易将 Python 的 `list` 类型与其他语言（如 C、C++或 Java）标准库中常见的链表的概念相混淆。事实上，CPython 的列表根本不是列表。在 CPython 中，列表被实现为长度可变的数组。对于其他 Python 实现（如 Jython 和 IronPython）而言，这种说法应该也是正确的，虽然这些项目的文档中没有记录其实现细节。造成这种混淆的原因很清楚。这种数据类型被命名为**列表**，还和链表实现有相似的接口。

为什么这一点很重要，这又意味着什么呢？列表是最常见的数据结构之一，其使用方式会对所有应用的性能带来极大影响。此外，CPython 又是最常见也最常用的 Python 实现，所以了解其内部实现细节至关重要。

从细节上来看，Python 中的列表是由对其他对象的引用组成的的连续数组。指向这个数组的指针及其长度被保存在一个列表头结构中。这意味着，每次添加或删除一个元素时，由引用组成的数组需要改变大小（重新分配）。幸运的是，Python 在创建这些数组时采用了指数过分配（exponential over-allocation），所以并不是每次操作都需要改变数组大小。这也是添加或取出元素的平摊复杂度较低的原因。不幸的是，在普通链表中"代价很小"的其他一些操作在 Python 中的计算复杂度却相对较高：

- 利用 `list.insert` 方法在任意位置插入一个元素——复杂度为 O(n)。
- 利用 `list.delete` 或 `del` 删除一个元素——复杂度为 O(n)。

这里 n 是列表的长度。至少利用索引来查找或修改元素的时间开销与列表大小无关。表 2-1 是一张完整的表格，列出了大多数列表操作的平均时间复杂度。

表 2-1

操作	复杂度
复制	O(n)
添加元素	O(1)
插入元素	O(n)
获取元素	O(1)
修改元素	O(1)
删除元素	O(n)
遍历	O(n)
获取长度为 k 的切片	O(k)
删除切片	O(n)

续表

操作	复杂度
修改长度为 k 的切片	O(k+n)
列表扩展（Extend）	O(k)
乘以 k	O(nk)
测试元素是否在列表中（element in list）	O(n)
min()/max()	O(n)
获取列表长度	O(1)

对于需要真正的链表（或者简单来说，双端 append 和 pop 操作的复杂度都是 O(1) 的数据结构）的场景，Python 在内置的 collections 模块中提供了 deque（双端队列）。它是栈和队列的一般化，在需要用到双向链表的地方都可以使用这种数据结构。

（2）列表推导

你可能知道，编写这样的代码是很痛苦的：

```
>>> evens = []
>>> for i in range(10):
...     if i % 2 == 0:
...         evens.append(i)
...
>>> evens
[0, 2, 4, 6, 8]
```

这种写法可能适用于 C 语言，但在 Python 中的实际运行速度很慢，原因如下。

• 解释器在每次循环中都需要判断序列中的哪一部分需要修改。

• 需要用一个计数器来跟踪需要处理的元素。

• 由于 append() 是一个列表方法，所以每次遍历时还需要额外执行一个查询函数。

列表推导正是解决这个问题的正确方法。它使用编排好的功能对上述语法的一部分做了自动化处理：

```
>>> [i for i in range(10) if i % 2 == 0]
[0, 2, 4, 6, 8]
```

这种写法除了更加高效之外，也更加简短，涉及的语法元素也更少。在大型程序中，这意味着更少的错误，代码也更容易阅读和理解。

> **列表推导和内部数组调整大小**
>
> 有些 Python 程序员中会谣传这样的说法：每添加几个元素之后都要对表示列表对象的内部数组大小进行调整，这个问题可以用列表推导来解决。还有人说一次分配就可以将数组大小调整到刚刚好。不幸的是，这些说法都是不正确的。
>
> 解释器在对列表推导进行求值的过程中并不知道最终结果容器的大小，也就无法为它预先分配数组的最终大小。因此，内部数组的重新分配方式与 for 循环中完全相同。但在许多情况下，与普通循环相比，使用列表推导创建列表要更加整洁、更加快速。

（3）其他习语

Python 习语的另一个典型例子是使用 enumerate（枚举）。在循环中使用序列时，这个内置函数可以很方便地获取其索引。以下面这段代码为例：

```
>>> i = 0
>>> for element in ['one', 'two', 'three']:
...     print(i, element)
...     i += 1
...
0 one
1 two
2 three
```

它可以替换为下面这段更短的代码：

```
>>> for i, element in enumerate(['one', 'two', 'three']):
...     print(i, element)
...
0 one
1 two
2 three
```

如果需要一个一个合并多个列表（或任意可迭代对象）中的元素，那么可以使用内置的 zip() 函数。对两个大小相等的可迭代对象进行均匀遍历时，这是一种非常常用的模式：

```
>>> for item in zip([1, 2, 3], [4, 5, 6]):
...     print(item)
```

```
...
(1, 4)
(2, 5)
(3, 6)
```

注意，对 zip() 函数返回的结果再次调用 zip()，可以将其恢复原状：

```
>>> for item in zip(*zip([1, 2, 3], [4, 5, 6])):
...     print(item)
...
(1, 2, 3)
(4, 5, 6)
```

另一个常用的语法元素是序列解包（sequence unpacking）。这种方法并不限于列表和元组，而是适用于任意序列类型（甚至包括字符串和字节序列）。只要赋值运算符左边的变量数目与序列中的元素数目相等，你都可以用这种方法将元素序列解包到另一组变量中：

```
>>> first, second, third = "foo", "bar", 100
>>> first
'foo'
>>> second
'bar'
>>> third
100
```

解包还可以利用带星号的表达式获取单个变量中的多个元素，只要它的解释没有歧义即可。还可以对嵌套序列进行解包。特别是在遍历由序列构成的复杂数据结构时，这种方法非常实用。下面是一些更复杂的解包示例：

```
>>> # 带星号的表达式可以获取序列的剩余部分
>>> first, second, *rest = 0, 1, 2, 3
>>> first
0
>>> second
1
>>> rest
[2, 3]

>>> # 带星号的表达式可以获取序列的中间部分
>>> first, *inner, last = 0, 1, 2, 3
>>> first
0
>>> inner
```

```
[1, 2]
>>> last
3

>>> # 嵌套解包
>>> (a, b), (c, d) = (1, 2), (3, 4)
>>> a, b, c, d
(1, 2, 3, 4)
```

2. 字典

字典是 Python 中最通用的数据结构之一。dict 可以将一组唯一键映射到对应的值，如下所示：

```
{
    1: 'one',
    2: 'two',
    3: 'three',
}
```

字典是你应该已经了解的基本内容。不管怎样，程序员还可以用和前面列表推导类似的推导来创建一个新的字典。这里有一个非常简单的例子如下所示：

```
squares = {number: number**2 for number in range(100)}
```

重要的是，使用字典推导具有与列表推导相同的优点。因此在许多情况下，字典推导要更加高效、更加简短、更加整洁。对于更复杂的代码而言，需要用到许多 if 语句或函数调用来创建一个字典，这时最好使用简单的 for 循环，尤其是它还提高了可读性。

对于刚刚接触 Python 3 的 Python 程序员来说，在遍历字典元素时有一点需要特别注意。字典的 keys()、values() 和 items() 3 个方法的返回值类型不再是列表。此外，与之对应的 iterkeys()、itervalues() 和 iteritems() 本来返回的是迭代器，而 Python 3 中并没有这 3 个方法。现在 keys()、values() 和 items() 返回的是视图对象（view objects）。

- keys()：返回 dict_keys 对象，可以查看字典的所有键。
- values()：返回 dict_values 对象，可以查看字典的所有值。
- items()：返回 dict_items 对象，可以查看字典所有的(key, value)二元元组。

视图对象可以动态查看字典的内容，因此每次字典发生变化时，视图都会相应改变，见下面这个例子：

```
>>> words = {'foo': 'bar', 'fizz': 'bazz'}
>>> items = words.items()
```

```
>>> words['spam'] = 'eggs'
>>> items
dict_items([('spam', 'eggs'), ('fizz', 'bazz'), ('foo', 'bar')])
```

视图对象既有旧的 keys()、values() 和 items() 方法返回的列表的特性，也有旧的 iterkeys()、itervalues() 和 iteritems() 方法返回的迭代器的特性。视图无需冗余地将所有值都保存在内存里（像列表那样），但你仍然可以获取其长度（使用 len），也可以测试元素是否包含其中（使用 in 子句）。当然，视图是可迭代的。

最后一件重要的事情是，在 keys() 和 values() 方法返回的视图中，键和值的顺序是完全对应的。在 Python 2 中，如果你想保证获取的键和值顺序一致，那么在两次函数调用之间不能修改字典的内容。现在 dict_keys 和 dict_values 是动态的，所以即使在调用 keys() 和 values() 之间字典内容发生了变化，那么这两个视图的元素遍历顺序也是完全一致的。

（1）实现细节

CPython 使用伪随机探测（pseudo-random probing）的散列表（hash table）作为字典的底层数据结构。这似乎是非常高深的实现细节，但在短期内不太可能发生变化，所以程序员也可以把它当做一个有趣的事实来了解。

由于这一实现细节，只有**可哈希的**（hashable）对象才能作为字典的键。如果一个对象有一个在整个生命周期都不变的散列值（hash value），而且这个值可以与其他对象进行比较，那么这个对象就是可哈希的。Python 所有不可变的内置类型都是可哈希的。可变类型（如列表、字典和集合）是不可哈希的，因此不能作为字典的键。定义可哈希类型的协议包括下面这两个方法。

- __hash__：这一方法给出 dict 内部实现需要的散列值（整数）。对于用户自定义类的实例对象，这个值由 id() 给出。
- __eq__：比较两个对象的值是否相等。对于用户自定义类，除了自身之外，所有实例对象默认不相等。

如果两个对象相等，那么它们的散列值一定相等。反之则不一定成立。这说明可能会发生散列冲突（hash collision），即散列值相等的两个对象可能并不相等。这是允许的，所有 Python 实现都必须解决散列冲突。CPython 用**开放定址法**（open addressing）来解决这一冲突（https://en.wikipedia.org/wiki/Open_addressing）。不过，发生冲突的概率对性能有很大影响，如果概率很高，字典将无法从其内部优化中受益。

字典的 3 个基本操作（添加元素、获取元素和删除元素）的平均时间复杂度为 O(1)，但它们的平摊最坏情况复杂度要高得多，为 O(n)，这里的 n 是当前字典的元素数目。此外，如果字典的键是用户自定义类的对象，并且散列方法不正确的话（发生冲突的风险很大），那么这会给字典性能带来巨大的负面影响。CPython 字典的时间复杂度的完整表格如表 2-2 所示。

表 2-2

操作	平均复杂度	平摊最坏情况复杂度
获取元素	O(1)	O(n)
修改元素	O(1)	O(n)
删除元素	O(1)	O(n)
复制	O(n)	O(n)
遍历	O(n)	O(n)

　　还有很重要的一点需要注意，在复制和遍历字典的操作中，最坏情况复杂度中的 n 是字典曾经达到的最大元素数目，而不是当前元素数目。换句话说，如果一个字典曾经元素个数很多，后来又大大减少了，那么遍历这个字典可能要花费相当长的时间。因此在某些情况下，如果需要频繁遍历某个字典，那么最好创建一个新的字典对象，而不是仅在旧字典中删除元素。

（2）缺点和替代方案

　　使用字典的常见陷阱之一，就是它并不会按照键的添加顺序来保存元素的顺序。在某些情况下，字典的键是连续的，对应的散列值也是连续值（例如整数），那么由于字典的内部实现，元素的顺序可能和添加顺序相同：

```
>>> {number: None for number in range(5)}.keys()
dict_keys([0, 1, 2, 3, 4])
```

　　不过，如果使用散列方法不同的其他数据类型，那么字典就不会保存元素顺序。下面是 CPython 中的例子：

```
>>> {str(number): None for number in range(5)}.keys()
dict_keys(['1', '2', '4', '0', '3'])
>>> {str(number): None for number in reversed(range(5))}.keys()
dict_keys(['2', '3', '1', '4', '0'])
```

　　如上述代码所示，字典元素的顺序既与对象的散列方法无关，也与元素的添加顺序无关。但我们也不能完全信赖这一说法，因为在不同的 Python 实现中可能会有所不同。

　　但在某些情况下，开发者可能需要使用能够保存添加顺序的字典。幸运的是，Python 标准库的 collections 模块提供了名为 OrderedDict 的有序字典。它选择性地接受一个可迭代对象作为初始化参数：

```
>>> from collections import OrderedDict
>>> OrderedDict((str(number), None) for number in range(5)).keys()
odict_keys(['0', '1', '2', '3', '4'])
```

OrderedDict 还有一些其他功能，例如利用 popitem() 方法在双端取出元素或者利用 move_to_end() 方法将指定元素移动到某一端。这种集合类型的完整参考可参见 Python 文档（https://docs.python.org/3/library/collections.html）。

还有很重要的一点是，在非常老的代码库中，可能会用 dict 来实现原始的集合，以确保元素的唯一性。虽然这种方法可以给出正确的结果，但只有在低于 2.3 的 Python 版本中才予以考虑。字典的这种用法十分浪费资源。Python 有内置的 set 类型专门用于这个目的。事实上，CPython 中 set 的内部实现与字典非常类似，但还提供了一些其他功能，以及与集合相关的特定优化。

3．集合

集合是一种鲁棒性很好的数据结构，当元素顺序的重要性不如元素的唯一性和测试元素是否包含在集合中的效率时，大部分情况下这种数据结构是很有用的。它与数学上的集合概念非常类似。Python 的内置集合类型有两种。

- set()：一种可变的、无序的、有限的集合，其元素是唯一的、不可变的（可哈希的）对象。
- frozenset()：一种不可变的、可哈希的、无序的集合，其元素是唯一的、不可变的（可哈希的）对象。

由于 frozenset() 具有不变性，它可以用作字典的键，也可以作为其他 set() 和 frozenset() 的元素。在一个 set() 或 frozenset() 中不能包含另一个普通的可变 set()，因为这会引发 TypeError：

```
>>> set([set([1,2,3]), set([2,3,4])])
Traceback (most recent call last):
  File "<stdin>", line 1, in <module>
TypeError: unhashable type: 'set'
```

下面这种集合初始化的方法是完全正确的：

```
>>> set([frozenset([1,2,3]), frozenset([2,3,4])])
{frozenset({1, 2, 3}), frozenset({2, 3, 4})}
>>> frozenset([frozenset([1,2,3]), frozenset([2,3,4])])
frozenset({frozenset({1, 2, 3}), frozenset({2, 3, 4})})
```

创建可变集合方法有以下 3 种，如下所示。
- 调用 set()，选择性地接受可迭代对象作为初始化参数，例如 set([0, 1, 2])。
- 使用集合推导，例如 {element for element in range(3)}。
- 使用集合字面值，例如 {1, 2, 3}。

注意，使用集合的字面值和推导要格外小心，因为它们在形式上与字典的字面值和推导非常相似。此外，空的集合对象是没有字面值的。空的花括号 {} 表示的是空的字典字面值。

实现细节

CPython 中的集合与字典非常相似。事实上，集合被实现为带有空值的字典，只有键才是实际的集合元素。此外，集合还利用这种没有值的映射做了其他优化。

由于这一点，可以快速向集合添加元素、删除元素或检查元素是否存在，平均时间复杂度均为 O(1)。但由于 CPython 的集合实现依赖于类似的散列表结构，因此这些操作的最坏情况复杂度是 O(n)，其中 n 是集合的当前大小。

字典的其他实现细节也适用于集合。集合中的元素必须是可哈希的，如果集合中用户自定义类的实例的散列方法不佳，那么将会对性能产生负面影响。

4. 超越基础集合类型——collections 模块

每种数据结构都有其缺点。没有一种集合类型适合解决所有问题，4 种基本类型（元组、列表、集合和字典）提供的选择也不算多。它们是最基本也是最重要的集合类型，都有专门的语法。幸运的是，Python 标准库内置的 collections 模块提供了更多的选择。前面已经提到过其中一种（deque）。下面是这个模块中最重要的集合类型。

- namedtuple()：用于创建元组子类的工厂函数（factory function），可以通过属性名来访问它的元索引。
- deque：双端队列，类似列表，是栈和队列的一般化，可以在两端快速添加或取出元素。
- ChainMap：类似字典的类，用于创建多个映射的单一视图。
- Counter：字典子类，由于对可哈希对象进行计数。
- OrderedDict：字典子类，可以保存元素的添加顺序。
- defaultdict：字典子类，可以通过调用用户自定义的工厂函数来设置缺失值。

> 第 12 章介绍了从 collections 模块选择集合类型的更多细节，也给出了关于何时使用这些集合类型的建议。

2.2 高级语法

在一种语言中，很难客观判断哪些语法元素属于高级语法。对于本章会讲到的高级语法元素，我们会讲到这样的元素，它们不与任何特定的内置类型直接相关，而且在刚开始学习时相对难以掌握。对于 Python 中难以理解的特性，其中最常见的是：

- 迭代器（iterator）。
- 生成器（generator）。
- 装饰器（decorator）。
- 上下文管理器（context manager）。

2.2.1 迭代器

迭代器只不过是一个实现了迭代器协议的容器对象。它基于以下两个方法。

- __next__：返回容器的下一个元素。
- __iter__：返回迭代器本身。

迭代器可以利用内置的 iter 函数和一个序列来创建。看下面这个例子：

```
>>> i = iter('abc')
>>> next(i)
'a'
>>> next(i)
'b'
>>> next(i)
'c'
>>> next(i)
Traceback (most recent call last):
  File "<input>", line 1, in <module>
StopIteration
```

当遍历完序列时，会引发一个 StopIteration 异常。这样迭代器就可以与循环兼容，因为可以捕获这个异常并停止循环。要创建自定义的迭代器，可以编写一个具有__next__方法的类，只要这个类提供返回迭代器实例的__iter__特殊方法：

```
class CountDown:
    def __init__(self, step):
        self.step = step
    def __next__(self):
        """Return the next element."""
        if self.step <= 0:
            raise StopIteration
        self.step -= 1
        return self.step
    def __iter__(self):
        """Return the iterator itself."""
        return self
```

下面是这个迭代器的用法示例：

```
>>> for element in CountDown(4):
...     print(element)
...
3
2
1
0
```

迭代器本身是一个底层的特性和概念，在程序中可以不用它。但它为生成器这一更有趣的特性提供了基础。

2.2.2 yield 语句

生成器提供了一种优雅的方法，可以让编写返回元素序列的函数所需的代码变得简单、高效。基于 yield 语句，生成器可以暂停函数并返回一个中间结果。该函数会保存执行上下文，稍后在必要时可以恢复。

举个例子，斐波纳契（Fibonacci）数列可以用生成器语法来实现。下列代码是来自于 **PEP 255**（简单生成器）文档中的例子：

```
def fibonacci():
    a, b = 0, 1
    while True:
        yield b
        a, b = b, a + b
```

你可以用 next() 函数或 for 循环从生成器中获取新的元素，就像迭代器一样：

```
>>> fib = fibonacci()
>>> next(fib)
1
>>> next(fib)
1
>>> next(fib)
2
>>> [next(fib) for i in range(10)]
[3, 5, 8, 13, 21, 34, 55, 89, 144, 233]
```

这个函数返回一个 generator 对象，是特殊的迭代器，它知道如何保存执行上下文。它可以被无限次调用，每次都会生成序列的下一个元素。这种语法很简洁，算法可无限调用的性质并没有影响代码的可读性。不必提供使函数停止的方法。实际上，它看上去就像用伪代码设计的数列一样。

在社区中，生成器并不常用，因为开发人员还不习惯这种思考方式。多年来，开发人员已经习惯于使用直截了当的函数。每次你需要返回一个序列的函数或在循环中运行的函数时，都应该考虑使用生成器。当序列元素被传递到另一个函数中以进行后续处理时，一次返回一个元素可以提高整体性能。

在这种情况下，用于处理一个元素的资源通常不如用于整个过程的资源重要。因此，它们可以保持位于底层，使程序更加高效。举个例子，斐波那契数列是无穷的，但用来生成它的生成器每次提供一个值，并不需要无限大的内存。一个常见的应用场景是使用生成器的数据流缓冲区。使用这些数据的第三方代码可以暂停、恢复和停止生成器，在开始这一过程之前无需导入所有数据。

举个例子，来自标准库的 tokenize 模块可以从文本流中生成令牌（token），并对处理过的每一行都返回一个迭代器，以供后续处理：

```
>>> import tokenize
>>> reader = open('hello.py').readline
>>> tokens = tokenize.generate_tokens(reader)
>>> next(tokens)
TokenInfo(type=57 (COMMENT), string='# -*- coding: utf-8 -*-', start=(1, 0), end=(1, 23), line='# -*- coding: utf-8 -*-\n')
>>> next(tokens)
TokenInfo(type=58 (NL), string='\n', start=(1, 23), end=(1, 24), line='# -*- coding: utf-8 -*-\n')
>>> next(tokens)
TokenInfo(type=1 (NAME), string='def', start=(2, 0), end=(2, 3), line='def hello_world():\n')
```

从这里可以看出，open 遍历文件的每一行，而 generate_tokens 则利用管道对其进行遍历，完成一些额外的工作。对于基于某些序列的数据转换算法而言，生成器还有助于降低算法复杂度并提高效率。把每个序列看作一个 iterator，然后再将其合并为一个高阶函数，这种方法可以有效避免函数变得庞大、丑陋、没有可读性。此外，这种方法还可以为整个处理链提供实时反馈。

在下面的示例中，每个函数都定义了一个对序列的转换。然后将这些函数链接起来并应用。每次调用都将处理一个元素并返回其结果：

```
    def power(values):
        for value in values:
            print('powering %s' % value)
            yield value
    def adder(values):
        for value in values:
            print('adding to %s' % value)
```

```
        if value % 2 == 0:
            yield value + 3
        else:
            yield value + 2
```

将这些生成器合并使用，可能的结果如下：

```
>>> elements = [1, 4, 7, 9, 12, 19]
>>> results = adder(power(elements))
>>> next(results)
powering 1
adding to 1
3
>>> next(results)
powering 4
adding to 4
7
>>> next(results)
powering 7
adding to 7
9
```

保持代码简单，而不是保持数据简单
最好编写多个处理序列值的简单可迭代函数,而不要编写一个复杂函数,同时计算出整个集合的结果。

Python 生成器的另一个重要特性，就是能够利用 next 函数与调用的代码进行交互。yield 变成了一个表达式，而值可以通过名为 send 的新方法来传递：

```
def psychologist():
    print('Please tell me your problems')
    while True:
        answer = (yield)
        if answer is not None:
            if answer.endswith('?'):
                print("Don't ask yourself too much questions")
            elif 'good' in answer:
                print("Ahh that's good, go on")
            elif 'bad' in answer:
                print("Don't be so negative")
```

下面是调用 psychologist() 函数的示例会话：

```
>>> free = psychologist()
>>> next(free)
```

```
Please tell me your problems
>>> free.send('I feel bad')
Don't be so negative
>>> free.send("Why I shouldn't ?")
Don't ask yourself too much questions
>>> free.send("ok then i should find what is good for me")
Ahh that's good, go on
```

send 的作用和 next 类似，但会将函数定义内部传入的值变成 yield 的返回值。因此，这个函数可以根据客户端代码来改变自身行为。为完成这一行为，还添加了另外两个函数：throw 和 close。它们将向生成器抛出错误。

- throw：允许客户端代码发送要抛出的任何类型的异常。
- close：作用相同，但会引发特定的异常——GeneratorExit。在这种情况下，生成器函数必须再次引发 GeneratorExit 或 StopIteration。

> 生成器是 Python 中协程、异步并发等其他概念的基础，这些概念将在第 13 章介绍。

2.2.3　装饰器

Python 装饰器的作用是使函数包装与方法包装（一个函数，接受函数并返回其增强函数）变得更容易阅读和理解。最初的使用场景是在方法定义的开头能够将其定义为类方法或静态方法。如果不用装饰器语法的话，定义可能会非常稀疏，并且不断重复：

```
class WithoutDecorators:
    def some_static_method():
        print("this is static method")
    some_static_method = staticmethod(some_static_method)
    def some_class_method(cls):
        print("this is class method")
    some_class_method = classmethod(some_class_method)
```

如果用装饰器语法重写的话，代码会更简短，也更容易理解：

```
class WithDecorators:
    @staticmethod
    def some_static_method():
        print("this is static method")

    @classmethod
```

```
def some_class_method(cls):
    print("this is class method")
```

1. 一般语法和可能的实现

装饰器通常是一个命名的对象（不允许使用 lambda 表达式），在被（装饰函数）调用时接受单一参数，并返回另一个可调用对象。这里用的是"可调用（callable）"。而不是之前以为的"函数"。装饰器通常在方法和函数的范围内进行讨论，但它的适用范围并不局限于此。事实上，任何可调用对象（任何实现了 __call__ 方法的对象都是可调用的）都可以用作装饰器，它们返回的对象往往也不是简单的函数，而是实现了自己的 __call__ 方法的更复杂的类的实例。

装饰器语法只是语法糖而已。看下面这种装饰器用法：

```
@some_decorator
def decorated_function():
    pass
```

这种写法总是可以替换为显式的装饰器调用和函数的重新赋值：

```
def decorated_function():
    pass
decorated_function = some_decorator(decorated_function)
```

但是，如果在一个函数上使用多个装饰器的话，后一种写法的可读性更差，也非常难以理解。

> **装饰器甚至不需要返回可调用对象！**
> 事实上，任何函数都可以用作装饰器，因为 Python 并没有规定装饰器的返回类型。因此，将接受单一参数但不返回可调用对象的函数（例如 str）用作装饰器，在语法上是完全有效的。如果用户尝试调用这样装饰过的对象，最后终究会报错。不管怎样，针对这种装饰器语法可以做一些有趣的试验。

（1）作为一个函数

编写自定义装饰器有许多方法，但最简单的方法就是编写一个函数，返回包装原始函数调用的一个子函数。

通用模式如下：

```
def mydecorator(function):
    def wrapped(*args, **kwargs):
        # 在调用原始函数之前，做点什么
        result = function(*args, **kwargs)
```

```
# 在函数调用之后，做点什么，
# 并返回结果
return result
# 返回 wrapper 作为装饰函数
return wrapped
```

（2）作为一个类

虽然装饰器几乎总是可以用函数实现，但在某些情况下，使用用户自定义类可能更好。如果装饰器需要复杂的参数化或者依赖于特定状态，那么这种说法往往是对的。

非参数化装饰器用作类的通用模式如下：

```
class DecoratorAsClass:
    def __init__(self, function):
        self.function = function

    def __call__(self, *args, **kwargs):
        # 在调用原始函数之前，做点什么
        result = self.function(*args, **kwargs)
        # 在调用函数之后，做点什么，
        # 并返回结果
        return result
```

（3）参数化装饰器

在实际代码中通常需要使用参数化的装饰器。如果用函数作为装饰器的话，那么解决方法很简单：需要用到第二层包装。下面一个简单的装饰器示例，给定重复次数，每次被调用时都会重复执行一个装饰函数：

```
def repeat(number=3):
    """多次重复执行装饰函数。

    返回最后一次原始函数调用的值作为结果
    :param number: 重复次数，默认值是 3
    """
    def actual_decorator(function):
        def wrapper(*args, **kwargs):
            result = None
            for _ in range(number):
                result = function(*args, **kwargs)
            return result
        return wrapper
    return actual_decorator
```

这样定义的装饰器可以接受参数：

```
>>> @repeat(2)
... def foo():
...     print("foo")
...
>>> foo()
foo
foo
```

注意，即使参数化装饰器的参数有默认值，但名字后面也必须加括号。带默认参数的装饰器的正确用法如下：

```
>>> @repeat()
... def bar():
...     print("bar")
...
>>> bar()
bar
bar
bar
```

没加括号的话，在调用装饰函数时会出现以下错误：

```
>>> @repeat
... def bar():
...     pass
...
>>> bar()
Traceback (most recent call last):
  File "<input>", line 1, in <module>
TypeError: actual_decorator() missing 1 required positional
argument: 'function'
```

（4）保存内省的装饰器

使用装饰器的常见错误是在使用装饰器时不保存函数元数据（主要是文档字符串和原始函数名）。前面所有示例都存在这个问题。装饰器组合创建了一个新函数，并返回一个新对象，但却完全没有考虑原始函数的标识。这将会使得调试这样装饰过的函数更加困难，也会破坏可能用到的大多数自动生成文档的工具，因为无法访问原始的文档字符串和函数签名。

但我们来看一下细节。假设我们有一个虚设的（dummy）装饰器，仅有装饰作用，还有其他一些被装饰的函数：

```
def dummy_decorator(function):
    def wrapped(*args, **kwargs):
```

```
        """"包装函数内部文档。"""
        return function(*args, **kwargs)
    return wrapped


@dummy_decorator
def function_with_important_docstring():
    """这是我们想要保存的重要文档字符串。"""
```

如果我们在 Python 交互式会话中查看 function_with_important_docstring()，会注意到它已经失去了原始名称和文档字符串：

```
>>> function_with_important_docstring.__name__
'wrapped'
>>> function_with_important_docstring.__doc__
'包装函数内部文档。'
```

解决这个问题的正确方法，就是使用 functools 模块内置的 wraps() 装饰器：

```
from functools import wraps


def preserving_decorator(function):
    @wraps(function)
    def wrapped(*args, **kwargs):
        """包装函数内部文档。"""
        return function(*args, **kwargs)
    return wrapped


@preserving_decorator
def function_with_important_docstring():
    """这是我们想要保存的重要文档字符串。"""
```

这样定义的装饰器可以保存重要的函数元数据：

```
>>> function_with_important_docstring.__name__
'function_with_important_docstring'
>>> function_with_important_docstring.__doc__
'这是我们想要保存的重要文档字符串。'
```

2. 用法和有用的例子

由于装饰器在模块被首次读取时由解释器来加载，所以它们的使用应受限于通用的包装器（wrapper）。如果装饰器与方法的类或所增强的函数签名绑定，那么应该将其重构为常规的可调用对象，以避免复杂性。在任何情况下，装饰器在处理 API 时，一个好的做法是将它们聚集在一个易于维护的模块中。

常见的装饰器模式如下所示。

- 参数检查。
- 缓存。
- 代理。
- 上下文提供者。

（1）参数检查

检查函数接受或返回的参数，在特定上下文中执行时可能有用。举个例子，如果一个函数要通过 XML-RPC 来调用，那么 Python 无法像静态语言那样直接提供其完整签名。当 XML-RPC 客户端请求函数签名时，就需要用这个功能来提供内省能力。

> **XML-RPC 协议**
>
> XML-RPC 协议是一种轻量级的**远程过程调用**（Remote Procedure Call）协议，通过 HTTP 使用 XML 对调用进行编码。对于简单的客户端-服务器交换，通常使用这种协议而不是 SOAP。SOAP 提供了列出所有可调用函数的页面（WSDL），XML-RPC 与之不同，并没有可用函数的目录。该协议提出了一个扩展，可以用来发现服务器 API，Python 的 xmlrpc 模块实现了这一扩展（参见 https://docs.python.org/3/library/xmlrpc.server.html）。

自定义装饰器可以提供这种类型的签名，并确保输入和输出代表自定义的签名参数：

```python
rpc_info = {}


def xmlrpc(in_=(), out=(type(None),)):
    def _xmlrpc(function):
        # 注册签名
        func_name = function.__name__
        rpc_info[func_name] = (in_, out)
        def _check_types(elements, types):
            """用来检查类型的子函数。"""
            if len(elements) != len(types):
                raise TypeError('argument count is wrong')
            typed = enumerate(zip(elements, types))
```

```
        for index, couple in typed:
            arg, of_the_right_type = couple
            if isinstance(arg, of_the_right_type):
                continue
            raise TypeError(
                'arg #%d should be %s' % (index,
                of_the_right_type))


        # 包装过的函数
        def __xmlrpc(*args):  # 没有允许的关键词
            # 检查输入的内容
            checkable_args = args[1:]  # 去掉 self
            _check_types(checkable_args, in_)
            # 运行函数
            res = function(*args)
            # 检查输出的内容
            if not type(res) in (tuple, list):
                checkable_res = (res,)
            else:
                checkable_res = res
            _check_types(checkable_res, out)

            # 函数及其类型检查成功
            return res
        return __xmlrpc
    return _xmlrpc
```

装饰器将函数注册到全局字典中，并将其参数和返回值保存在一个类型列表中。注意，这个示例做了很大的简化，为的是展示装饰器的参数检查功能。

使用示例如下：

```
class RPCView:
    @xmlrpc((int, int))  # two int -> None
    def meth1(self, int1, int2):
        print('received %d and %d' % (int1, int2))

    @xmlrpc((str,), (int,))  # string -> int
    def meth2(self, phrase):
        print('received %s' % phrase)
        return 12
```

在实际读取时，这个类定义会填充 rpc_infos 字典，并用于检查参数类型的特定环境中：

```
>>> rpc_info
{'meth2': ((<class 'str'>,), (<class 'int'>,)), 'meth1': ((<class
'int'>, <class 'int'>), (<class 'NoneType'>,))}
```

```
>>> my = RPCView()
>>> my.meth1(1, 2)
received 1 and 2
>>> my.meth2(2)
Traceback (most recent call last):
  File "<input>", line 1, in <module>
  File "<input>", line 26, in __xmlrpc
  File "<input>", line 20, in _check_types
TypeError: arg #0 should be <class 'str'>
```

（2）缓存

缓存装饰器与参数检查十分相似，不过它重点是关注那些内部状态不会影响输出的函数。每组参数都可以链接到唯一的结果。这种编程风格是**函数式编程**（functional programming，参见 https://en.wikipedia.org/wiki/Functional_programming）的特点，当输入值有限时可以使用。

因此，缓存装饰器可以将输出与计算它所需要的参数放在一起，并在后续的调用中直接返回它。这种行为被称为 **memoizing**（参见 https://en.wikipedia.org/wiki/Memoization），很容易被实现为一个装饰器：

```
import time
import hashlib
import pickle


cache = {}


def is_obsolete(entry, duration):
    return time.time() - entry['time'] > duration


def compute_key(function, args, kw):
    key = pickle.dumps((function.__name__, args, kw))
    return hashlib.sha1(key).hexdigest()


def memoize(duration=10):
    def _memoize(function):
        def __memoize(*args, **kw):
            key = compute_key(function, args, kw)

            # 是否已经拥有它了?
            if (key in cache and
                not is_obsolete(cache[key], duration)):
                print('we got a winner')
                return cache[key]['value']
            # 计算
```

```
            result = function(*args, **kw)
            # 保存结果
            cache[key] = {
                'value': result,
                'time': time.time()
            }
            return result
        return __memoize
    return _memoize
```

利用已排序的参数值来构建 SHA 哈希键，并将结果保存在一个全局字典中。利用 pickle 来建立 hash，这是冻结所有作为参数传入的对象状态的快捷方式，以确保所有参数都满足要求。举个例子，如果用一个线程或套接字作为参数，那么会引发 PicklingError（参见 https://docs.python.org/3/library/pickle.html）。duration 参数的作用是，如果上一次函数调用已经过去了太长时间，那么它会使缓存值无效。

下面是一个使用示例：

```
>>> @memoize()
... def very_very_very_complex_stuff(a, b):
...     # 如果在执行这个计算时计算机过热
...     # 请考虑中止程序
...     return a + b
...
>>> very_very_very_complex_stuff(2, 2)
4
>>> very_very_very_complex_stuff(2, 2)
we got a winner
4
>>> @memoize(1)  # 1秒后令缓存失效
... def very_very_very_complex_stuff(a, b):
...     return a + b
...
>>> very_very_very_complex_stuff(2, 2)
4
>>> very_very_very_complex_stuff(2, 2)
we got a winner
4
>>> cache
{'c2727f43c6e39b3694649ee0883234cf': {'value': 4, 'time':
1199734132.7102251}}
>>> time.sleep(2)
>>> very_very_very_complex_stuff(2, 2)
4
```

缓存代价高昂的函数可以显著提高程序的总体性能，但必须小心使用。缓存值还可以与函数本身绑定，以管理其作用域和生命周期，代替集中化的字典。但在任何情况下，更高效的装饰器会使用基于高级缓存算法的专用缓存库。

第 12 章将会介绍与缓存相关的详细信息和技术。

（3）代理

代理装饰器使用全局机制来标记和注册函数。举个例子，一个根据当前用户来保护代码访问的安全层可以使用集中式检查器和相关的可调用对象要求的权限来实现：

```python
class User(object):
    def __init__(self, roles):
        self.roles = roles

class Unauthorized(Exception):
    pass

def protect(role):
    def _protect(function):
        def __protect(*args, **kw):
            user = globals().get('user')
            if user is None or role not in user.roles:
                raise Unauthorized("I won't tell you")
            return function(*args, **kw)
        return __protect
    return _protect
```

这一模型常用于 Python Web 框架中，用于定义可发布类的安全性。例如，Django 提供装饰器来保护函数访问的安全。

下面是一个示例，当前用户被保存在一个全局变量中。在方法被访问时装饰器会检查他/她的角色：

```python
>>> tarek = User(('admin', 'user'))
>>> bill = User(('user',))
>>> class MySecrets(object):
...     @protect('admin')
...     def waffle_recipe(self):
...         print('use tons of butter!')
...
>>> these_are = MySecrets()
>>> user = tarek
```

```
>>> these_are.waffle_recipe()
use tons of butter!
>>> user = bill
>>> these_are.waffle_recipe()
Traceback (most recent call last):
File "<stdin>", line 1, in <module>
File "<stdin>", line 7, in wrap
__main__.Unauthorized: I won't tell you
```

（4）上下文提供者

上下文装饰器确保函数可以运行在正确的上下文中，或者在函数前后运行一些代码。换句话说，它设定并复位一个特定的执行环境。举个例子，当一个数据项需要在多个线程之间共享时，就要用一个锁来保护它避免多次访问。这个锁可以在装饰器中编写，代码如下：

```
from threading import RLock
lock = RLock()


def synchronized(function):
    def _synchronized(*args, **kw):
        lock.acquire()
        try:
            return function(*args, **kw)
        finally:
            lock.release()
        return _synchronized

@synchronized
def thread_safe():  # 确保锁定资源
    pass
```

上下文装饰器通常会被上下文管理器（with 语句）替代，后者将在本章后面介绍。

2.2.4 上下文管理器——with 语句

为了确保即使在出现错误的情况下也能运行某些清理代码，try...finally 语句是很有用的。这一语句有许多使用场景，例如：
- 关闭一个文件。
- 释放一个锁。
- 创建一个临时的代码补丁。
- 在特殊环境中运行受保护的代码。

with 语句为这些使用场景下的代码块包装提供了一种简单方法。即使该代码块引发了异常，你也可以在其执行前后调用一些代码。例如，处理文件通常采用这种方式：

```
>>> hosts = open('/etc/hosts')
>>> try:
...     for line in hosts:
...         if line.startswith('#'):
...             continue
...         print(line.strip())
... finally:
...     hosts.close()
...
127.0.0.1       localhost
255.255.255.255 broadcasthost
::1             localhost
```

> 本示例只针对 Linux 系统，因为要读取位于 etc 文件夹中的主机文件，但任何文本文件都可以用相同的方法来处理。

利用 with 语句，上述代码可以重写为：

```
>>> with open('/etc/hosts') as hosts:
...     for line in hosts:
...         if line.startswith('#'):
...             continue
...         print(line.strip())
...
127.0.0.1       localhost
255.255.255.255 broadcasthost
::1             localhost
```

在前面的示例中，open 的作用是上下文管理器，确保即使出现异常也要在执行完 for 循环之后关闭文件。

与这条语句兼容的其他项目是来自 threading 模块的类：

- threading.Lock
- threading.RLock
- threading.Condition
- threading.Semaphore
- threading.BoundedSemaphore

一般语法和可能的实现

with 语句的一般语法的最简单形式如下：

```
with context_manager:
    # 代码块
    ...
```

此外，如果上下文管理器提供了上下文变量，可以用 as 子句保存为局部变量：

```
with context_manager as context:
    # 代码块
    ...
```

注意，多个上下文管理器可以同时使用，如下所示：

```
with A() as a, B() as b:
    ...
```

这种写法等价于嵌套使用，如下所示：

```
with A() as a:
    with B() as b:
        ...
```

（1）作为一个类

任何实现了**上下文管理器协议**（context manager protocol）的对象都可以用作上下文管理器。该协议包含两个特殊方法。

- __enter__(self)：更多内容请访问 https://docs.python.org/3.3/reference/datamodel.html #object.__enter__。
- __exit__(self, exc_type, exc_value, traceback)：更多内容请访问 https://docs.python.org/3.3/reference/datamodel.html#object.__exit__。

简而言之，执行 with 语句的过程如下：

- 调用__enter__方法。任何返回值都会绑定到指定的 as 子句。
- 执行内部代码块。
- 调用__exit__方法。

__exit__接受代码块中出现错误时填入的 3 个参数。如果没有出现错误，那么这 3 个参数都被设为 None。出现错误时，__exit__不应该重新引发这个错误，因为这是调用者（caller）的责任。但它可以通过返回 True 来避免引发异常。这可用于实现一些特殊的使用场景，例如下一节将会看到的 contextmanager 装饰器。但在大多数使用场景中，这一方法的正确行为是执行类似于 finally 子句的一些清理工作，无论代码块中发生了什么，它都不会返回任何内容。

下面是某个实现了这一协议的上下文管理器示例，以更好地说明其工作原理：

```
class ContextIllustration:
    def __enter__(self):
        print('entering context')
    def __exit__(self, exc_type, exc_value, traceback):
        print('leaving context')

        if exc_type is None:
            print('with no error')
        else:
            print('with an error (%s)' % exc_value)
```

没有引发异常时的运行结果如下：

```
>>> with ContextIllustration():
...     print("inside")
...
entering context
inside
leaving context
with no error
```

引发异常时的输出如下：

```
>>> with ContextIllustration():
...     raise RuntimeError("raised within 'with'")
...
entering context
leaving context
with an error (raised within 'with')
Traceback (most recent call last):
  File "<input>", line 2, in <module>
RuntimeError: raised within 'with'
```

（2）作为一个函数——contextlib 模块

使用类似乎是实现 Python 语言提供的任何协议最灵活的方法，但对许多使用场景来说可能样板太多。标准库中新增了 contextlib 模块，提供了与上下文管理器一起使用的辅助函数。它最有用的部分是 contextmanager 装饰器。你可以在一个函数里面同时提供 __enter__ 和 __exit__ 两部分，中间用 yield 语句分开（注意，这样函数就变成了生成器）。用这个装饰器编写前面的例子，其代码如下：

```
from contextlib import contextmanager

@contextmanager
def context_illustration():
```

```
print('entering context')

try:
    yield
except Exception as e:
    print('leaving context')
    print('with an error (%s)' % e)
    # 需要再次抛出异常
    raise
else:
    print('leaving context')
    print('with no error')
```

如果出现任何异常，该函数都需要再次抛出这个异常，以便传递它。注意，context_illustration 在需要时可以有一些参数，只要在调用时提供这些参数即可。这个小的辅助函数简化了常规的基于类的上下文 API，正如生成器对基于类的迭代器 API 的作用一样。

这个模块还提供了其他 3 个辅助函数。

- closing(element)：返回一个上下文管理器，在退出时会调用该元素的 close 方法。例如，它对处理流的类就很有用。
- supress(*exceptions)：它会压制发生在 with 语句正文中的特定异常。
- redirect_stdout(new_target) 和 redirect_stderr(new_target)：它会将代码块内任何代码的 sys.stdout 或 sys.stderr 输出重定向到类文件（file-like）对象的另一个文件。

2.3 你可能还不知道的其他语法元素

Python 语法中有一些元素不太常见，也很少用到。这是因为它们能提供的好处很少，或者它们的用法很难记住。因此，许多 Python 程序员（即使有多年的经验）完全不知道这些语法元素的存在。其中最有名的例子如下：

- for ... else 语句。
- 函数注解（function annotation）。

2.3.1 for...else...语句

在 for 循环之后使用 else 子句，可以在循环"自然"结束而不是被 break 语句终止时执行一个代码块：

```
>>> for number in range(1):
...     break
```

```
... else:
...     print("no break")
...
>>>
>>> for number in range(1):
...     pass
... else:
...     print("break")
...
break
```

这一语句在某些情况下很有用，因为它有助于删除一些"哨兵（sentinel）"变量，如果出现 break 时用户想要保存信息，可能会需要这些变量。这使得代码更加清晰，但可能会使不熟悉这种语法的程序员感到困惑。有人说 else 子句的这种含义是违反直觉的，但这里介绍一个简单的技巧，可以帮你记住它的用法：for 循环之后 else 子句的含义是"没有 break"。

2.3.2 函数注解

函数注解是 Python 3 最独特的功能之一。官方文档是这么说的：**函数注解是关于用户自定义函数使用的类型的完全可选的元信息**，但事实上，它并不局限于类型提示，而且在 Python 及其标准库中也没有单个功能可以利用这种注解。这就是这个功能独特的原因：它没有任何语法上的意义。可以为函数定义注解，并在运行时获取这些注解，但仅此而已。如何使用注解留给开发人员去思考。

1. 一般语法

对 Python 官方文档中的示例稍作修改，就可以很好展示如何定义并获取函数注解：

```
>>> def f(ham: str, eggs: str = 'eggs') -> str:
...     pass
...
>>> print(f.__annotations__)
{'return': <class 'str'>, 'eggs': <class 'str'>, 'ham': <class 'str'>}
```

如上所述，参数注解的定义为冒号后计算注解值的表达式。返回值注解的定义为表示 def 语句结尾的冒号与参数列表之后的->之间的表达式。

定义好之后，注解可以通过函数对象的__annotations__属性获取，它是一个字典，在应用运行期间可以获取。

任何表达式都可以用作注解，其位置靠近默认参数，这样可以创建一些迷惑人的函数定义，如下所示：

```
>>> def square(number: 0<=3 and 1=0) -> (\
...     +9000): return number**2
>>> square(10)
100
```

不过，注解的这种用法只会让人糊涂，没有任何其他作用。即使不用注解，编写出难以阅读和理解的代码也是相对容易的。

2．可能的用法

虽然注解有很大的潜力，但并没有被广泛使用。一篇介绍 Python 3 新增功能的文章（参见 https://docs.python.org/3/whatsnew/3.0.html）称，此功能的目的是"鼓励通过元类、装饰器或框架进行试验"。另一方面，作为提议函数注解的官方文档，**PEP 3107** 列出以下可能的使用场景：

- 提供类型信息。
  - 类型检查。
  - 让 IDE 显示函数接受和返回的类型。
  - 函数重载/通用函数。
  - 与其他语言之间的桥梁。
  - 适配。
  - 谓词逻辑函数。
  - 数据库查询映射。
  - RPC 参数编组。
- 其他信息。
  - 参数和返回值的文档。

虽然函数注解存在的时间和 Python 3 一样长，但仍然很难找到任一常见且积极维护的包，将函数注解用作类型检查之外的功能。所以函数注解仍主要用于试验和玩耍，这也是 Python 3 最初发布时包含该功能的最初目的。

2.4 小结

本章介绍了不直接与 Python 类和面向对象编程相关的多个最佳语法实践。本章第一部分重点介绍了与 Python 序列和集合相关的语法特性，也讨论了字符串和字节相关的序列。本章其余部分介绍了两组独立的语法元素：一组是初学者相对难以理解的（例如迭代器、生成器和装饰器），另一组是鲜为人知的（for...else 子句和函数注解）。

第 3 章
语法最佳实践——类级别以上

本章我们将重点介绍类的语法最佳实践。这里并不打算涉及设计模式，因为这部分内容将在第 14 章介绍。本章概述了用于操作和改进类代码的 Python 高级语法。

在 Python 2 的历史中，对象模型已经发生了很大变化。在很长一段时间里，同一种语言的面向对象编程范式存在两种实现方式。这两种模型被简称为**旧式**（old-style）类和**新式**（new-style）类。Python 3 终结了这一分歧，其开发者只能使用被称为**新式**类的模型。不管怎样，知道两种模型在 Python 2 中的工作原理仍是很重要的，因为这有助于你移植旧代码和编写向后兼容的应用。了解对象模型如何变化，也有助于你理解它现在为何如此设计。这也是为什么本章包含关于 Python 2 旧特性的大量内容，尽管本书针对的是最新版的 Python 3。

本章将讨论下列主题。

- 子类化内置类型。
- 访问超类中的方法。
- 使用 property 和槽（slot）。
- 元编程。

3.1 子类化内置类型

Python 的子类化内置类型非常简单。有一个叫作 object 的内置类型，它是所有内置类型的共同祖先，也是所有没有显式指定父类的用户自定义类的共同祖先。正由于此，每当需要实现与某个内置类型具有相似行为的类时，最好的方法就是将这个内置类型子类化。

现在，我们将向你展示一个名为 distinctdict 类的代码如下，它就使用了这种方法。它是 Python 中普通的 dict 类型的子类。这个新类的大部分行为都与普通的 dict 相同，但它不允许多个键对应相同的值。如果有人试图添加具有相同值的新元素，那么会引发一个 ValueError 的子类，并给出一些帮助信息：

```python
class DistinctError(ValueError):
    """如果向 distinctdict 添加重复值，则引发这个错误。"""

class distinctdict(dict):
    """不接受重复值的字典。"""
    def __setitem__(self, key, value):
        if value in self.values():
            if (
                (key in self and self[key] != value) or
                key not in self
            ):
                raise DistinctError(
                    "This value already exists for different key"
                )

        super().__setitem__(key, value)
```

下面是在交互式会话中使用 distinctdict 的示例：

```python
>>> my = distinctdict()
>>> my['key'] = 'value'
>>> my['other_key'] = 'value'
Traceback (most recent call last):
  File "<input>", line 1, in <module>
  File "<input>", line 10, in __setitem__
DistinctError: This value already exists for different key
>>> my['other_key'] = 'value2'
>>> my
{'key': 'value', 'other_key': 'value2'}
```

如果查看现有代码，你可能会发现许多类都是对内置类型的部分实现，它们作为子类的速度更快，代码更整洁。举个例子，list 类型用来管理序列，如果一个类需要在内部处理序列，那么就可以对 list 进行子类化，如下所示：

```python
class Folder(list):
    def __init__(self, name):
        self.name = name

    def dir(self, nesting=0):
```

```
offset = "  " * nesting
print('%s%s/' % (offset, self.name))

for element in self:
    if hasattr(element, 'dir'):
        element.dir(nesting + 1)
    else:
        print("%s  %s" % (offset, element))
```

下面是在交互式会话中的使用示例:

```
>>> tree = Folder('project')
>>> tree.append('README.md')
>>> tree.dir()
project/
  README.md
>>> src = Folder('src')
>>> src.append('script.py')
>>> tree.append(src)
>>> tree.dir()
project/
  README.md
  src/
    script.py
```

> **内置类型覆盖了大部分使用场景**
> 如果打算创建一个与序列或映射类似的新类,应考虑其
> 特性并查看现有的内置类型。除了基本内置类型,
> collections 模块还额外提供了许多有用的容器。大
> 部分情况下最终会使用它们。

3.2 访问超类中的方法

super 是一个内置类,可用于访问属于某个对象的超类的属性。

> Python 官方文档将 super 作为内置函数列出。虽然它
> 的用法与函数类似,但它实际上是一个内置类:
>
> ```
> >>> super
> <class 'super'>
> ```

　　如果你已经习惯于通过直接调用父类并传入 self 作为第一个参数来访问类的属性或方法，那么 super 的用法会有些令人困惑。这是非常陈旧的模式，但仍然可以在一些代码库中找到（特别是遗留项目）。参见以下代码：

```
class Mama:  # 旧的写法
    def says(self):
        print('do your homework')


class Sister(Mama):
    def says(self):
        Mama.says(self)
        print('and clean your bedroom')
```

在解释器会话中运行，它会给出如下结果：

```
>>> Sister().says()
do your homework
and clean your bedroom
```

　　重点看一下 Mama.says(self) 这一行，这里我们使用刚刚提到的方法来调用超类（即 Mama 类）的 says() 方法，并将 self 作为参数传入。也就是说，调用的是属于 Mama 的 says() 方法。但它的作用对象由 self 参数给出，在这个例子中是一个 Sister 实例。

　　而 super 的用法如下所示：

```
class Sister(Mama):
    def says(self):
        super(Sister, self).says()
        print('and clean your bedroom')
```

或者，你也可以使用 super() 调用的简化形式如下：

```
class Sister(Mama):
    def says(self):
        super().says()
        print('and clean your bedroom')
```

　　super 的简化形式（不传入任何参数）可以在方法内部使用，但 super 的使用并不限于方法。在代码中需要调用给定实例的超类方法的任何地方都可以使用它。不过，如果 super 不在方法内部使用，那么必须给出如下参数：

```
>>> anita = Sister()
>>> super(anita.__class__, anita).says()
do your homework
```

最后，关于 super 还有很重要的一点需要注意，就是它的第二个参数是可选的。如果只提供了第一个参数，那么 super 返回的是一个未绑定（unbound）类型。这一点在与classmethod 一起使用时特别有用，如下所示：

```
class Pizza:
    def __init__(self, toppings):
        self.toppings = toppings

    def __repr__(self):
        return "Pizza with " + " and ".join(self.toppings)

    @classmethod
    def recommend(cls):
        """推荐任意馅料（toppings）的某种披萨。"""
        return cls(['spam', 'ham', 'eggs'])


class VikingPizza(Pizza):
    @classmethod
    def recommend(cls):
        """推荐与 super 相同的内容，但多加了午餐肉（spam）。"""
        recommended = super(VikingPizza).recommend()
        recommended.toppings += ['spam'] * 5
        return recommended
```

注意，零参数的 super() 形式也可用于被 classmethod 装饰器装饰的方法。在这样的方法中无参数调用的 super() 被看作是仅定义了第一个参数。

前面提到的使用实例很容易理解，但如果面对多重继承模式，super 将变得难以使用。在解释这些问题之前，理解何时应避免使用 super 以及**方法解析顺序**（Method Resolution Order，MRO）在 Python 中的工作原理是很重要的。

3.2.1 Python 2 中的旧式类与 **super**

Python 2 中 super() 的工作原理几乎完全相同。调用签名的唯一区别在于简化的零参数形式不可用，因此必须始终提供至少一个参数。

对于想要编写跨版本兼容的代码的程序员来说，另一件重要的事情是，Python 2 中的 super 只适用于新式类。在早期版本的 Python 中，所有类并没有一个共同的祖先 object。Python 所有的 2.x 版本中都保留了旧式类，目的是为了向后兼容，所以在这些版本中，如果类的定义中没有指定祖先，那么它就被解释为旧式类，且不能使用 super，如下所示：

```
class OldStyle1:
    pass
```

```
class OldStyle2():
    pass
```

Python 2 中的新式类必须显式继承 object 或其他新式类：

```
class NewStyleClass(object):
    pass
```

```
class NewStyleClassToo(NewStyleClass):
    pass
```

Python 3 不再保留旧式类的概念，因此，没有继承任何其他类的类都隐式地继承自 object。也就是说，显式声明某个类继承自 object 似乎是冗余的。通用的良好实践是不包括冗余代码。但在这个例子中，只有该项目不再用于任何 Python 2 版本时，删除这些冗余才是好的做法。如果代码想要保持 Python 的跨版本兼容，那么必须始终将 object 作为所有基类的祖先，即使这在 Python 3 中是冗余的。不这么做的话，这些类将被解释为旧式类，最终会导致难以诊断的问题。

3.2.2   理解 Python 的方法解析顺序

Python 的方法解析顺序是基于 **C3**，这是为 Dylan 编程语言（http://opendylan.org）构建的 MRO。Michele Simionato 编写的参考文档位于 http://www.python.org/download/releases/2.3/mro。它描述了 C3 是如何构建一个类的**线性化**（也叫**优先级**，即祖先的有序列表）。这个列表可用于属性查找。本节后面将会对 C3 算法做进一步说明。

MRO 的变化是用于解决创建公共基本类型（object）所引入的问题。在使用 C3 线性化方法之前，如果一个类有两个祖先（参见图 3-1），那么对于不使用多重继承模型的简单情况来说，方法解析顺序的计算和跟踪都非常简单。下面是 Python 2 中的一个代码示例，没有使用 C3 作为方法解析顺序：

```
class Base1:
    pass
```

```
class Base2:
    def method(self):
        print('Base2')
```

```
class MyClass(Base1, Base2):
    pass
```

在交互式会话中运行下列代码，可以看到这种方法解析的作用如下：

```
>>> MyClass().method()
Base2
```

当调用 MyClass().method() 时，解释器会首先在 MyClass 中查找这一方法，然后在 Base1 中查找，最终在 Base2 中找到：

如果我们在两个基类之上引入某个 CommonBase 类（Base1 和 Base2 都从其继承，参见图 3-2），问题将变得更加复杂。其结果为，根据"从左到右、深度优先"规则的简单解析顺序，在查找 Base2 类之前就通过 Base1 类回到顶部。这一算法会导致反直觉的结果。在某些情况下，执行的方法可能并不是在继承树中最为接近的那个方法。

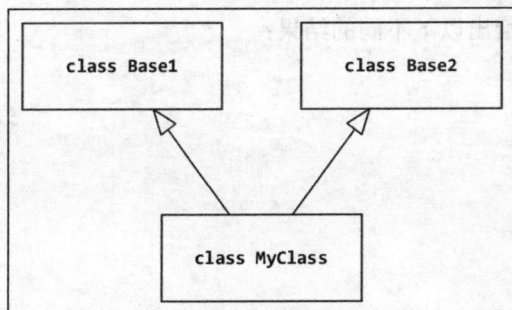

图 3-1 经典的类层次结构　　　　图 3-2 菱形（Diamond）的类层次结构

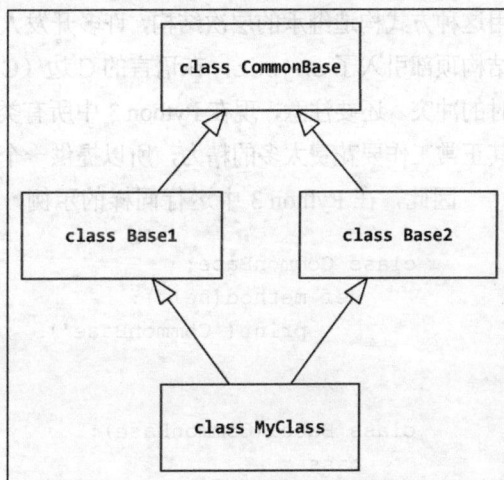

在 Python 2 中，如果使用的是旧式类（不继承自 object），仍然存在这样的算法。下面是 Python 2 中旧式类的旧式方法解析的示例：

```
class CommonBase:
    def method(self):
        print('CommonBase')

class Base1(CommonBase):
    pass
```

```
class Base2(CommonBase):
    def method(self):
        print('Base2')


class MyClass(Base1, Base2):
    pass
```

在交互式会话中运行以下代码，可以看到，Base2.method() 没有被调用，虽然在类层次结构中 Base2 比 CommonBase 要更近一些：

```
>>> MyClass().method()
CommonBase
```

这样的继承情景是极其少见的，因此这更多的是一个理论问题而不是实践问题。标准库不用这种方式构造继承的层次结构，许多开发人员也都认为这是不好的实践。但由于在类型层次结构顶部引入了 object，在语言的 C 边（C side）出现了多重继承问题，进而导致了子类化时的冲突。还要注意，现在 Python 3 中所有类都具有相同的共同祖先。由于使用现有 MRO 使其正常工作要花费太多的精力，所以提供一个新的 MRO 是更为简单、快捷的解决方案。

因此，在 Python 3 中运行同样的示例，会给出以下不同的结果：

```
class CommonBase:
    def method(self):
        print('CommonBase')


class Base1(CommonBase):
    pass


class Base2(CommonBase):
    def method(self):
        print('Base2')


class MyClass(Base1, Base2):
    pass
```

这种用法表明，C3 序列化会挑选最接近的祖先的方法：

```
>>> MyClass().method()
Base2
```

注意，在 Python 2 中，如果 CommonBase 类没有显式
继承自 object，那么是无法重复上述结果的。在
Python 3 中，虽然指定 object 为类的祖先是冗余的，
但这么做非常有用，其原因已在上一节中说明。

Python MRO 是基于对基类的递归调用。为了总结本节开头引用的 Michele Simionato
的文章，将 C3 符号应用到我们的示例中，如下所示：

```
L[MyClass(Base1, Base2)] =
        MyClass + merge(L[Base1], L[Base2], Base1, Base2)
```

这里 L[MyClass]是 MyClass 类的线性化，而 merge 是合并多个线性化结果的具体
算法。

因此，综合的描述应该是（正如 Simionato 所言）：

"C 的线性化是 C 加上父类的线性化和父类列表的合并的总和。"

merge 算法负责删除重复项并保持正确的顺序。在文章中对该算法的描述为（根据我
们的例子做了适当修改）：

"取第一个列表的表头（head），即 L[Base1][0]。如果这个表头不在其他
任何列表的表尾（tail），那么就将它添加到 Myclass 的线性化中，并从合并的
列表里删除；否则的话，查看下一个列表的表头，如果是一个好的表头就将其
取出。

然后重复这一操作，直到所有的类都被删除或者找不到好的表头为止。在
后一种情况下，无法构建合并，Python 2.3 将拒绝创建 MyClass 类，并引发一
个异常。"

head（表头）是列表的第一个元素，而 tail（表尾）则包含其余元素。例如，在(Base1,
Base2, ..., BaseN)中，Base1 是 head，而(Base2, ..., BaseN)则是 tail。

换句话说，C3 对每个父类进行递归深度查找以得到一个列表序列。然后，如果某个类
包含在多个列表中，它会利用层次结构消歧（hierarchy disambiguation）计算出从左到右的
规则，以此合并所有列表。

其结果如下：

```
def L(klass):
    return [k.__name__ for k in klass.__mro__]

>>> L(MyClass)
['MyClass', 'Base1', 'Base2', 'CommonBase', 'object']
```

类的 __mro__ 属性（只读）保存了线性化的计算结果，这在加载类定义时已经完成。

你也可以调用 MyClass.mro() 来得到计算结果。这也是对 Python 2 中的类应该区别对待的另一个原因。虽然 Python 2 的旧式类已经定义了方法解析顺序，但并没有提供 __mro__ 属性和 mro() 方法。因此，尽管旧式类有解析顺序，但不能说它们有 MRO。在多数情况下，如果某人提到 Python 中的 MRO，指的都是本节介绍的 C3 算法。

3.2.3 使用 super 易犯的错误

现在回到 super。如果使用了多重继承的层次结构，那么使用 super 是非常危险的，主要原因在于类的初始化。在 Python 中，基类不会在 __init__() 中被隐式地调用，所以需要由开发人员来调用它们。我们来看几个例子。

1. 混用 super 与显式类调用

在下面来自 James Knight 网站（http://fuhm.net/super-harmful）的示例中，C 类使用 __init__ 方法调用它的基类，使得 B 类被调用了两次：

```
class A:
    def __init__(self):
        print("A", end=" ")
        super().__init__()


class B:
    def __init__(self):
        print("B", end=" ")
        super().__init__()


class C(A, B):
    def __init__(self):
        print("C", end=" ")
        A.__init__(self)
        B.__init__(self)
```

其输出如下：

```
>>> print("MRO:", [x.__name__ for x in C.__mro__])
MRO: ['C', 'A', 'B', 'object']
>>> C()
C A B B <__main__.C object at 0x0000000001217C50>
```

出现以上这种情况的原因在于，C 的实例调用了 A.__init__(self)，因此使得 super(A, self).__init__()调用了 B.__init__()方法。换句话说，super 应该被用到整个类的层次结构中。问题在于，有时这种层次结构的一部分位于第三方代码中。在 James 的页面上可以找到许多由多重继承引入的层次调用相关的错误。

不幸的是，你无法确定外部包的代码中是否使用了 super()。如果你需要对某个第三方类进行子类化，最好总是查看其内部代码以及 MRO 中其他类的内部代码。这个过程可能很枯燥，但作为奖励，你可以了解这个包的代码质量，并对它的实现有了进一步理解。这样你还可能学习了一些新东西。

2. 不同种类的参数

使用 super 的另一个问题是初始化过程中的参数传递。如果没有相同的签名，一个类怎么能调用其基类的__init__()代码呢？这会导致下列问题：

```
class CommonBase:
    def __init__(self):
        print('CommonBase')
        super().__init__()


class Base1(CommonBase):
    def __init__(self):
        print('Base1')
        super().__init__()


class Base2(CommonBase):
    def __init__(self, arg):
        print('base2')
        super().__init__()


class MyClass(Base1 , Base2):
    def __init__(self, arg):
        print('my base')
        super().__init__(arg)
```

尝试创建 MyClass 实例将会引发 TypeError，原因是与父类的 __init__() 签名不匹配，如下所示：

```
>>> MyClass(10)
my base
Traceback (most recent call last):
  File "<stdin>", line 1, in <module>
  File "<stdin>", line 4, in __init__
TypeError: __init__() takes 1 positional argument but 2 were given
```

一种解决方法是使用*args 和**kwargs 魔法包装的参数和关键字参数，这样即使不使用它们，所有的构造函数也会传递所有参数，如下所示：

```python
class CommonBase:
    def __init__(self, *args, **kwargs):
        print('CommonBase')
        super().__init__()


class Base1(CommonBase):
    def __init__(self, *args, **kwargs):
        print('Base1')
        super().__init__(*args, **kwargs)


class Base2(CommonBase):
    def __init__(self, *args, **kwargs):
        print('base2')
        super().__init__(*args, **kwargs)


class MyClass(Base1 , Base2):
    def __init__(self, arg):
        print('my base')
        super().__init__(arg)
```

利用这种方法，父类的签名将始终匹配：

```
>>> _ = MyClass(10)
my base
Base1
base2
CommonBase
```

不过这是一种很糟糕的解决方法，因为它使得所有构造函数都接受任何类型的参数。这会导致代码变得脆弱，因为任何参数都可以传入并通过。另一种解决方法是在 MyClass 中显式地使用特定类的 __init__() 调用，但这又会导致第一种错误。

3.2.4 最佳实践

为了避免前面提到的所有问题，在 Python 在这个领域取得进展之前，我们需要考虑以下几点。

- **应该避免多重继承**：可以采用第 14 章介绍的一些设计模式来代替它。
- **super 的使用必须一致**：在类的层次结构中，要么全部用 super，要么全不用。混用 super 和传统调用是一种混乱的做法。人们往往会避免使用 super，这样代码会更清晰。
- **如果代码的使用范围包括 Python 2，在 Python 3 中也应该显式地继承自 object**：在 Python 2 中，没有指定任何祖先的类被认为是旧式类。在 Python 2 中应避免混用旧式类和新式类。
- **调用父类时必须查看类的层次结构**：为了避免出现任何问题，每次调用父类时，必须快速查看有关的 MRO（使用 __mro__）。

3.3 高级属性访问模式

许多 C++ 和 Java 程序员第一次学习 Python 时，他们会对 Python 没有 private 关键字感到惊讶。与之最接近的概念是**名称修饰**（name mangling）。每当在一个属性前面加上 __ 前缀，解释器就会立刻将其重命名：

```
class MyClass:
    __secret_value = 1
```

利用原始名称访问 __secret_value 属性，将会引发 AttributeError 异常：

```
>>> instance_of = MyClass()
>>> instance_of.__secret_value
Traceback (most recent call last):
  File "<stdin>", line 1, in <module>
AttributeError: 'MyClass' object has no attribute '__secret_value'
>>> dir(MyClass)
['_MyClass__secret_value', '__class__', '__delattr__', '__dict__', '__dir__', '__doc__', '__eq__', '__format__', '__ge__', '__getattribute__', '__gt__', '__hash__', '__init__', '__le__', '__lt__', '__module__', '__ne__', '__new__', '__reduce__', '__reduce_ex__', '__repr__', '__setattr__', '__sizeof__', '__str__', '__subclasshook__', '__weakref__']
>>> instance_of._MyClass__secret_value
1
```

Python 提供这一特性是为了避免继承中的名称冲突，因为属性被重命名为以类名为前缀的名称。这并不是真正的锁定（real lock），因为可以通过其组合名称来访问该属性。这一特性可用于保护某些属性的访问，但在实践中，永远不应使用__。如果一个属性不是公有的，约定使用_前缀。这不会调用任何名称修饰的算法，而只是说明这个属性是该类的私有元素，这是流行的写法。

Python 中还有其他可用的机制来构建类的公有部分和私有代码。应该使用描述符和 `property` 这些 OOP 设计的关键特性来设计一个清晰的 API。

3.3.1　描述符

描述符（descriptor）允许你自定义在引用一个对象的属性时应该完成的事情。

描述符是 Python 中复杂属性访问的基础。它在内部被用于实现 `property`、方法、类方法、静态方法和 `super` 类型。它是一个类，定义了另一个类的属性的访问方式。换句话说，一个类可以将属性管理委托给另一个类。

描述符类基于 3 个特殊方法，这 3 个方法组成了**描述符协议**（descriptor protocol）：

- `__set__(self, obj, type=None)`：在设置属性时将调用这一方法。在下面的示例中，我们将其称为 **setter**。
- `__get__(self, obj, value)`：在读取属性时将调用这一方法（被称为 **getter**）。
- `__delete__(self, obj)`：对属性调用 del 时将调用这一方法。

实现了`__get__()`和`__set__()`的描述符被称为**数据描述符**（data descriptor）。如果只实现了`__get__()`，那么就被称为**非数据描述符**（non-data descriptor）。

在每次属性查找中，这个协议的方法实际上由对象的特殊方法`__getattribute__()`调用（不要与`__getattr__()`弄混，后者用于其他目的）。每次通过点号（形式为 `instance.attribute`）或者 `getattr(instance, 'attribute')` 函数调用来执行这样的查找时，都会隐式地调用`__getattribute__()`，它按下列顺序查找该属性：

1. 验证该属性是否为实例的类对象的数据描述符。
2. 如果不是，就查看该属性是否能在实例对象的`__dict__`中找到。
3. 最后，查看该属性是否为实例的类对象的非数据描述符。

换句话说，数据描述符优先于`__dict__`查找，而`__dict__`查找优先于非数据描述符。

为了表达得更清楚，下面是 Python 官方文档中的示例，给出了描述符在真实代码中的工作方式：

```
class RevealAccess(object):
    """一个数据描述符，正常设定值并返回值，同时打印出记录访问的信息。
    """
```

```
    def __init__(self, initval=None, name='var'):
        self.val = initval
        self.name = name

    def __get__(self, obj, objtype):
        print('Retrieving', self.name)
        return self.val

    def __set__(self, obj, val):
        print('Updating', self.name)
        self.val = val


class MyClass(object):
    x = RevealAccess(10, 'var "x"')
    y = 5
```

下面是在交互式会话中的使用示例：

```
>>> m = MyClass()
>>> m.x
Retrieving var "x"
10
>>> m.x = 20
Updating var "x"
>>> m.x
Retrieving var "x"
20
>>> m.y
5
```

前一个例子清楚地表明，如果一个类的某个属性有数据描述符，那么每次查找这个属性时，都会调用描述符的__get__()方法并返回它的值，每次对这个属性赋值时都会调用__set__()。虽然前一个例子没有给出描述符__del__方法的例子，但现在也应该清楚了：每次通过 del instance.attribute 语句或 delattr(instance, 'attribute')调用删除一个实例属性时都会调用它。

由于上述原因，数据描述符和非数据描述符的区别很重要。Python 已经使用描述符协议将类函数绑定为实例方法。它还支持了 classmethod 和 staticmethod 装饰器背后的机制。事实上，这是因为函数对象也是非数据描述符，如下所示：

```
>>> def function(): pass
>>> hasattr(function, '__get__')
```

```
True
>>> hasattr(function, '__set__')
False
```

对于 lambda 表达式创建的函数也是如此：

```
>>> hasattr(lambda: None, '__get__')
True
>>> hasattr(lambda: None, '__set__')
False
```

因此，如果没有__dict__优先于非数据描述符，我们将不可能在运行时在已经构建好的实例上动态覆写特定的方法。幸运的是，多亏了 Python 描述符的工作方式。由于这一工作方法，使得开发人员可以使用一种叫作猴子补丁（monkey-patching）的流行技术来改变实例的工作方式，而不需要子类化。

现实例子——延迟求值属性

描述符的一个示例用法就是将类属性的初始化延迟到被实例访问时。如果这些属性的初始化依赖全局应用上下文的话，那么这一点可能有用。另一个使用场景是初始化的代价很大，但在导入类的时候不知道是否会用到这个属性。这样的描述符可以按照如下所示来实现：

```
class InitOnAccess:
    def __init__(self, klass, *args, **kwargs):
        self.klass = klass
        self.args = args
        self.kwargs = kwargs
        self._initialized = None

    def __get__(self, instance, owner):
        if self._initialized is None:
            print('initialized!')
            self._initialized = self.klass(*self.args,
            **self.kwargs)
        else:
            print('cached!')
        return self._initialized
```

下面是示例用法：

```
>>> class MyClass:
...     lazily_initialized = InitOnAccess(list, "argument")
...
>>> m = MyClass()
```

```
>>> m.lazily_initialized
initialized!
['a', 'r', 'g', 'u', 'm', 'e', 'n', 't']
>>> m.lazily_initialized
cached!
['a', 'r', 'g', 'u', 'm', 'e', 'n', 't']
```

PyPI 上 OpenGL 的官方 Python 库 PyOpenGL 用到了相似的技术来实现 lazy_property，它既是装饰器又是数据描述符，如下所示：

```
class lazy_property(object):
    def __init__(self, function):
        self.fget = function

    def __get__(self, obj, cls):
        value = self.fget(obj)
        setattr(obj, self.fget.__name__, value)
        return value
```

这样的实现与使用 property 装饰器（稍后介绍）类似，但它所包装的函数仅执行一次，然后类属性就被替换为它的返回值。当开发人员需要同时满足以下两点要求时，这种技术通常很有用。

- 对象实例需要被保存为实例之间共享的类属性，以节约资源。
- 在全局导入时对象不能被初始化，因为其创建过程依赖某个全局应用状态/上下文。

对于使用 OpenGL 编写的应用来说，往往需要同时满足这两点要求。举个例子，在 OpenGL 中创建着色器的代价非常高，因为需要对 **GLSL（OpenGL 着色语言）** 编写的代码进行编译。合理的做法是只创建一次，然后将其定义放在需要用到它的类附近。另一方面，如果没有对 OpenGL 上下文进行初始化，是无法执行着色器编译的，因此很难在全局导入时在全局模块命名空间中可靠地定义并编译着色器。

下面的例子展示了 **PyOpenGL** 的 lazy_property 装饰器（这里是 lazy_class_attribute）的修改版在某个虚构的基于 OpenGL 应用中的可能用法。为了在不同的类实例之间共享属性，需要将加粗部分的代码修改为原始的 lazy_property 装饰器，如下所示：

```
import OpenGL.GL as gl
from OpenGL.GL import shaders


class lazy_class_attribute(object):
    def __init__(self, function):
        self.fget = function
```

```python
    def __get__(self, obj, cls):
        value = self.fget(obj or cls)
        #        注意：无论是类级别还是实例级别的访问
        #        都要保存在类对象中，而不是保存在实例中
        setattr(cls, self.fget.__name__, value)
        return value


class ObjectUsingShaderProgram(object):
    # trivial pass-through vertex shader implementation
    VERTEX_CODE = """
        #version 330 core
        layout(location = 0) in vec4 vertexPosition;
        void main(){
            gl_Position = vertexPosition;
        }
    """
    # trivial fragment shader that results in everything
    # drawn with white color
    FRAGMENT_CODE = """
        #version 330 core
        out lowp vec4 out_color;
        void main(){
            out_color = vec4(1, 1, 1, 1);
        }
    """

    @lazy_class_attribute
    def shader_program(self):
        print("compiling!")
        return shaders.compileProgram(
            shaders.compileShader(
                self.VERTEX_CODE, gl.GL_VERTEX_SHADER
            ),
            shaders.compileShader(
                self.FRAGMENT_CODE, gl.GL_FRAGMENT_SHADER
            )
        )
```

和所有 Python 高级语法特性一样，这一特性也应该谨慎使用，并在代码中详细说明。对于没有经验的开发者而言，这种类行为的改变可能令人既困惑又意外，因为描述符影响的是类行为最基本的内容（例如属性访问）。因此，如果描述符在项目代码库中发挥重要作用的话，那么确保团队所有成员都熟悉并理解这一概念是很重要的。

3.3.2 **property**

property 提供了一个内置的描述符类型,它知道如何将一个属性链接到一组方法上。property 接受 4 个可选参数: fget、fset、fdel 和 doc。最后一个参数可以用来定义一个链接到属性的 docstring,就像是一个方法一样。下面是一个 Rectangle 类的例子,其控制方法有两种,一种是直接访问保存两个顶点的属性,另一种是利用 width 和 height。这两个 property,如下所示:

```
class Rectangle:
    def __init__(self, x1, y1, x2, y2):
        self.x1, self.y1 = x1, y1
        self.x2, self.y2 = x2, y2

    def _width_get(self):
        return self.x2 - self.x1

    def _width_set(self, value):
        self.x2 = self.x1 + value

    def _height_get(self):
        return self.y2 - self.y1

    def _height_set(self, value):
        self.y2 = self.y1 + value

    width = property(
        _width_get, _width_set,
        doc="rectangle width measured from left"
    )
    height = property(
        _height_get, _height_set,
        doc="rectangle height measured from top"
    )

    def __repr__(self):
        return "{}({}, {}, {}, {})".format(
            self.__class__.__name__,
            self.x1, self.y1, self.x2, self.y2
        )
```

在交互式会话中,使用上述定义的 property 的示例如下:

```
>>> rectangle = Rectangle(10, 10, 25, 34)
>>> rectangle.width, rectangle.height
(15, 24)
>>> rectangle.width = 100
>>> rectangle
Rectangle(10, 10, 110, 34)
>>> rectangle.height = 100
>>> rectangle
Rectangle(10, 10, 110, 110)
>>> help(Rectangle)
Help on class Rectangle in module chapter3:

class Rectangle(builtins.object)
 |  Methods defined here:
 |
 |  __init__(self, x1, y1, x2, y2)
 |      Initialize self.  See help(type(self)) for accurate signature.
 |
 |  __repr__(self)
 |      Return repr(self).
 |
 |  ----------------------------------------------------------
 |  Data descriptors defined here:
 |  (...)
 |
 |  height
 |      rectangle height measured from top
 |
 |  width
 |      rectangle width measured from left
```

property 简化了描述符的编写，但在使用类的继承时必须小心处理。所创建的属性是利用当前类的方法实时创建，不会使用派生类中覆写的方法。

例如，下面的例子将无法覆写父类（Rectangle）widthproperty 的 fget 方法的实现：

```
>>> class MetricRectangle(Rectangle):
...     def _width_get(self):
...         return "{} meters".format(self.x2 - self.x1)
...
>>> Rectangle(0, 0, 100, 100).width
100
```

为了解决这一问题，只需要在派生类中覆写整个 property，如下所示：

```
>>> class MetricRectangle(Rectangle):
...     def _width_get(self):
...         return "{} meters".format(self.x2 - self.x1)
...     width = property(_width_get, Rectangle.width.fset)
...
>>> MetricRectangle(0, 0, 100, 100).width
'100 meters'
```

不幸的是，上面的代码有一些可维护性的问题。如果开发人员决定要更改父类，但却忘记修改 property 调用的话，就会出现问题。这就是为什么不建议仅覆写 property 的部分行为。如果需要修改 property 的工作方式，推荐在派生类中覆写所有的 property 方法，而不是依赖父类的实现。在大多数情况下，这是唯一的选择，因为如果修改了 property 的 setter 行为的话，通常意味着也需要修改 getter 的行为。

基于上述原因，创建 property 的最佳语法是使用 property 作为装饰器。这会减少类内部方法签名的数量，并提高代码的可读性和可维护性，如下所示：

```
class Rectangle:
    def __init__(self, x1, y1, x2, y2):
        self.x1, self.y1 = x1, y1
        self.x2, self.y2 = x2, y2

    @property
    def width(self):
        """rectangle height measured from top"""
        return self.x2 - self.x1

    @width.setter
    def width(self, value):
        self.x2 = self.x1 + value

    @property
    def height(self):
        """rectangle height measured from top"""
        return self.y2 - self.y1

    @height.setter
    def height(self, value):
        self.y2 = self.y1 + value
```

3.3.3 槽

有一个有趣的特性几乎从未被开发人员使用过，就是槽（slots）。它允许你使用 __slots__ 属性来为指定的类设置一个静态属性列表，并在类的每个实例中跳过 __dict__ 字典的创建过程。它可以为属性很少的类节约内存空间，因为每个实例都没有创建__dict__。

除此之外，它还有助于设计签名需要被冻结的类。例如，如果你需要限制一个类的语言动态特性，那么定义槽可以有所帮助：

```
>>> class Frozen:
...     __slots__ = ['ice', 'cream']
...
>>> '__dict__' in dir(Frozen)
False
>>> 'ice' in dir(Frozen)
True
>>> frozen = Frozen()
>>> frozen.ice = True
>>> frozen.cream = None
>>> frozen.icy = True
Traceback (most recent call last):
  File "<input>", line 1, in <module>
AttributeError: 'Frozen' object has no attribute 'icy'
```

这一特性应该谨慎使用。如果使用__slots__限制一组可用的属性，那么向对象动态添加内容会变得更加困难。对于定义了槽的类实例而言，某些技术（例如猴子补丁）将无法使用。幸运的是，可以向派生类中添加新属性，如果它没有定义自己的槽的话：

```
>>> class Unfrozen(Frozen):
...     pass
...
>>> unfrozen = Unfrozen()
>>> unfrozen.icy = False
>>> unfrozen.icy
False
```

3.4 元编程

在一些学术论文里可能有对元编程（metaprogramming）很好的定义，我们本可以在这里引用，但本书更为关注优秀的软件工艺，而不是计算机科学理论。所以我们将使用以下简单的定义：

"元编程是一种编写计算机程序的技术，这些程序可以将自己看作数据，因此你可以在运行时对它进行内省、生成和/或修改。"

利用这一定义，是我们可以区分Python元编程的两种主要方法。

第一种方法专注于语言对基本元素（例如函数、类或类型）内省的能力与对其实时创建或修改的能力。Python 为这一领域的开发人员提供了大量工具。最简单的工具就是装饰器，允许向现有函数、方法或类中添加附加功能。然后是类的特殊方法，允许你修改类实例的创建过程。最强大的工具是元类，甚至允许程序员完全重新设计 Python 面向对象编程范式的实现。这里我们也精心选择了不同的工具，允许程序员直接处理代码，或者是原始的纯文本格式，或者是以编程方式更容易访问的**抽象语法树**（Abstract Syntax Tree，AST）形式。第二种方法当然更加复杂，也更难以处理，但可以用来完成不同凡响的任务，例如扩展 Python 语言的语法，甚至创建你自己的**领域特定语言**（Domain Specific Language，DSL）。

3.4.1 装饰器——一种元编程方法

第 2 章介绍过装饰器语法，其简单形式如下：

```
def decorated_function():
    pass
decorated_function = some_decorator(decorated_function)
```

这清楚地展示了装饰器的作用。它接受一个函数对象，并在运行时修改它。其结果就是，基于前一个函数对象创建了一个同名的新函数（或其他任何内容）。这甚至可以是一个复杂的操作，根据原始函数的实现方式来执行内省并给出不同的结果。这都说明装饰器可以被看作一种元编程工具。

这是个好消息。装饰器相对容易理解，在多数情况下可以使代码更短、更容易阅读，维护成本也更低。Python 中其他可用的元编程工具要更加难以掌握。而且，它们可能也不会使代码变得简单。

3.4.2 类装饰器

Python 有一个不太为人所知的语法特性，就是类装饰器。其语法和工作方式都与第 2 章介绍的函数装饰器完全相同。唯一的区别在于它的返回值是一个类，而不是函数对象。下面是一个类装饰器的例子，修改 __repr__() 方法并返回缩短的可打印对象表示，缩短后的长度可任意取值，如下所示：

```
def short_repr(cls):
    cls.__repr__ = lambda self: super(cls, self).__repr__()[:8]
    return cls


@short_repr
class ClassWithRelativelyLongName:
    pass
```

你将会看到以下输出：

```
>>> ClassWithRelativelyLongName()
<ClassWi
```

当然，上面的代码片段并不是很好的代码示例，因为其含义过于模糊。不过，它展示了本章介绍的多种语言特性可以综合使用。

- 在运行时不仅可以修改实例，还可以修改类对象。
- 函数也是描述符，之所以也可以在运行时添加到类中，是因为根据描述符协议，在属性查找时将执行实际绑定的实例。
- 只要提供了正确的参数，super() 调用可以在类定义作用域之外使用。
- 最后，类装饰器可以用于类的定义。

编写函数装饰器的其他内容也适用于类装饰器。最重要的是，它可以使用闭包，也可以被参数化。利用这一点，可以将上一个例子重写成更加易于阅读和维护的形式：

```
def parametrized_short_repr(max_width=8):
    """缩短表示的参数化装饰器"""
    def parametrized(cls):
        """内部包装函数，是实际的装饰器"""
        class ShortlyRepresented(cls):
            """提供装饰器行为的子类"""
            def __repr__(self):
                return super().__repr__()[:max_width]

        return ShortlyRepresented

    return parametrized
```

在类装饰器中这样使用闭包的主要缺点是，生成的对象不再是被装饰的类的实例，而是在装饰器函数中动态创建的子类的实例。这会影响类的__name__和__doc__等属性，如下所示：

```
@parametrized_short_repr(10)
class ClassWithLittleBitLongerLongName:
    pass
```

类装饰器的这种用法会使类的元数据发生以下变化：

```
>>> ClassWithLittleBitLongerLongName().__class__
<class 'ShortlyRepresented'>
>>> ClassWithLittleBitLongerLongName().__doc__
'Subclass that provides decorated behavior'
```

不幸的是，这个问题不能用第 2 章 "（4）保存内省的装饰器" 一节介绍的方法（使用额外的 wraps 装饰器）简单解决。这样的话，在某些情况下以这种形式使用类装饰器会受到限制。如果没有做其他工作来保存旧类的元数据，那么这可能会破坏许多自动生成文档工具的结果。

虽然有这样的警告，但类装饰器仍然是对流行的混入（mixin）类模式的一种简单又轻量级的替代方案。

Python 中的混入类是一种不应被初始化的类，而是用来向其他现有类提供某种可复用的 API 或功能。混入类几乎总是使用多重继承来添加，其形式如下：

```
class SomeConcreteClass(MixinClass, SomeBaseClass):
    pass
```

混入类是很有用的设计模式，在许多库中都有应用。举个例子，Django 就是大量使用这种模式的框架之一。虽然混入类很有用也很流行，但如果设计不好的话可能会导致一些麻烦，因为大部分情况下都需要开发人员依赖多重继承。我们前面说过，由于 MRO 的存在，Python 对多重继承的处理相对较好。但如果仅因为不需要额外工作且使代码变得简单的话，最好避免将多个类子类化。这也是类装饰器能很好地代替混入类的原因。

3.4.3　使用__new__()方法覆写实例创建过程

特殊方法__new__()是一种负责创建类实例的静态方法。它很特殊，所以无需使用 staticmethod 装饰器将其声明为静态方法。__new__(cls, [,...])方法的调用优先于__init__()初始化方法。通常来说，覆写__new__()的实现将会使用合适的参数调用其超类的 super().__new__()，并在返回之前修改实例：

```
class InstanceCountingClass:
    instances_created = 0
    def __new__(cls, *args, **kwargs):
        print('__new__() called with:', cls, args, kwargs)
        instance = super().__new__(cls)
        instance.number = cls.instances_created
        cls.instances_created += 1
        return instance

    def __init__(self, attribute):
        print('__init__() called with:', self, attribute)
        self.attribute = attribute
```

下面是在交互式会话中的日志示例，展示了 InstanceCountingClass 实现的工作方式：

```
>>> instance1 = InstanceCountingClass('abc')
__new__() called with: <class '__main__.InstanceCountingClass'> ('abc',)
{}
__init__() called with: <__main__.InstanceCountingClass object at
0x101259e10> abc
>>> instance2 = InstanceCountingClass('xyz')
__new__() called with: <class '__main__.InstanceCountingClass'> ('xyz',)
{}
__init__() called with: <__main__.InstanceCountingClass object at
0x101259dd8> xyz
>>> instance1.number, instance1.instances_created
(0, 2)
>>> instance2.number, instance2.instances_created
(1, 2)
```

通常来说，__new__() 方法应该返回该类的一个实例，但也可能返回其他类的实例。如果发生了这种情况（即返回了其他类的实例），那么将会跳过对 __init__() 方法的调用。如果需要修改不可变类实例（例如 Python 的某些内置类型）的创建行为，那么这一点是很有用的，如下所示：

```
class NonZero(int):
    def __new__(cls, value):
        return super().__new__(cls, value) if value != 0 else None

    def __init__(self, skipped_value):
        # 在这个例子中可以跳过 __init__ 的实现
        # 但放在这里是为了展示它如何不被调用
        print("__init__() called")
        super().__init__()
```

我们在交互式会话中查看运行结果如下：

```
>>> type(NonZero(-12))
__init__() called
<class '__main__.NonZero'>
>>> type(NonZero(0))
<class 'NoneType'>
>>> NonZero(-3.123)
__init__() called
-3
```

那么什么情况下使用 __new__() 呢？答案很简单：只有在 __init__() 不够用的时候。前面已经提到了这样的一个例子，就是对 Python 不可变的内置类型（如 int、str、float、

frozenset 等）进行子类化。这是因为一旦创建了这样不可变的对象实例，就无法在
__init__()方法中对其进行修改。

有些程序员可能会认为，__new__()对执行重要的对象初始化可能很有用，如果用户
忘记使用 super()，可能会漏掉这一初始化。__init__()调用是覆写的初始化方法。虽
然这听上去很合理，但却有一个主要的缺点。如果使用这样的方法，那么即使初始化过程
已经是预期的行为，程序员明确跳过初始化步骤也会变得更加困难。它还破坏一条潜规则，
即在__init__()中执行所有的初始化工作。

由于__new__()不限于返回同一个类的实例，所以很容易被滥用。不负责任地使用这
种方法，可能会对代码有害，因此始终应该谨慎使用，并且提供大量文档来支持。一般来
说，对于特定问题，最好搜索其他可用的解决方法，而不要影响对象创建过程，使其违背
基础程序员的预期。即使是上文提到的覆写不可变类型的初始化的例子，也可以用可预测
性更高且更加完善的设计模式来替代，例如第 14 章介绍的工厂方法。

在 Python 编程中，至少在一个方面大量使用__new__()方法是非常合理的。那就是下
一节将介绍的元类。

3.4.4 元类

元类（metaclass）是一个 Python 特性，许多人认为它是这门语言最难的内容之一，因
此许多程序员都避免使用它。事实上，一旦你理解了几个基本概念，它并不像听起来那么
复杂。作为回报，了解这一特性之后，你能够完成一些其他方法无法完成的事情。

元类是定义其他类（型）的一种类（型）。为了理解其工作方式，最重要的是要知道，
定义了对象实例的类也是对象。因此，如果它也是对象的话，那么一定有与其相关联的类。
所有类定义的基类都是内置的 type 类。图 3-3 这张简单的图应该可以说清楚。

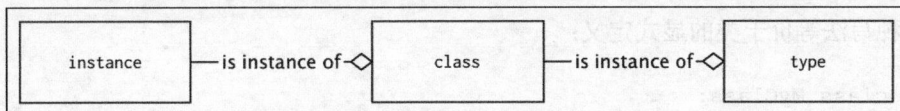

图 3-3　实例、类和 type 的关系

在 Python 中，可以将某个类的元类替换为我们自定义的类型。通常来说，新的元类仍
然是 type 类的子类（参见图 3-4），因为如果不是的话，这个类将在继承方面与其他的类
非常不兼容。

1．一般语法

调用内置的 type()类可作为 class 语句的动态等效。给定名称、基类和包含属性的

映射，它会创建一个新的类对象：

```
def method(self):
    return 1

klass = type('MyClass', (object,), {'method': method})
```

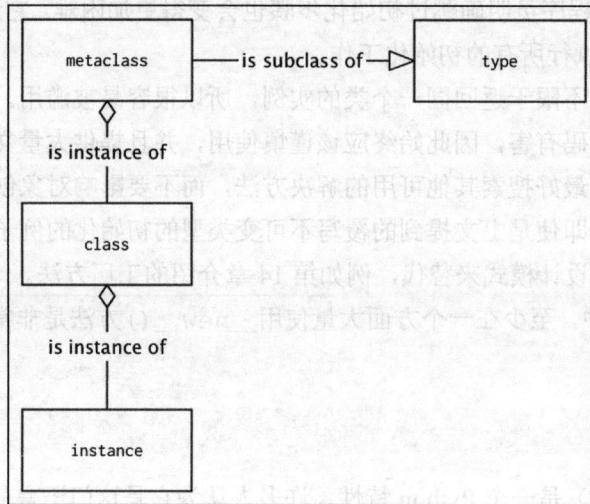

图 3-4 自定义元类的常规实现

其输出如下：

```
>>> instance = klass()
>>> instance.method()
1
```

这种写法等价于类的显式定义：

```
class MyClass:
    def method(self):
        return 1
```

你会得到如下结果：

```
>>> instance = MyClass()
>>> instance.method()
1
```

用 class 语句创建的每个类都隐式地使用 type 作为其元类。可以通过向 class 语句提供 metaclass 关键字参数来改变这一默认行为：

```
class ClassWithAMetaclass(metaclass=type):
    pass
```

metaclass 参数的值通常是另一个类对象，但它可以是任意可调用对象，只要接受
与 type 类相同的参数并返回另一个类对象即可。调用签名为 type(name, bases,
namespace)，其解释如下。

- name：这是将保存在__name__属性中的类名称。
- bases：这是父类的列表，将成为__bases__属性，并用于构造新创建的类的 MRO。
- namespace：这是包含类主体定义的命名空间（映射），将成为__dict__属性。

思考元类的一种方式是__new__()方法，但是在更高一级的类定义中思考。

虽然可以用显式调用 type()的函数来替代元类，但通常的做法是使用继承自 type
的另一个类。元类的常用模板如下：

```
class Metaclass(type):
    def __new__(mcs, name, bases, namespace):
        return super().__new__(mcs, name, bases, namespace)

    @classmethod
    def __prepare__(mcs, name, bases, **kwargs):
        return super().__prepare__(name, bases, **kwargs)

    def __init__(cls, name, bases, namespace, **kwargs):
        super().__init__(name, bases, namespace)

    def __call__(cls, *args, **kwargs):
        return super().__call__(*args, **kwargs)
```

name、bases 和 namespace 参数的含义与前面介绍的 type()调用中的参数相同，
但以下 4 个方法的作用却各不相同。

- __new__(mcs, name, bases, namespace)：复杂类对象的实际创建，其创
  建方式与普通类相同。第一个位置参数是一个元类对象。在上面的例子中，它就是
  Metaclass。注意，mcs 是这一参数常用的命名约定。

- __prepare__(mcs, name, bases, **kwargs)：这会创建一个空的命名空间
  对象。默认返回一个空的 dict，但可以覆写并使其返回其他任何映射类型。注意，
  它不接受 namespace 作为参数，因为在调用它之前命名空间并不存在。

- __init__(cls, name, bases, namespace, **kwargs)：这在元类实现中
  并不常见，但其含义与普通类中的含义相同。一旦__new__()创建完成，它可以执
  行其他类对象初始化过程。现在第一个位置参数的命名约定为 cls，说明它已经

是一个创建好的类对象（元类的实例），而不是一个元类对象。__init__()被调用时，类已经构建完成，所以这一方法可以做的事情比__new__()要少。实现这样的方法非常类似于使用类装饰器，但主要的区别在于，每个子类都会调用__init__()，而类装饰器则不会被子类调用。

- __call__(cls, *args, **kwargs)：当调用元类实例时会调用这一方法。元类实例是一个类对象（参见图 3-3），在创建类的新实例时会调用它。这一方法可用于覆写类实例创建和初始化的默认方式。

上述所有方法都可以接受额外的关键字参数（这里用**kwargs表示）。这些参数可以在类定义中通过额外的关键字参数传入到元类对象中，其代码如下：

```
class Klass(metaclass=Metaclass, extra="value"):
    pass
```

在一开始，如果没有适当的例子，这么大的信息量是很难消化的。所以我们将利用一些 print()命令对元类、类和实例的创建过程进行追踪：

```
class RevealingMeta(type):
    def __new__(mcs, name, bases, namespace, **kwargs):
        print(mcs, "__new__ called")
        return super().__new__(mcs, name, bases, namespace)

    @classmethod
    def __prepare__(mcs, name, bases, **kwargs):
        print(mcs, "__prepare__ called")
        return super().__prepare__(name, bases, **kwargs)

    def __init__(cls, name, bases, namespace, **kwargs):
        print(cls, "__init__ called")
        super().__init__(name, bases, namespace)

    def __call__(cls, *args, **kwargs):
        print(cls, "__call__ called")
        return super().__call__(*args, **kwargs)
```

利用 RevealingMeta 作为元类来创建新的类定义，在 Python 交互式会话中会给出下列输出：

```
>>> class RevealingClass(metaclass=RevealingMeta):
...     def __new__(cls):
...         print(cls, "__new__ called")
...         return super().__new__(cls)
...     def __init__(self):
```

```
...             print(self, "__init__ called")
...             super().__init__()
...
<class 'RevealingMeta'> __prepare__ called
<class 'RevealingMeta'> __new__ called
<class 'RevealingClass'> __init__ called
>>> instance = RevealingClass()
<class 'RevealingClass'> __call__ called
<class 'RevealingClass'> __new__ called
<RevealingClass object at 0x1032b9fd0> __init__ called
```

2. Python 3 中新的元类语法

元类并不是新的 Python 特性，从 Python 2.2 版开始就一直都有。不过它的语法发生了重大变化，这种变化既不向后兼容也不向前兼容。新的语法如下所示：

```
class ClassWithAMetaclass(metaclass=type):
    pass
```

在 Python 2 中，其写法必须是这样的：

```
class ClassWithAMetaclass(object):
    __metaclass__ = type
```

Python 2 的 class 语句不接受关键字参数，所以 Python 3 定义元类的语法会在导入时引发 SyntaxError 异常。仍然可以编写在两个 Python 版本中都能运行的元类代码，但需要做一些额外工作。幸运的是，与兼容性相关的包（例如 six）为这一问题提供了简单又可复用的解决方法，如下所示：

```
from six import with_metaclass

class Meta(type):
    pass

class Base(object):
    pass

class MyClass(with_metaclass(Meta, Base)):
    pass
```

还有一点重要的区别，就是 Python 2 的元类没有__prepare__()钩子（hook）。在 Python 2 中实现这一函数不会引发任何异常，但是没有任何意义，因为它不会被调用以提供干净的命名空间对象。因此，如果一个包想要保持 Python 2 的兼容性，那么就需要依赖更复杂的技巧来完成用 __prepare__() 可以轻松完成的工作。例如，Django REST 框架（http://www.django-rest-framework.org）使用下列方法来保存一个类中属性的添加顺序：

```python
class SerializerMetaclass(type):
    @classmethod
    def _get_declared_fields(cls, bases, attrs):
        fields = [(field_name, attrs.pop(field_name))
                  for field_name, obj in list(attrs.items())
                  if isinstance(obj, Field)]
        fields.sort(key=lambda x: x[1]._creation_counter)

        # 如果这个类是另一个序列器（Serializer）的子类，
        # 那么添加该序列器的域（fields）。
        # 注意，我们是"逆序"遍历基类（bases），
        # 这是为了保持域的正确顺序。
        for base in reversed(bases):
            if hasattr(base, '_declared_fields'):
                fields = list(base._declared_fields.items()) + \
                    fields

        return OrderedDict(fields)

    def __new__(cls, name, bases, attrs):
        attrs['_declared_fields'] = cls._get_declared_fields(
            bases, attrs
        )
        return super(SerializerMetaclass, cls).__new__(
            cls, name, bases, attrs
        )
```

如果默认的命名空间类型（即 dict）不能保证保存键/值元组的顺序，那么上面是一种变通解决方法。Field 类的每个实例都应该有 creation_counter 属性。这个 Field.creation_counter 属性的创建方式与 __new__() 方法一节介绍的 InstanceCountingClass.instance_number 相同。这是一种相当复杂的解决方法，它在两个不同的类之间共享其实现，这破坏了"单一职责"的原则，其目的只是为了确保属性的可追踪顺序。在 Python 3 中，这个问题很简单，因为 __prepare__() 可以返回其他映射类型（例如 OrderedDict）：

```python
from collections import OrderedDict


class OrderedMeta(type):
```

```
    @classmethod
    def __prepare__(cls, name, bases, **kwargs):
        return OrderedDict()

    def __new__(mcs, name, bases, namespace):
        namespace['order_of_attributes'] = list(namespace.keys())
        return super().__new__(mcs, name, bases, namespace)


class ClassWithOrder(metaclass=OrderedMeta):
    first = 8
    second = 2
```

你会看到如下的输出结果：

```
>>> ClassWithOrderedAttributes.order_of_attributes
['__module__', '__qualname__', 'first', 'second']
>>> ClassWithOrderedAttributes.__dict__.keys()
dict_keys(['__dict__', 'first', '__weakref__', 'second',
'order_of_attributes', '__module__', '__doc__'])
```

> 想了解更多的例子，可以参见 David Mertz 对 Python 2 元类编程的一篇很棒的介绍文章，其链接为 http://www. onlamp.com/pub/a/python/2003/04/17/ metaclasses.html。

3. 元类的使用

一旦掌握了元类，它是一种非常强大的特性，但总是会使代码更加复杂。在将其用于任意类型的类时，这可能也会降低代码的鲁棒性。例如，如果类中使用了槽、或者一些基类已经实现了一个有冲突的元类，那么你可能会遇到不好的交互。它们只是没有构造好。

对于修改读/写属性或添加新属性之类的简单操作，可以避免使用元类，而采用更简单的解决方法，例如 property、描述符或类装饰器。

通常来说，元类也可以用其他更简单的方法来代替，但有些情况下，没有元类可能很难轻松完成某些事情。举个例子，如果没有大量使用元类，很难想象如何构造 Django 的 ORM 实现。这是可能的，但那样的解决方法可能不会这么好用。框架是元类真正适合使用的地方。它通常有许多复杂的解决方法，并不容易理解和掌握，但最终来看，其他程序员可以用来编写更加简洁且可读性更高的代码，其运行的抽象层次更高。

4. 使用元类易犯的错误

与其他 Python 高级特性类似，元类非常灵活，很容易被滥用。虽然类的调用签名相当严格，但 Python 并不强制要求返回参数的类型。只要它接受调用的传入参数，并且有必要的属性，那么它可以是任何内容。

这种**任何内容-任何地点**（anything-anywhere）的一个对象就是 unittest.mock 模块提供的 Mock 类。Mock 不是元类，也不继承自 type 类。它在实例化时也不返回类对象。但它可以作为元类关键字参数包含在类定义中，而且这不会引发任何问题，虽然这么做没有任何意义：

```
>>> from unittest.mock import Mock
>>> class Nonsense(metaclass=Mock):  # pointless, but illustrative
...     pass
...
>>> Nonsense
<Mock spec='str' id='4327214664'>
```

当然，上一个例子完全没有任何意义，尝试对这样的 Nonsense 伪类进行初始化也会失败。但知道可能出现这样的情况很重要，因为使用了 metaclass 类型却没有创建 type 的子类，这样的问题有时很难发现与理解。为了证明这句话，下面是尝试创建 Nonsense 类的新实例时对引发异常的回溯：

```
>>> Nonsense()
Traceback (most recent call last):
  File "<stdin>", line 1, in <module>
  File "/Library/Frameworks/Python.framework/Versions/3.5/lib/
python3.5/unittest/mock.py", line 917, in __call__
    return _mock_self._mock_call(*args, **kwargs)
  File "/Library/Frameworks/Python.framework/Versions/3.5/lib/python3.5/unit
test/mock.py", line 976, in _mock_call
    result = next(effect)
StopIteration
```

3.4.5　一些关于代码生成的提示

如前所述，动态代码生成是最难的代码生成方法。Python 中有一些工具可以让你生成并执行代码，甚至可以对已编译的代码对象进行修改。关于这一点可以写一本完整的书，即使这样也不能将这一话题完全写完。

许多项目（例如后面提到的 **Hy**）都表明，利用代码生成技术，甚至整个语言都可以用 Python 重新实现。这说明其可能性几乎是无限的。知道了这个主题的范围之广以及它充满各种易犯的错误，我甚至不会尝试给出关于如何用这种方法创建代码的详细建议，也不会提供有用的代码示例。

无论如何，如果你打算独自深入研究这一领域，知道其用法对你可能是有用的。因此，可以将本节仅作为对进一步学习的起点的简要总结。大多数内容都伴随有许多警告，以防你在自己的项目中迫不及待地调用 exec() 和 eval()。

1. exec、eval 和 compile

Python 提供了 3 个内置函数，用于手动执行、求值和编译任意 Python 代码。

- exec(object, globals, locals)：这一函数允许你动态执行 Python 代码。object 应该一个字符串或代码对象（参见 compile() 函数）。globals 和 locals 参数为所执行的代码提供全局的和局部的命名空间，这二者是可选的。如果没有提供这两个参数，那么就在当前作用域中执行代码。如果提供了这两个参数，globals 必须是字典，而 locals 可以是任何映射对象。其返回值始终为 None。
- eval(expression, globals, locals)：这一函数用于对给定表达式进行求值并返回其结果。它与 exec() 类似，但接受的 expression 应该是单一 Python 表达式，而不是一系列语句。它返回表达式求值的结果。
- compile(source, filename, mode)：这一函数将源代码编译成代码对象或 AST 对象。要编译的代码在 source 参数中作为字符串提供。filename 应该是读取代码的文件。如果源文件是动态创建的，因此没有相关联的文件，那么一般用 <string> 作为它的值。mode 应该是 exec（一系列语句）、eval（单一表达式）或 single（单一交互式语句，例如在 Python 交互式会话中）。

如果你尝试动态生成代码，exec() 和 eval() 函数是最容易上手的，因为它们可以对字符串进行操作。如果你已经知道如何用 Python 编程，那么你可能知道如何用编程的方式正确地生成工作源代码。我希望你知道这一点。

对于元编程而言，最有用的显然是 exec()，因为它可以执行任意 Python 语句的序列。看到"任意"两个字，你应该感到警觉。即使是 eval()，只允许对高明的程序员负责的表达式求值（用户自行输入），也会导致严重的安全漏洞。注意，使 Python 解释器崩溃是你应该担心的最不恐怖的情形。由于不负责任地使用 exec() 和 eval()，从而引入远程执行漏洞，这可能会有损你专业开发者的形象，甚至会让你失去工作。

即使输入的内容可信，但关于 exec() 和 eval() 仍有许多小细节，由于内容太多我们这里不会列出，但它们会影响你的应用程序的工作方式，使其与你的预期不同。Armin Ronacher 写过一篇很棒的文章，列出了其中最重要的细节，文章标题为：Be careful with exec and eval in Python（参见 http://lucumr.pocoo.org/2011/2/1/exec-in-python/）。

尽管有这些吓人的警告，但有些情况下使用 exec() 和 eval() 是非常合理的。关于何时使用它们，流行的说法是："到时你自然会知道。"换句话说，即使你有一丝的怀疑，也不应该使用它们，而应该尝试寻找其他解决方法。

> **eval() 与不可信的输入**
>
> eval() 函数的签名可能会让你觉得，如果你提供空的 globals 和 locals 命名空间，并用合适的 try ... except 语句来包装，那么它是相当安全的。大错特错。Ned Batcheler 写过一篇很好的文章，展示了在不访问内置函数的情况下，如何在 eval() 调用中引发解释器分段错误（http://nedbatchelder.com/blog/201206/eval_really_is_dangerous.html）。这证明了 exec() 和 eval() 永远不应该与不可信的输入一同使用。

2. 抽象语法树

Python 语法首先被转换成**抽象语法树**（Abstract Syntax Tree，AST），然后才被编译成字节码。这是对源代码抽象语法结构的一种树状表示。利用内置的 ast 模块，可以得到对 Python 语法的处理过程。利用带有 ast.PyCF_ONLY_AST 标记的 compile() 函数或者利用 ast.parse() 帮助函数，可以创建 Python 代码的原始 AST。逆向直接转换却没有那么简单，没有用于完成这项功能的内置函数。不过有些项目（例如 PyPy）可以完成这项任务。

ast 模块提供了一些帮助函数，可以用于处理 AST，如下所示：

```
>>> tree = ast.parse('def hello_world(): print("hello world!")')
>>> tree
<_ast.Module object at 0x00000000038E9588>
>>> ast.dump(tree)
"Module(
    body=[
        FunctionDef(
            name='hello_world',
            args=arguments(
                args=[],
                vararg=None,
                kwonlyargs=[],
                kw_defaults=[],
                kwarg=None,
                defaults=[]
            ),
            body=[
                Expr(
```

```
                        value=Call(
                            func=Name(id='print', ctx=Load()),
                            args=[Str(s='hello world!')],
                            keywords=[]
                        )
                    )
                ],
                decorator_list=[],
                returns=None
            )
        ]
    )"
```

在上一个例子中，对 `ast.dump()` 的输出做了重新格式化，以提高其可读性，并且更好地展示 AST 的树状结构。在传递给 `compile()` 调用之前，可以对 AST 进行修改，知道这一点很重要。例如，新的语法节点可用于额外的测量，例如计算测试覆盖率。也可以修改现有代码树，以便向现有语法中添加新的语义。MacroPy 项目（https://github.com/lihaoyi/macropy）就用到了这样的技术，利用已经存在的语法向 Python 中添加语法宏（参见图 3-5）。

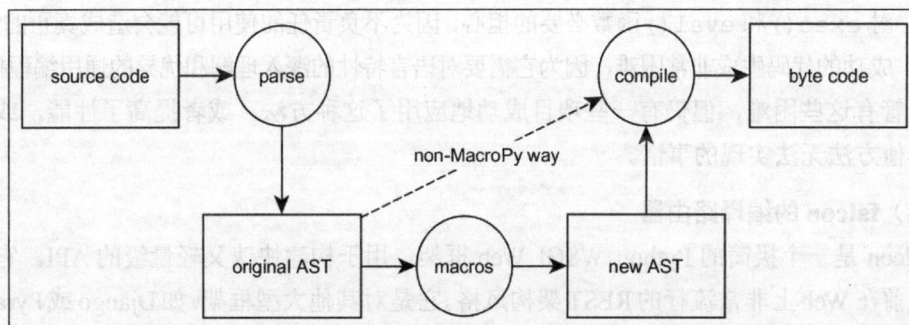

图 3-5　MacroPy 在导入时向 Python 模块中添加语法宏的方式

也可以用纯人工的方式创建 AST，不需要解析任何源代码。这样 Python 程序员就能够为自定义的领域特定语言创建 Python 字节码，甚至在 Python VM 之上完全实现另一种现有的编程语言。

导入钩子

利用 MacroPy 的能力修改原始 AST，并不像使用 `import macropy.activate` 语句那样简单，如果它不能以某种方式覆写 Python 的导入行为的话。幸运的是，Python 提供了利用两种导入钩子（import hook）来拦截导入的方法。

- **元钩子**（meta hook）：它在任何其他 `import` 处理之前被调用。利用元钩子，你可以覆写 sys.path 的处理方式，甚至是冻结模块（frozen module）和内置模块。为了添加新的元钩子，必须向 sys.meta_path 列表中添加新的**元路径查找器**（meta path finder）对象。

- **导入路径钩子**（import path hook）：它是作为 sys.path 处理的一部分被调用的。如果遇到了与给定钩子相关联的路径项，则使用这种钩子。通过使用新的**路径查找器**（path finder）对象扩展 sys.path_hooks 列表来添加导入路径钩子。

路径查找器和元路径查找器的实现细节在 Python 官方文档中都有详细说明（https://docs.python.org/3/reference/import.html）。如果你想要在这个层面上处理导入问题，那么官方文档应该是你的首选资料。这是因为 Python 的导入机制相当复杂，任何尝试用几个段落进行总结的方法最终不可避免会失败。你可以将本节当作这些可能做法的笔记，也可以当作更详细资料的参考。

3. 使用代码生成模式的项目

很难找到一个真正可用的库的实现，它依赖代码生成模式，而又不仅是一项实验或简单的概念证明。造成这种情况的原因是显而易见的，如下所示。

- 对 exec() 和 eval() 函数必要的担心，因为不负责任的使用可能会造成真正的灾难。
- 成功的代码生成非常困难，因为它需要对语言特性的深入理解和优异的通用编程技能。

尽管有这些困难，但仍有一些项目成功地应用了这种方法，或者提高了性能，或者实现了其他方法无法实现的事情。

（1）falcon 的编译路由器

falcon 是一个极简的 Python WSGI Web 框架，用于构建快速又轻量级的 API。它极力推崇目前在 Web 上非常流行的 REST 架构风格。它是对其他大型框架（如 Django 或 Pyramid）的很好的替代。对于其他致力于精简的微框架（如 Flask、Bottle 和 Web2py）而言，它也是一个强大的竞争对手。

其特性之一就是非常简单的路由机制。它不像 Django 的 urlconf 提供的路由那样复杂，也没有提供那么多的功能，但在大多数情况下，对于遵照 REST 架构设计的 API 都是够用的。关于 falcon 的路由，最有趣的是实际的路由器是利用路由列表生成的代码来实现的，这些路由列表被提供给定义 API 配置的对象。这种方法使路由的速度很快。

思考下面这个非常简短的 API 示例（来自于 falcon 的网上文档）：

```
# sample.py
import falcon
import json
```

```
class QuoteResource:
    def on_get(self, req, resp):
        """Handles GET requests"""
        quote = {
            'quote': 'I\'ve always been more interested in '
                     'the future than in the past.',
            'author': 'Grace Hopper'
        }

        resp.body = json.dumps(quote)

api = falcon.API()
api.add_route('/quote', QuoteResource())
```

加粗的代码是对 api.add_route() 方法的调用，简而言之，就是更新整个动态生成的路由器代码树，利用 compile() 进行编译，并利用 eval() 生成新的路由查找函数。观察 api._router._find() 函数的 __code__ 属性，可以发现它是从字符串中生成的，每次调用 api.add_route() 都会发生如下改变：

```
>>> api._router._find.__code__
<code object find at 0x00000000033C29C0, file "<string>", line 1>
>>> api.add_route('/none', None)
>>> api._router._find.__code__
<code object find at 0x00000000033C2810, file "<string>", line 1>
```

（2）Hy

Hy（http://docs.hylang.org/）是完全用 Python 编写的 Lisp 方言。许多用 Python 实现其他代码的类似项目，通常仅尝试标记代码的普通形式（作为类文件对象或字符串提供），并将其解释为一系列显式的 Python 调用。与其他项目不同，Hy 可以被看作一种完全在 Python 运行环境中运行的的语言，就像 Python 一样。用 Hy 编写的代码可以使用现有的内置模块和外部包，反之亦然。用 Hy 编写的代码导入到 Python 中。

为了将 Lisp 嵌入 Python 中，Hy 将 Lisp 代码直接转换成 Python 抽象语法树。在 Python 中导入 Hy 模块之后，利用注册过的导入钩子可以实现导入互操作性（interoperability）。所有 .hy 扩展名的模块都被看作 Hy 模块，都可以像普通 Python 模块那样导入。下面这个"hello world"程序就是用这种 Lisp 方言编写的：

```
;; hyllo.hy
(defn hello [] (print "hello world!"))
```

利用下列 Python 代码可以将其导入并执行：

```
>>> import hy
>>> import hyllo
>>> hyllo.hello()
hello world!
```

如果我们进一步钻研，尝试利用内置的 dis 模块反汇编 hyllo.hello，那么我们会注意到，Hy 函数的字节码与它对应的纯 Python 代码的字节码没有很大差别，如下所示：

```
>>> import dis
>>> dis.dis(hyllo.hello)
  2           0 LOAD_GLOBAL              0 (print)
              3 LOAD_CONST               1 ('hello world!')
              6 CALL_FUNCTION            1 (1 positional, 0 keyword pair)
              9 RETURN_VALUE
>>> def hello(): print("hello world!")
>>> dis.dis(hello)
  1           0 LOAD_GLOBAL              0 (print)
              3 LOAD_CONST               1 ('hello world!')
              6 CALL_FUNCTION            1 (1 positional, 0 keyword pair)
              9 POP_TOP
             10 LOAD_CONST               0 (None)
             13 RETURN_VALUE
```

3.5 小结

本章介绍了与类有关的最佳语法实践。首先介绍了子类化内置类型和调用超类中的方法的基本内容。然后介绍 Python 中面向对象编程的高级概念。它们都是关于类属性访问的有用的语法特性，即描述符和 property。它们可用于创建更整洁、更加可维护的代码。本章还介绍了槽，重点强调始终应该谨慎使用它。

本章的其余部分探讨了 Python 元编程的宏大主题。这一语法特性包含各种元编程模式（例如装饰器和元类），本节对其进行详细描述，并给出现实代码的实例。

元编程的另一个重要方面是动态代码生成，本章仅做简要描述，因为这一主题太过宏大，而本书篇幅有限。但本书应该是一个很好的起点，给出了该领域内容的快速总结。

第 4 章
选择好的名称

大部分标准库在构建时都要考虑可用性。例如，内置类型的使用是很自然的，其设计非常易于使用。在这种情况下，Python 可以与你开发程序时所思考的伪代码进行比较。大部分代码都可以大声朗读出来。例如，任何人都可以理解下面这个代码片段：

```
my_list = []

if 'd' not in my_list:
    my_list.append('d')
```

这就是编写 Python 比编写其他语言更加简单的原因之一。在编写程序时，你的思路可以快速转换成代码。

本章重点介绍编写易于理解和使用的代码的最佳实践，包括：

- 使用 **PEP 8** 描述的命名约定。
- 一组命名最佳实践。
- 常用工具的简要介绍，这些工具可以让你检查是否遵守风格指南。

4.1 PEP 8 与命名最佳实践

PEP 8 为编写 Python 代码提供了一个风格指南。除了空格缩进、每行最大长度以及其他与代码布局有关的细节等基本规则之外，PEP 8 还介绍了大部分代码库所遵循的命名约定。

本节给出了这一 PEP 的简要总结，并进一步给出了每种元素的命名最佳实践指南。但你仍然必须阅读 PEP 8 文档。

4.1.1 为何要遵守 PEP 8 以及何时遵守 PEP 8

如果你正在创建一个打算开源的新软件包，那么答案很简单：始终遵守。PEP 8 实际上是大多数 Python 开源软件的标准代码风格。如果你想接受来自其他程序员的任何协作，即使你对最佳代码风格指南有不同的看法，那么也应该坚持遵守 PEP 8。这样做的好处是，其他程序员可以更容易地直接上手你的项目。对于新人来说，代码更容易阅读，因为它的风格与大多数其他 Python 开源包一致。

此外，开始时完全遵守 PEP 8，可以让你在未来省时省事。如果你想向公众发布你的代码，最终其他程序员也会建议你切换到 PEP 8。关于对某一特定项目是否真有必要这么做的争吵，可能会变成一场永无止境并且永远没有赢家的口水战（flame war）。这是令人悲伤的事实，但为了不失去贡献者，你最终可能还是会被迫与这种风格保持一致。

而且，如果整个项目的代码库处于成熟的开发状态，那么对其重新调整风格（restyling）可能需要做大量的工作。在某些情况下，重新调整风格可能需要修改几乎每行代码。虽然大多数修改可以自动化完成（缩进、换行和行尾空格），但这种大规模的代码检查通常会给所有基于分支的版本控制工作流程引入许多冲突。同时审查这么多修改也很困难。基于上述原因，许多开源项目都有一条规则：风格修改应该始终包含在单独的拉取/合并（pull/merge）请求或补丁中，而不影响任何功能或 bug。

4.1.2　超越 PEP 8——团队的风格指南

尽管 PEP 8 提供了一套全面的风格指南，但仍为开发者留有一些自由，特别是在嵌套数据字面量与需要很长的参数列表的多行函数调用方面。有些团队可能会认为他们需要额外的风格规则，最好的做法就是正式发布某种文件供所有团队成员使用。

此外，在某些情况下，对于没有定义风格指南的一些老项目，严格遵守 PEP 8 可能在经济上不可行。这样的项目仍然可以从正式发布的编码约定中受益，即使这些约定中没有体现 PEP 8 的官方规则。要记住，比遵守 PEP 8 更重要的是项目内的一致性。如果有正式发布的规则供每名程序员参考，那么在项目内和组织内保持一致性就简单多了。

4.2　命名风格

Python 中使用的不同命名风格包括以下几种。

- 驼峰式命名法（CamelCase）。
- 混合式命名法（mixedCase）。
- 大写（UPPERCASE）或大写加下划线（UPPER_CASE_WITH_UNDERSCORES）。
- 前缀（leading）和后缀（trailing）下划线，有时是双下划线（**doubled**）。

小写元素和大写元素通常是一个单词，有时是几个单词连在一起。使用下划线的通常是缩写短语。使用一个单词要更好一些。前缀和后缀下划线用于标记私有元素和特殊元素。

这些风格被应用到以下几种情形。

- 变量。
- 函数和方法。
- property。
- 类。
- 模块。
- 包。

变量

Python 中有两种变量：

- 常量。
- 公有和私有变量。

1. 常量

对于常量全局变量，使用大写加下划线。它告诉开发人员，指定的变量表示一个常数值。

> Python 中没有像 C++中那样真正的常量——在 C++中可以使用 const。你可以修改任何变量的值。这就是 Python 使用命名约定将一个变量标记为常量的原因。

举个例子，doctest 模块提供了一系列选项标记和指令（https://docs.python.org/3.5/library/doctest.html#option-flags），它们都是短小的句子，清晰地定义了每个选项的用途：

```
from doctest import IGNORE_EXCEPTION_DETAIL
from doctest import REPORT_ONLY_FIRST_FAILURE
```

这些变量名称看起相当长，但清晰地描述它们也很重要。它们主要在初始化代码中使用，而不在代码主体中使用，所以这种冗长的名称并不会令人厌烦。

> 大部分情况下，缩写名称都会使代码含义变得模糊。如果缩写不够清晰，不要害怕使用完整的单词。

有些常量的名称也是由底层技术驱动的。例如，os 模块使用 C 中定义的一些常量，例如 EX_XXX 系列定义了 Unix 退出代码编号。例如，同样的名称代码可以在系统的 C 头文件 sysexits.h 中找到，如下所示：

```
import os
import sys
```

```
sys.exit(os.EX_SOFTWARE)
```

使用常量的另一个好的做法是，将它们集中放在使用它们的模块顶部，如果它们要用
于下列操作，那么就将其组合在新的变量中：

```
import doctest
TEST_OPTIONS = (doctest.ELLIPSIS |
                doctest.NORMALIZE_WHITESPACE |
                doctest.REPORT_ONLY_FIRST_FAILURE)
```

2. 命名和使用

常量用来定义程序所依赖的一组值，例如默认配置文件名。

好的做法是将所有常量集中放在包中的一个文件内。举个例子，Django 采用的就是这
种方法。一个名为 settings.py 的模块提供所有常量，如下所示：

```
# config.py
SQL_USER = 'tarek'
SQL_PASSWORD = 'secret'
SQL_URI = 'postgres://%s:%s@localhost/db' % (
    SQL_USER, SQL_PASSWORD
)
MAX_THREADS = 4
```

另一种方法是使用可以被 ConfigParser 模块或类似 ZConfig（Zope 中用于描述其
配置文件的解析器）之类的高级工具解析的配置文件。但有些人认为，对于 Python 这种文
件能够像文本文件一样轻松编辑和修改的语言来说，使用另一种文件格式可能是过分之举。

对于表现得像标记的选项，通常的做法是将它们和布尔运算结合起来，就像 doctest
和 re 模块所做的那样。doctest 中的模式很简单，如下所示：

```
OPTIONS = {}


def register_option(name):
    return OPTIONS.setdefault(name, 1 << len(OPTIONS))


def has_option(options, name):
    return bool(options & name)

# 现在定义选项
```

```
BLUE = register_option('BLUE')
RED = register_option('RED')
WHITE = register_option('WHITE')
```

你将会得到下列结果：

```
>>> # 我们来尝试一下
>>> SET = BLUE | RED
>>> has_option(SET, BLUE)
True
>>> has_option(SET, WHITE)
False
```

在创建这样一组新的常量时，应避免对它们使用共同的前缀，除非模块中有多组常量。模块名称本身就是一个共同的前缀。另一种解决方法是使用内置 enum 模块的 Enum 类，并且依赖于 set 集合类型而不是二进制运算符。不幸的是，Enum 类在面向旧 Python 版本的代码中应用有限，因为 enum 模块由 Python 3.4 版提供。

> 在 Python 中，使用二进制按位运算来合并选项是很常见的。使用 OR（|）运算符可以将多个选项合并到一个整数中，而使用 AND（&）运算符则可以检查该选项是否在整数中（参见 has_option 函数）。

3. 公有和私有变量

对于可变的且可以通过导入自由访问的全局变量，如果它们需要被保护，那么应该使用带一个下划线的小写字母。但这种变量不经常使用，因为如果它们需要被保护，模块通常会提供 getter 和 setter 来处理。在这种情况下，一个前缀下划线可以将变量标记为包的私有元素，如下所示：

```
_observers = []

def add_observer(observer):
    _observers.append(observer)


def get_observers():
    """确保_observers 不能被修改。"""
    return tuple(_observers)
```

位于函数和方法中的变量遵循相同的规则，并且永远不会被标记为私有，因为它们对上下文来说是局部变量。

对于类或实例变量而言，只在将变量作为公有签名的一部分不会带来任何有用信息或者冗余的情况下，才必须使用私有标记符（前缀下划线）。

换句话说，如果变量在方法内部使用，用来提供公有功能，并且只具有这个功能，那么最好将其设为私有。

例如，支持 property 的属性是很好的私有成员，如下所示：

```
class Citizen(object):
    def __init__(self):
        self._message = 'Rosebud...'

    def _get_message(self):
        return self._message

    kane = property(_get_message)
```

另一个例子是用来记录内部状态的变量。这个值对其他代码没有用处，但却参与了类的行为，如下所示：

```
class UnforgivingElephant(object):
    def __init__(self, name):
        self.name = name
        self._people_to_stomp_on = []

    def get_slapped_by(self, name):
        self._people_to_stomp_on.append(name)
        print('Ouch!')

    def revenge(self):
        print('10 years later...')
        for person in self._people_to_stomp_on:
            print('%s stomps on %s' % (self.name, person))
```

下面是在交互式会话中的运行结果：

```
>>> joe = UnforgivingElephant('Joe')
>>> joe.get_slapped_by('Tarek')
Ouch!
>>> joe.get_slapped_by('Bill')
Ouch!
>>> joe.revenge()
10 years later...
```

```
Joe stomps on Tarek
Joe stomps on Bill
```

4．函数和方法

函数和方法的名称应该使用小写加下划线。但在旧的标准库模块中并不总是这样。Python 3 对标准库做了大量重组，所以大多数函数和方法都有一致的大小写。不过对于某些模块（例如 `threading`）而言，你可以访问使用**混合大小写**（mixedCase）的旧的函数名称（例如 `currentThread`）。留着它们是为了更容易向后兼容，但如果你不需要在旧版 Python 中运行代码，那么应该避免使用这些旧的名称。

这种方法的写法在小写范式成为标准之前很常见，一些框架（例如 Zope 和 Twisted）对方法也使用混合大小写。使用它的开发者社区仍然相当多。因此，选择混合大小写还是小写加下划线，这取决于你所使用的库。

作为 Zope 的开发人员，保持一致性并不容易，因为构建一个混合纯 Python 模块和导入了 Zope 代码的模块的应用程序很困难。在 Zope 中，有一些类混用了两种约定，因为代码库仍在发展，而 Zope 开发人员想要采用多数人都接受的常用约定。

在这种类型的程序库环境中，得体的做法是只对暴露到框架中的元素使用混合大小写，而其他代码保持遵守 PEP 8 风格。

还值得注意的是，Twisted 项目的开发人员采用一种完全不同的方法来解决这个问题。与 Zope 一样，Twisted 项目早于 PEP 8 文档。项目启动时没有任何代码风格的官方指南，所以它有自己的风格指南。关于缩进、文档字符串、每行长度等风格规则可以很容易被采用。另一方面，修改所有代码以匹配 PEP 8 的命名约定，可能会完全破坏向后兼容。对于像 Twisted 这样的大型项目而言，这么做并不可行。因此 Twisted 尽可能遵守 PEP 8，并将其余内容（例如变量、函数和方面的混合大小写）作为它自己的编码标准的一部分。这与 PEP 8 的建议完全兼容，因为它特别强调，在项目内的一致性比遵守 PEP 8 风格指南要更加重要。

5．关于私有元素的争论

对于私有方法和函数，惯例是添加一个前缀下划线。考虑到 Python 中的名称修饰（name-mangling）特性，这条规则是相当有争议的。如果一个方法有两个前缀下划线，它会在运行时被解释器重命名，以避免与任何子类中的方法产生命名冲突。

因此，有些人倾向于对私有属性使用双前缀下划线，以避免子类中的命名冲突：

```
class Base(object):
    def __secret(self):
        print("don't tell")
```

```
        def public(self):
            self.__secret()


    class Derived(Base):
        def __secret(self):
            print("never ever")
```

你将会看到以下内容：

```
>>> Base.__secret
Traceback (most recent call last):
  File "<input>", line 1, in <module>
AttributeError: type object 'Base' has no attribute '__secret'
>>> dir(Base)
['_Base__secret', ..., 'public']
>>> Derived().public()
don't tell
```

Python 中名称修饰的最初目的不是提供类似 C++ 的私有花招（gimmick），而是用来确保某些基类隐式地避免子类中的冲突，特别是在多重继承的上下文中。但将其用于每个属性则会使私有代码含义变得模糊，这一点也不 Pythonic。

因此，有些人认为应该始终使用显式的名称修饰：

```
    class Base:
        def _Base_secret(self):  # 不要这么做!!!
            print("you told it ?")
```

这样会在所有代码中重复类名，所以应该首选 __。

但正如 **BDFL**（Guido，the Benevolent Dictator For Life，参见 http://en.wikipedia.org/wiki/BDFL）所说，最佳做法是在编写子类中的方法之前查看该类的 __mro__（方法解析顺序）值，从而避免使用名称修饰。修改基类的私有方法一定要小心。

关于这个主题的更多信息，许多年前在 Python-Dev 邮件列表中出现过一个有趣的讨论，人们争论名称修饰的实用性以及它在这门语言中的命运。你可以访问地网址：http://mail.python.org/ pipermail/python-dev/2005-December/058555.html 查看。

6. 特殊方法

特殊方法（https://docs.python.org/3/reference/datamodel.html#special-method-names）以双下划线开始和结束，常规的方法不应该使用这种约定。有些开发者曾经将其称为 **dunder** 方法，作为双下划线（double-underscore）的合成词。它们可用于运算符重载、容器定义等方面。为了保证可读性，它们应该集中放在类定义的开头：

```
class WeirdInt(int):
    def __add__(self, other):
        return int.__add__(self, other) + 1

    def __repr__(self):
        return '<weirdo %d>' % self

    # 公共 API
    def do_this(self):
        print('this')

    def do_that(self):
        print('that')
```

对于常规方法而言，你永远不应该使用这种名称。所以不要为方法创建这样的名称：

```
class BadHabits:
    def __my_method__(self):
        print('ok')
```

7. 参数

参数名称使用小写，如果需要的话可以加下划线。它们遵循与变量相同的命名规则。

8. property

property 的名称使用小写或小写加下划线。大部分时候，它们表示一个对象的状态，可以是名词或形容词，如果需要的话也可以是如下简短的短语：

```
class Connection:
    _connected = []

    def connect(self, user):
        self._connected.append(user)

    @property
    def connected_people(self):
        return ', '.join(self._connected)
```

在交互式会话中运行的结果如下所示：

```
>>> connection = Connection()
>>> connection.connect('Tarek')
```

```
>>> connection.connect('Shannon')
>>> print(connection.connected_people)
Tarek, Shannon
```

9. 类

类名称始终采用驼峰式命名法，如果它们是模块的私有类，还可能有一个前缀下划线。
类和实例变量通常是名词短语，与用动词短语命名的方法名称构成使用逻辑：

```
class Database:
    def open(self):
        pass

class User:
    pass
```

下面是在交互式会话中的使用示例：

```
>>> user = User()
>>> db = Database()
>>> db.open()
```

10. 模块和包

除了特殊模块 __init__ 之外，模块名称都使用小写，不带下划线。
下面是标准库中的一些例子：

- os；
- sys；
- shutil。

如果模块是包的私有模块，则添加一个前缀下划线。编译过的 C 或 C++模块名称通常带有一个下划线，并在纯 Python 模块中导入。

包名称遵循同样的规则，因为它的表现就像是更加结构化的模块。

4.3   命名指南

一组常用的命名规则可以被应用于变量、方法、函数和 property。类和模块的名称也在命名空间的构建中具有重要的作用，从而也影响代码可读性。本迷你指南为挑选名称提供了常见的模式和反模式。

4.3.1　用 "has" 或 "is" 前缀命名布尔元素

如果一个元素保存的是布尔值，`is` 和 `has` 前缀提供一种自然的方式，使其在命名空间中的可读性更强，代码如下：

```
class DB:
    is_connected = False
    has_cache = False
```

4.3.2　用复数形式命名集合变量

如果一个元素保存的是集合变量，那么使用复数形式是一个好主意。有些映射在暴露为序列时也可以从中受益：

```
class DB:
    connected_users = ['Tarek']
    tables = {
        'Customer': ['id', 'first_name', 'last_name']
    }
```

4.3.3　用显式名称命名字典

如果一个变量保存的是映射，那么你应该尽可能使用显式名称。例如，如果一个字典保存的是个人地址，那么可以将其命名为 `persons_addresses`，代码如下：

```
persons_addresses = {'Bill': '6565 Monty Road',
                     'Pamela': '45 Python street'}
persons_addresses['Pamela']
'45 Python street'
```

4.3.4　避免通用名称

如果你的代码不是在构建一种新的抽象数据类型，那么使用类似 `list`、`dict`、`sequence` 或 `elements` 等专用名词是有害的，即使对于局部变量也一样。它使得代码难以阅读、理解和使用。还应该避免使用内置名称，以避免在当前命名空间中将其屏蔽（shadowing）。还应该避免使用通用的动词，除非它们在该命名空间中有意义。

相反，应该使用领域特定的术语，如下所示：

```
def compute(data):  # 太过通用
    for element in data:
        yield element ** 2
```

```
def squares(numbers):  # 更好一些
    for number in numbers:
        yield number ** 2
```

还有一系列前缀和后缀,虽然在编程中非常常见,但事实上应该避免出现在函数和类名称中:

- manager;
- object;
- do、handle 或 perform。

这样做的原因是它们的含义模糊、模棱两可,且没有向实际名称中添加任何信息。Jeff Atwood(Discourse 和 Stack Overflow 的联合创始人)关于这个话题写过一篇非常好的文章,你可以在他的博客上找到这篇文章:http://blog.codinghorror.com/i-shall-call-it-somethingmanager/。

还有许多包的名称应该避免。任何没有对其内容给出任何信息的名称,从长远来看都对项目有很大害处。诸如 misc、tools、utils、common 或 core 的名称有很大可能会变成一大堆不相关的、质量非常差的代码片段,其大小呈指数增长。在大多数情况下,这种模块的存在是懒惰或缺乏足够设计经验的迹象。热衷于这种模块名称的人可以预见未来,并将其重命名为 trash(垃圾箱)或 dumpster(垃圾桶),因为这正是他们的队友最终对这些模块的处理方式。

在大多数情况下,更多的小模块几乎总是更好,即使内容很少,但名称可以很好地反映其内容。说实话,类似 utils 和 common 之类的名称没有本质错误,你可以负责任地使用它们。但现实表明,在许多情况下,它们都会变为危险的结构反模式,并且迅速增长。而且如果你的行动不够快,你可能永远无法摆脱它们。因此,最好的方法就是避免这样有风险的组织模式,如果项目其他人引入的话则将其扼杀在萌芽状态。

4.3.5 避免现有名称

使用上下文中已经存在的名称是不好的做法,因为它会导致阅读代码时——特别是调试时——非常混乱,例如以下代码:

```
>>> def bad_citizen():
...     os = 1
...     import pdb; pdb.set_trace()
...     return os
...
>>> bad_citizen()
><stdin>(4)bad_citizen()
(Pdb) os
1
```

```
(Pdb) import os
(Pdb) c
<module 'os' from '/Library/Frameworks/Python.framework/Versions/2.5/lib/
python2.5/os.pyc'>
```

在这个例子中，os 名称被代码屏蔽。内置函数名称和来自标准库的模块名称都应该避免。

尽量使用原创的名称，即使是上下文的局部名称。对于关键字而言，后缀下划线是一种避免冲突的方法：

```
def xapian_query(terms, or_=True):
    """if or_ is true, terms are combined with the OR clause"""
    ...
```

注意，class 通常被替换为 klass 或 cls：

```
def factory(klass, *args, **kwargs):
    return klass(*args, **kwargs)
```

4.4 参数的最佳实践

函数和方法的签名是代码完整性的保证，它们驱动函数和方法的使用并构建其 API。除了我们之前看到的命名规则之外，对参数也要特别小心。这可以通过 3 个简单的规则来实现。

- 通过迭代设计构建参数。
- 信任参数和测试。
- 小心使用魔法参数*args 和**kwargs。

4.4.1 通过迭代设计构建参数

如果每个函数都有一个固定的、定义明确的参数列表，那么代码的鲁棒性会更好。但这在第一个版本中无法完成，所以参数必须通过迭代设计来构建。它们应该反映创建该元素所针对的使用场景，并相应地逐渐发展。

例如，如果添加了一些参数，它们应该尽可能有默认值，以避免任何退化：

```
class Service:  # 版本1
    def _query(self, query, type):
        print('done')

    def execute(self, query):
        self._query(query, 'EXECUTE')

>>> Service().execute('my query')
```

```
done
```

```
import logging

class Service(object):     # 版本2
    def _query(self, query, type, logger):
        logger('done')

    def execute(self, query, logger=logging.info):
        self._query(query, 'EXECUTE', logger)
```

```
>>> Service().execute('my query')        # 旧式调用
>>> Service().execute('my query', logging.warning)
WARNING:root:done
```

如果一个公共元素的参数必须被修改，那么将使用一个 deprecation 进程，本节稍后将对此进行说明。

4.4.2　信任参数和测试

考虑到 Python 的动态类型特性，有些开发人员在函数和方法的顶部使用断言（assertion）来确保参数具有正确的内容，代码如下：

```
def division(dividend, divisor):
    assert isinstance(dividend, (int, float))
    assert isinstance(divisor, (int, float))
    return dividend / divisor
```

```
>>> division(2, 4)
0.5
>>> division(2, None)
Traceback (most recent call last):
  File "<input>", line 1, in <module>
  File "<input>", line 3, in division
AssertionError
```

这通常是那些习惯于静态类型、并且感觉 Python 中缺少点什么的开发者的做法。

这种检查参数的方法是**契约式设计**（**Design by Contract，DbC**，参见 http://en.wikipedia.org/wiki/Design_By_Contract）编程风格的一部分。在这种设计中，在代码实际运行之间会检查先决条件。

这种方法有两个主要问题。

- DbC 的代码对应该如何使用它进行解释，导致其可读性降低。

- 这可能使代码速度变慢，因为每次调用都要进行断言。

后者可以通过解释器的"-O"选项来避免。在这种情况下，在创建字节码之前，所有断言都将从代码中删除，这样检查也就会丢失。

在任何情况下，断言都必须小心进行，并且不应该用于使 Python 变成一种静态类型语言。唯一的使用场景就是保护代码不被无意义地调用。

在大多数情况下，健康的测试驱动开发（TDD）风格可以提供鲁棒性很好的基础代码。在这里，功能测试和单元测试验证了创建代码所针对的所有使用场景。

如果库中的代码被外部元素使用，那么进行断言可能是有用的，因为传入的数据可能会导致程序结束甚至造成破坏。这在处理数据库或文件系统的代码中可能发生。

另一种方法是**模糊测试**（fuzz testing，参见 https://en.wikipedia.org/wiki/Fuzzing），它通过向程序发送随机的数据块来检测其弱点。如果发现了新的缺陷，代码会被修复以解决这一缺陷，并添加一次新的测试。

让我们来关注一个遵循 TDD 方法的代码库，它向正确的方向发展，每当出现新的缺陷时都会对其进行调整，从而鲁棒性越来越好。当它以正确的方式完成时，测试中的断言列表在某种程度上变得类似于先决条件列表。

4.4.3 小心使用*args 和**kwargs 魔法参数

*args 和**kwargs 参数可能会破坏函数或方法的鲁棒性。它们会使签名变得模糊，而且代码常常在不应该出现的地方构建小型的参数解析器，如下所示：

```python
def fuzzy_thing(**kwargs):

    if 'do_this' in kwargs:
        print('ok i did')

    if 'do_that' in kwargs:
        print('that is done')

    print('errr... ok')
```

```
>>> fuzzy_thing(do_this=1)
ok i did
errr... ok
>>> fuzzy_thing(do_that=1)
that is done
errr... ok
>>> fuzzy_thing(hahaha=1)
errr... ok
```

如果参数列表变得很长而且很复杂，那么添加魔法参数是很吸引人的。但这更表示它是一个脆弱的函数或方法，应该被分解或重构。

如果*args 被用于处理元素序列（在函数中以相同方式处理），那么要求传入唯一的容器参数（例如 iterator）会更好些，如下所示：

```python
def sum(*args):  # 可行
    total = 0
    for arg in args:
        total += arg
    return total


def sum(sequence):  # 更好!
    total = 0
    for arg in sequence:
        total += arg
    return total
```

**kwargs 适用于同样的规则。最好固定命名参数，使方法签名更有意义，如下所示：

```python
def make_sentence(**kwargs):
    noun = kwargs.get('noun', 'Bill')
    verb = kwargs.get('verb', 'is')
    adj = kwargs.get('adjective', 'happy')
    return '%s %s %s' % (noun, verb, adj)


def make_sentence(noun='Bill', verb='is', adjective='happy'):
    return '%s %s %s' % (noun, verb, adjective)
```

另一种有趣的方法是创建一个容器类，将多个相关参数分组以提供执行上下文。这种结构与*args 或**kwargs 不同，因为它可以提供能够操作数值并且能够独立发展的内部构件（internals）。使用它作为参数的代码将不必处理其内部构件。

例如，传入函数的 Web 请求通常由一个类实例表示。这个类负责保存 Web 服务器传入的数据，代码如下：

```python
def log_request(request):  # 版本 1
    print(request.get('HTTP_REFERER', 'No referer'))


def log_request(request):  # 版本 2
    print(request.get('HTTP_REFERER', 'No referer'))
    print(request.get('HTTP_HOST', 'No host'))
```

魔法参数有时是无法避免的，特别是在元编程中。例如，想要创建能够处理任何类型签名的函数的装饰器，它是不可或缺的。更普遍地说，在处理对函数进行遍历的未知数据时，魔法参数都很好用，代码如下：

```
import logging

def log(**context):
    logging.info('Context is:\n%s\n' % str(context))
```

4.5　类的名称

类的名称必须简明、精确，并足以使人理解类的作用。常见的做法是使用后缀来表示其类型或特性。例如：

- **SQL**Engine；
- **Mime**Types；
- **String**Widget；
- **TestCase**。

对于基类或抽象类，可以使用一个 **Base** 或 **Abstract** 前缀，如下所示：

- **Base**Cookie；
- **Abstract**Formatter。

最重要的是要和类属性保持一致。例如，尽量避免类及其属性名称之间的冗余：

```
>>> SMTP.smtp_send()   # 命名空间中存在冗余信息
>>> SMTP.send()        # 可读性更强，也更易于记忆
```

4.6　模块和包的名称

模块和包的名称应体现其内容的目的。其名称应简短、使用小写字母、并且不带下划线：

- sqlite；
- postgres；
- sha1。

如果它们实现一个协议，那么通常会使用 lib 后缀，代码如下：

```
import smtplib
import urllib
import telnetlib
```

它们还需要在命名空间中保持一致，这样使用起来更加简单，代码如下：

```
from widgets.stringwidgets import TextWidget   # 不好
from widgets.strings import TextWidget         # 更好
```

同样，应该始终避免使用与标准库模块相同的名称。

如果一个模块开始变得复杂，并且包含许多类，那么好的做法是创建一个包并将模块的元素划分到其他模块中。

__init__ 模块也可以用于将一些 API 放回顶层，因为它不会影响使用，但有助于将代码重新组织为更小的部分。例如，考虑 foo 包中的 __init__ 模块，其内容如下所示：

```
from .module1 import feature1, feature2
from .module2 import feature3
```

这将允许用户直接导入特性，如下列代码所示：

```
from foo import feature1, feature2, feature3
```

但要注意，这可能会增加循环依赖的可能性，并且在 __init__ 模块中添加的代码将被实例化。所以要小心使用。

4.7   有用的工具

前面的约定和实践的一部分可以使用下列工具来控制和处理。

- **Pylint**：一个非常灵活的源代码分析器。
- **pep8** 和 **flake8**：它们是小型的代码风格检查器，也是包装器，添加了一些更有用的特性，例如静态分析和复杂度测量。

4.7.1   Pylint

除了一些质量保证方面的度量之外，Pylint 还允许你检查给定的源代码是否遵循某种命名约定。它的默认设置对应于 PEP 8，Pylint 脚本会提供一份 shell 报告输出。

要安装 Pylint，你可以使用 pip，代码如下：

```
$ pip install pylint
```

安装完成后，pylint 这个命令就可用了，可以在一个模块上运行，也可以利用通配符在多个模块上运行。我们在 Buildout 的 bootstrap.py 脚本上试用这个命令，代码如下：

```
$ wget -O bootstrap.py https://bootstrap.pypa.io/bootstrap-buildout.py -q
$ pylint bootstrap.py
No config file found, using default configuration
```

```
************* Module bootstrap
C: 76, 0: Unnecessary parens after 'print' keyword (superfluous-parens)
C: 31, 0: Invalid constant name "tmpeggs" (invalid-name)
C: 33, 0: Invalid constant name "usage" (invalid-name)
C: 45, 0: Invalid constant name "parser" (invalid-name)
C: 74, 0: Invalid constant name "options" (invalid-name)
C: 74, 9: Invalid constant name "args" (invalid-name)
C: 84, 4: Import "from urllib.request import urlopen" should be placed at
the top of the module (wrong-import-position)

...

Global evaluation
------------------
Your code has been rated at 6.12/10
```

Pylint 的实际输出要更长一些，这里只截取了其中一部分。

注意，Pylint 可能会给出不好的评分或抱怨。例如，import 语句没有被模块本身的代码使用，这在某些情况下是完全可以的（使其在命名空间中可用）。

如果一个库采用混合大小写为方法命名，那么对其调用可能也会降低评分。无论如何，总体评价并不那么重要。Pylint 只是一个工具，指出可能的改进之处。

要想对 Pylint 进行微调，第一件要做的事就是，使用-generate-rcfile 选项在项目目录下创建一个.pylintrc 配置文件，如下所示：

```
$ pylint --generate-rcfile > .pylintrc
```

这个配置文件是自带说明的（self-documenting，每个选项都用注释说明），应该已经包含所有可用的配置选项。

除了检查是否遵守某种任意的编码标准，Pylint 还可以给出有关整体代码质量的额外信息，例如：

- 代码重复度量。
- 未使用的变量和导入。
- 缺失的函数、方法或类的文档字符串。
- 函数签名过长。

默认启用的可用检查列表非常长。重要的是要知道，有些规则是任意的，不能轻易应用到所有代码库。要记住，一致性永远比遵守某种任意的标准更有价值。幸运的是，Pylint 是可调节的，所以如果你的团队使用一些与默认不同的命名和编码约定，你可以轻松配置来检查与这些约定的一致性。

4.7.2 pep8 和 flake8

pep8 这个工具只有一个目的：它仅提供对 PEP 8 代码约定的风格检查。这是它与 Pylint 的主要区别，后者具有许多额外的功能。对于那些仅对 PEP 8 标准的自动化代码风格检查感兴趣的程序员来说，这是最佳选择，不需要任何额外的工具配置（像 Pylint 那样）。

pep8 可以用 pip 安装，代码如下：

```
$ pip install pep8
```

在 Buildout 的 bootstrap.py 脚本上运行 pep8，它会给出不符合代码风格之处的简短列表：

```
$ wget -O bootstrap.py https://bootstrap.pypa.io/bootstrap-buildout.py -q
$ pep8 bootstrap.py
bootstrap.py:118:1: E402 module level import not at top of file
bootstrap.py:119:1: E402 module level import not at top of file
bootstrap.py:190:1: E402 module level import not at top of file
bootstrap.py:200:1: E402 module level import not at top of file
```

与 Pylint 的输出的主要区别在于其长度。pep8 只关注风格，所以它不会给出任何其他警告，例如未使用的变量、太长的函数名称或文档字符串缺失。它也不会给出任何评分。它真的很有意义，因为不存在部分一致性。任何对风格指南的违背——即使是最小的违背——也会使代码立刻变得不一致。

pep8 的输出比 PyLint 更简单，也更容易解析，所以如果你想要与一些连续集成解决方案（例如 Jenkins）集成，那么选择 pep8 可能更好。如果你想要一些静态分析的功能，那么可以使用 flake8 包，它是 pep8 和其他一些工具的包装器，可以轻松扩展，并提供了更丰富的功能，包括：

- McCabe 复杂度测量。
- 利用 pyflakes 做静态分析。
- 利用注释禁用整个文件或单行代码。

4.8 小结

本章通过 Python 官方风格指南（PEP 8 文档）来介绍广受认可的编码约定。除了官方风格指南，介绍了一些命名建议，可以让你以后的代码更加明确；还介绍了一些有用的工具，在保持代码风格一致方面不可或缺。

所有这些内容都是为本书第一个实用主题做准备——编写并分发 Python 包。下一章我们将学习如何在公共 PyPI 仓库中发布我们自己的包，以及在私人组织中如何利用打包生态系统的力量。

第 5 章
编写一个包

本章重点介绍编写并发布 Python 包的可重复过程。其目的是：

- 在开始实际工作之前，缩短设置所有内容所需要的时间。
- 提供编写包的标准化方法。
- 简化测试驱动开发方法的使用。
- 使发布过程更加简单。

本章包括以下 4 部分内容：

- 所有包的**通用模式**（common pattern），描述所有 Python 包之间的相似之处，以及 distutils 和 setuptools 如何发挥核心作用。
- 什么是**命名空间包**（namespace packages），以及它为什么有用。
- 在 **Python 包索引**（Python Package Index，PyPI）中如何注册并上传包，重点强调安全性和常见错误。
- **独立可执行文件**（stand-alone executables），作为将 Python 应用打包并分发的替代方法。

5.1 创建一个包

Python 打包一开始可能有些难以理解。其主要原因是不了解创建 Python 包的正确工具。不管怎样，一旦创建了第一个包，你就会发现它并不像看起来那么难。此外，熟悉正确且最先进的打包工具也很有帮助。

你即使对将代码开源分发不感兴趣，但也应该知道如何创建包。知道如何创建自己的包，可以让你深入了解打包生态系统，并且有助于你使用 PyPI 上可用的第三方代码。

此外，将你的闭源项目或其组件变成源代码发行包，有助于你在不同的环境中部署代码。下一章将会更详细地描述在代码部署过程中使用 Python 打包生态系统的优点。本章我们将重点介绍创建这些发行版的正确工具和技术。

5.1.1 Python 打包工具的混乱状态

Python 打包曾经在很长一段时间内处于混乱不堪的状态，人们花了很多年才使得这一主题重新变得有组织。一切都从 1998 年引入的 distutils 包开始，随后在 2003 年 setuptools 对其进行改进。这两个项目开启了一段漫长而又纠结的故事，故事包括派生（fork）、替代项目与完全重新编写，都想要彻底修复 Python 的打包生态系统。不幸的是，大部分尝试都没有成功。效果恰恰相反。每个想要取代 setuptools 或 distutils 的新项目只是给打包工具十分混乱的状态添乱而已。有些派生被合并回它们的祖先中（例如 setuptools 派生的 distribute），但有些则被弃用（distutils2）。

幸运的是，这种状态正在逐步改变。成立了一个叫作 **Python Packaging Authority (PyPA)** 的组织，将秩序和组织性带回到打包生态系统中。PyPA 维护的 **Python 打包用户指南**（Python Packaging User Guide，https://packaging.python.org）是关于最新打包工具和最佳实践的权威信息来源。你可以将它当作关于打包的最佳信息来源，也可以当作本章的补充阅读。这份指南还包含详细的历史变化以及与打包相关的新项目，因此，如果你已经了解一些内容、但想要确保使用的是正确的工具，那么这份指南是很有用的。

要远离其他流行的互联网资源，例如 **The Hitchhiker's Guide to Packaging**。它的内容陈旧、没人维护，而且大部分都是过时的。对它的兴趣只可能是历史原因，事实上，Python 打包用户指南就是这份旧资源的派生。

1．由于 PyPA 的存在，Python 打包的现状

PyPA 除了提供一份权威的打包指南之外，还维护着打包项目与新的官方打包的标准化过程。请参阅：https://github.com/pypa。

本书已经提到过其中一些项目。其中最有名的是：

- pip；
- virtualenv；
- twine；
- warehouse。

注意，大部分项目都是在这个组织之外开始的，只是作为一个成熟且广泛使用的解决方案迁移到 PyPA 的赞助下。

由于 PyPA 的参与，构建发行版已经正在逐步弃用 egg 格式，而是支持使用 wheel 格式。未来可能会为我们带来全新的方法（fresh breath）。PyPA 正在积极开发 warehouse，其目的是完全替代当前的 PyPI 实现。这将是打包历史上迈出的一大步，因为 PyPI 是如此古老且被忽视的项目，我们中只有少数人可以想象逐步改进这个项目，而不用完全重新编写。

2．工具推荐

Python 打包用户指南有关使用包的推荐工具给出了一些建议。这些工具大体可分为两组：用于安装包的工具和用于包的创建与分发的工具。

PyPA 推荐的第一组实用工具已经在第 1 章提到过，但为了保持一致性，我们这里将其再次列出。

- 使用 pip 安装来自 PyPI 的包。
- 将 virtualenv 或 venv 用于 Python 环境的应用级隔离。

在 Python 打包用户指南中，推荐包的创建与分发的工具如下。

- 使用 setuptools 来定义项目并创建**源代码发行版**（source distributions）。
- 使用 **wheel** 而不是 **egg** 来创建**构建发行版**（built distributions）。
- 使用 twine 向 PyPI 上传包的发行版。

5.1.2 项目配置

很显然，组织大型应用的代码的最简单方法是将其分成几个包。这使得代码更加简单，也更容易理解、维护和修改。这样也使每个包的可复用性最大化。它们的作用就像组件一样。

1．setup.py

对于一个需要被分发的包来说，其根目录包含一个 setup.py 脚本。它定义了 distutils 模块中描述的所有元数据，并将其合并为标准的 setup() 函数调用的参数。虽然 distutils 是一个标准库模块，但建议你使用 setuptools 包来代替，它对标准的 distutils 做了一些改进。

因此，这个文件的最少内容如下：

```
from setuptools import setup

setup(
    name='mypackage',
)
```

name 给出了包的全名。该脚本提供了一些命令，你可以用--help-commands 选项列出以下这些命令：

```
$ python3 setup.py --help-commands
Standard commands:
  build           build everything needed to install
  clean           clean up temporary files from 'build' command
  install         install everything from build directory
```

```
    sdist              create a source distribution (tarball, zip file)
    register           register the distribution with the PyPI
    bdist              create a built (binary) distribution
    check              perform some checks on the package
    upload             upload binary package to PyPI

Extra commands:
    develop            install package in 'development mode'
    alias              define a shortcut to invoke one or more commands
    test               run unit tests after in-place build
    bdist_wheel        create a wheel distribution

usage: setup.py [global_opts] cmd1 [cmd1_opts] [cmd2 [cmd2_opts] ...]
   or: setup.py --help [cmd1 cmd2 ...]
   or: setup.py --help-commands
   or: setup.py cmd --help
```

实际的命令列表更长，而且会根据 setuptools 的可用扩展而变化。这里截取的命令都是最重要的而且和本章相关的。**Standard commands（标准命令）**是 distutils 提供的内置命令，而 **Extra commands（额外命令）**则是由诸如 setuptools 这样的第三方包或任何其他定义并注册一个新命令的包所创建的。由另一个包注册的一个额外命令就是 wheel 包提供的 bdist_wheel。

2. setup.cfg

setup.cfg 文件包含 setup.py 脚本命令的默认选项。如果构建和分发包的过程更加复杂，并且需要向 setup.py 命令中传入许多可选参数，那么这个文件非常有用。你可以按项目将这些默认参数保存在代码中。这将使你的分发流程独立于项目之外，也能够让包的构建方式与向用户和其他团队成员的分发方式变得透明。

setup.cfg 文件的语法与内置 configparser 模块提供的语法相同，因此它类似于常见的 Microsoft Windows INI 文件。下面是安装配置文件的示例，提供了 global、sdist 和 bdist_wheel 命令的默认值，代码如下：

```
[global]
quiet=1

[sdist]
formats=zip,tar

[bdist_wheel]
universal=1
```

这个配置示例可以确保源代码发行版总是以两种格式创建（ZIP 和 TAR），并且构建 wheel 发行版将被创建为通用 wheel（与 Python 版本无关）。此外，由于全局 quiet 开关，每个命令的大部分输出都将被阻止。注意，这只是为了便于说明，默认阻止每个命令的输出可能并不是一个合理的选择。

3. **MANIFEST.in**

使用 sdist 命令构建发行版时，distutils 将浏览包的目录，查找需要包含在存档中的文件。distutils 将包含：

- py_modules、packages 和 scripts 选项隐含的所有 Python 源文件。
- ext_modules 选项列出的所有 C 源文件。

匹配 glob 模式 test/test*.py 的文件包括：README、README.txt、setup.py 和 setup.cfg。

此外，如果你的包是由 subversion 或 CVS 管理，那么 sdist 将浏览诸如 .svn 之类的文件夹，查找需要包含的文件。利用扩展也可以与其他版本控制系统集成。sdist 将构建一个 MANIFEST 文件，列出所有文件并将它们包含在存档中。

假设你不使用这些版本控制系统，并且需要包含更多的文件。现在，在与 setup.py 相同的目录中，你可以为 MANIFEST 文件定义一个名为 MANIFEST.in 的模板，在其中你可以指定 sdist 要包含哪些文件。

这个模板的每一行都定义一条包含或排除规则，例如：

```
include HISTORY.txt
include README.txt
include CHANGES.txt
include CONTRIBUTORS.txt
include LICENSE
recursive-include *.txt *.py
```

MANIFEST.in 命令的完整列表可以在 distutils 官方文档中找到。

4. 最重要的元数据

除了被分发包的名称和版本之外，setup 可以接受的最重要的参数包括。

- description：包含描述包的几句话。
- long_description：包含完整说明，可以使用 reStructuredText 格式。
- keywords：定义包的关键字列表。
- author：作者的姓名或组织。
- author_email：联系人电子邮件地址。

- url：项目的 URL。
- license：许可证（GPL、LGPL 等）。
- packages：包中所有名称的列表；setuptools 提供了一个名为 find_packages 的小函数来计算它。
- namespace_packages：命令空间包的列表。

5. trove 分类器

PyPI 和 distutils 为应用程序分类提供了一种解决方案，就是使用一套被称为 **trove 分类器**（trove classifiers）的分类器。所有分类器都形成一个树状结构。每个分类器都是字符串形式，其中用::字符串分隔每个命名空间。分类器列表在包定义中是作为 setup() 函数的 classifiers 参数。下面是 PyPI 上某个项目的分类器列表示例（这里是 solrq 项目）：

```
from setuptools import setup

setup(
    name="solrq",
    # (...)

    classifiers=[
        'Development Status :: 4 - Beta',
        'Intended Audience :: Developers',
        'License :: OSI Approved :: BSD License',
        'Operating System :: OS Independent',
        'Programming Language :: Python',
        'Programming Language :: Python :: 2',
        'Programming Language :: Python :: 2.6',
        'Programming Language :: Python :: 2.7',
        'Programming Language :: Python :: 3',
        'Programming Language :: Python :: 3.2',
        'Programming Language :: Python :: 3.3',
        'Programming Language :: Python :: 3.4',
        'Programming Language :: Python :: Implementation :: PyPy',
        'Topic :: Internet :: WWW/HTTP :: Indexing/Search',
    ],
)
```

它们在包定义中是完全可选的，但可以对 setup() 接口中可用的基本元数据提供有用的扩展。此外，trove 分类器还可以提供以下信息：支持的 Python 版本或系统、项目的开发阶段或发布代码所使用的许可证。许多 PyPI 用户按类别对可用的包进行搜索和浏览，因此正确的分类可以让 Python 包找到目标客户。

trove 分类器在整个打包生态系统中发挥重要作用，不应该被忽略。没有一个组织来验证包的分类，所以你有责任为你的包提供正确的分类器，并且不要为整个包索引带来混乱。

在编写本书时，PyPI 上共有 608 个可用的分类器，分为以下 9 类。

- 开发状态（Development Status）。
- 环境（Environment）。
- 框架（Framework）。
- 目标受众（Intended Audience）。
- 许可证（License）。
- 自然语言（Natural Language）。
- 操作系统（Operating System）。
- 编程语言（Programming Language）。
- 话题（Topic）。

由于不时会添加新的分类器，所以在你阅读本书时这些数字可能会有所不同。当前可用的 trove 分类器的完整列表可以用 `setup.py register --list-classifiers` 命令来查看。

6. 常见模式

对于没有经验的开发者来说，创建一个用于分发的包可能是一项乏味的任务。如果不考虑元数据可能在项目其他部分找到的事实，setuptools 或 distuitls 在 setup() 函数调用中接受的大多数元数据都可以手动输入，代码如下：

```
from setuptools import setup


setup(
    name="myproject",
    version="0.0.1",
    description="mypackage project short description",
    long_description="""
        Longer description of mypackage project
        possibly with some documentation and/or
        usage examples
    """,
    install_requires=[
        'dependency1',
        'dependency2',
        'etc',
    ]
)
```

这么做当然可行，但从长远来看很难维护，并且未来可能会出现错误和不一致。setuptools 和 distuitls 都不能从项目源代码中自动提取各种元数据信息，因此你需要自己提供这些信息。在 Python 社区中有一些常见模式可以解决最常见的问题，例如依赖管理、包含版本/自述文件等。至少应该知道其中一些模式，因为它们非常流行，已经被看做一种打包惯例（packaging idioms）。

（1）自动包含包中的版本字符串

PEP 440（版本标识和依赖规范，**Version Identification and Dependency Specification**）文档规定了版本和依赖规范的标准。这是一份很长的文档，包含已接受的版本规范方案和 Python 打包工具中应该如何做版本匹配和比较。如果你正在使用或打算使用一种复杂的项目版本编号方案，那么一定要阅读这份文档。如果你使用的是一种简单方案，其中包含用点分开的一个、两个、三个或更多的数字，那么可以不必阅读 **PEP 440**。如果你不知道如何选择合适的版本方案，我强烈建议遵循第 1 章中已经提到过的语义化版本。

另一个问题是将包或模块的版本标识符包含在什么位置。PEP 396（模块版本号，Module Version Numbers）正好解决了这个问题。注意，这份文档只是信息性的（informational），并且状态为**延期**（deferred），所以它并不是标准路径（standards track）的一部分。不管怎样，它描述的内容现在似乎成了事实上的标准。根据 **PEP 396**，如果一个包或模块要指定一个版本，那么应该将其包含在包的根目录（__init__.py）或模块文件的__version__ 属性中。另一个事实上的标准是，也要将包括版本元组的 VERSION 属性包含其中。这有助于用户编写兼容代码，因为如果版本方案足够简单的话，这样的版本元组很容易比较。

因此，**PyPI** 上的很多包都遵循这两个标准。它们的__init__.py 文件包含如下所示的版本属性，如下所示：

```
# 用元组表示版本，可以简单比较
VERSION = (0, 1, 1)
# 利用元组创建字符串，以避免出现不一致
__version__ = ".".join([str(x) for x in VERSION])
```

延期的 **PEP 396** 的另一个建议是，在 distutils 的 setup() 函数中提供的版本应该从__version__ 派生，反之亦然。Python 打包用户指南为单一来源的项目版本提供了多种模式，每一种都有自己的优点和局限性。我个人最喜欢相当长的，并没有包含在 PyPA 的指南中，但它的优点是仅限制 setup.py 脚本的复杂度。这个样板假定，版本标识符由包的__init__ 模块的 VERSION 属性给出，并且提取这一数据包含在 setup() 调用中。下面是某个虚构的包的 setup.py 脚本中的片段，其中使用了以下这种方法：

```
from setuptools import setup
import os
```

```
def get_version(version_tuple):
    # additional handling of a,b,rc tags, this can
    # be simpler depending on your versioning scheme
    if not isinstance(version_tuple[-1], int):
        return '.'.join(
            map(str, version_tuple[:-1])
        ) + version_tuple[-1]

    return '.'.join(map(str, version_tuple))


# path to the packages __init__ module in project
# source tree
init = os.path.join(
    os.path.dirname(__file__), 'src', 'some_package',
    '__init__.py'
)

version_line = list(
    filter(lambda l: l.startswith('VERSION'), open(init))
)[0]

# VERSION is a tuple so we need to eval its line of code.
# We could simply import it from the package but we
# cannot be sure that this package is importable before
# finishing its installation
VERSION = get_version(eval(version_line.split('=')[-1]))

setup(
    name='some-package',
    version=VERSION,
    # ...
)
```

（2）README 文件

Python 包索引可以在 PyPI 门户的包页面中显示一个项目的 readme 或者 long_description 的值。你可以用 reStructuredText 标记来编写这个说明，它在上传时会转换为 HTML 格式。不幸的是，目前 PyPI 上的文档标记只能使用 reStructuredText。这在短期内也不太可能改变。更有可能的是，如果 warehouse 项目完全取代了当前的 PyPI 实现，那么将会支持其他标记语言。不幸的是，我们仍然不知道 warehouse 的最终发布时间。

但是，许多开发者想要使用不同的标记语言，原因有很多。最常见的选择是 Markdown，它是 GitHub 上默认的标记语言——目前大多数开源的 Python 开发都是在 GitHub 上。因此，GitHub 和 Markdown 的粉丝通常要么忽略这个问题，要么就提供两份独立的文档文本。提供给 PyPI 的说明要么是项目 GitHub 页面上说明的简短版本，要么是在 PyPI 上无法正常显示的普通的无格式 Markdown。

如果你想使用除了 reStructuredText 之外的标记语言来编写项目的 README，你仍然可以用可读的形式将它作为 PyPI 页面上的项目说明。诀窍是在将包上传到 Python 包索引时使用 pypandoc 包将你使用的其他脚本语言转换成 reStructuredText。同时准备 readme 文件的简单内容作为备用（fallback）也很重要，这样即使用户没有安装 pypandoc，安装也不会失败，代码如下：

```
try:
    from pypandoc import convert

    def read_md(f):
        return convert(f, 'rst')

except ImportError:
    convert = None
    print(
        "warning: pypandoc module not found, could not convert
        Markdown to RST"
    )

    def read_md(f):
        return open(f, 'r').read()  # noqa

README = os.path.join(os.path.dirname(__file__), 'README.md')

setup(
    name='some-package',
    long_description=read_md(README),
    # ...
)
```

（3）管理依赖

许多项目需要安装和/或使用一些外部包。如果依赖列表很长的话，就会出现一个问题：如何管理依赖？在大多数情况下答案很简单。不要过度设计（over-engineer）问题。保持简单，并在 setup.py 脚本中明确提供依赖列表，代码如下：

```
from setuptools import setup
setup(
    name='some-package',
    install_requires=['falcon', 'requests', 'delorean']
    # ...
)
```

有些 Python 开发者喜欢使用 requirements.txt 文件来追踪包的依赖列表。在某些情况下,你可能会找到这么做的原因,但在大多数情况下,这是项目代码没有正确打包的时代遗留的问题。无论如何,即使像 Celery 这样著名的项目也仍然坚持使用这一约定。因此,如果你不愿意改变习惯或者不知何故被迫使用 requirements.txt 文件,那么至少要将其做对。下面是从 requirements.txt 文件读取依赖列表的常见做法之一:

```
from setuptools import setup
import os

def strip_comments(l):
    return l.split('#', 1)[0].strip()


def reqs(*f):
    return list(filter(None, [strip_comments(l) for l in open(
        os.path.join(os.getcwd(), *f)).readlines()]))


setup(
    name='some-package',
    install_requires=reqs('requirements.txt')
    # ...
)
```

5.1.3 自定义 setup 命令

利用 distutils 可以创建新的命令。新的命令可以用一个入口点(entry point)来注册,这是由 setuptools 引入的,是一种将包定义为插件的简单方法。

入口点是类或函数的命名链接,通过 setuptools 中的一些 API 变得可用。任何应用都可以扫描所有已注册的包,并且将链接代码作为插件使用。

要想链接新的命令,可以在 setup 调用中使用 entry_points 元数据,代码如下:

```
setup(
    name="my.command",
    entry_points="""
        [distutils.commands]
```

```
        my_command = my.command.module.Class
    """
)
```

所有命名链接都集中在已命名的部分（named section）。distutils 被加载时，它将扫描在 distutils.commands 中注册的链接。

许多提供可扩展性的 Python 应用都使用了这一机制。

5.1.4 在开发期间使用包

使用 setuptools 主要是用于构建并分发包。但是，你仍然需要知道如何使用它们直接从项目源代码安装包。其原因很简单。在向 PyPI 提交包之前，最好测试一下你的打包代码是否正常工作。最简单的测试方法就是安装它。如果你将坏的软件包发送到仓库中，那么你需要增加版本号才能重新上传。

在最终发行版之前测试你的代码是否被正确打包，可以避免不必要的版本号增加，当然也可以节省时间。此外，在同时处理多个相关的包时，使用 setuptools 直接从自己的源代码安装可能也是必要的。

1. setup.py install

install 命令可以将包安装到 Python 环境中。如果之前没有构建过的话，它会尝试构建包，然后将结果注入到 Python 树中。如果提供了源代码发行版，那么可以在临时文件夹中将其解压，然后用这个命令安装。install 命令还将安装在 install_requires 元数据中定义的依赖。这是通过查看 Python 包索引上的包来完成的。

安装一个包时，对 setup.py 脚本的一个替代方法是使用 pip。它是 PyPA 推荐的工具，因此即使在本地环境为了开发而安装时也应该使用它。要想从本地源代码中安装一个包，你可以运行下面这个命令：

```
pip install <project-path>
```

2. 卸载包

令人惊讶的是，setuptools 和 distutils 都没有 uninstall（卸载）命令。幸运的是，使用 pip 可以卸载任何 Python 包：

```
pip uninstall <package-name>
```

在系统级的包上尝试卸载操作可能很危险。这也是为什么使用虚拟环境进行开发很重要的另一个原因。

3. `setup.py develop` 或 `pip -e`

使用 `setup.py install` 安装的包会被复制到当前环境的 site-packages 目录下。也就是说，无论何时你修改了包的源代码，都需要重新安装它。这常常是集中开发过程中的一个问题，因为很容易忘记需要再次执行安装。这就是为什么 `setuptools` 提供了一个额外的 `develop` 命令，允许我们在**开发模式**（development mod）下安装包。这个命令在部署目录（site-packages）中创建一个指向项目源代码的特殊链接，而不是将整个包复制过去。可以编辑包的源代码而无需重新安装，并且它在 `sys.path` 中可用，就像正常安装一样。

`pip` 也可以用这种模式来安装包。这个安装选项叫作**可编辑模式**（editable mode），可以使用 `install` 命令的-e 参数来启用，代码如下：

```
pip install -e <project-path>
```

5.2 命名空间包

Python 之禅（The Zen of Python，你可以在解释器会话中输入 `import this` 来阅读）中关于命名空间的说法如下：

> 命名空间是一个绝妙的想法，我们要多加利用！

这句话至少可以用两种方式来理解。第一种是语言上下文中的命名空间。我们都使用命名空间，甚至不知道以下内容。

- 模块的全局命名空间。
- 函数或方法调用的本地命名空间。
- 内置名称的命名空间。

另一种命名空间可以在包的层面提供。它们就是**命名空间包**（namespace packages）这通常是一个被忽略的功能，在你的组织中或者非常大的项目中对于构建打包生态系统非常有用。

5.2.1 为什么有用

可以将命名空间包理解成在高于元包（meta-package）的层面对相关的包或模块进行分组的方法，其中每个包都可以单独安装。

如果你的应用组件的开发、打包和版本化都是独立的，但仍然希望从同一个命名空间访问它们，那么命名空间包特别有用。这有助于明确每个包所属的组织或项目。例如，对于某个虚构的 Acme 公司，共同的命名空间可以是 acme。结果可能导致创建通用的 acme 命名空间包，作为来自该组织的其他包的容器。例如，如果来自 Acme 的某人想要向这个命名空间贡献一个与 SQL 相关的库，那么他可以创建一个在 acme 中注册自己的新的 acme.sql 包。

知道普通包和命名空间包的区别以及它们能够解决的问题是很重要的。一般来说（不用命名空间包），你将会创建一个 acme 包和一个 sql 子包/子模块，其文件结构如下所示：

```
$ tree acme/
acme/
├── acme
│   ├── __init__.py
│   └── sql
│       └── __init__.py
└── setup.py

2 directories, 3 files
```

如果你想添加一个新的子包——例如 templating，就会被迫将其包含在 acme 的源代码树中，如下所示：

```
$ tree acme/
acme/
├── acme
│   ├── __init__.py
│   ├── sql
│   │   └── __init__.py
│   └── templating
│       └── __init__.py
└── setup.py

3 directories, 4 files
```

利用这种方法几乎不可能单独开发 acme.sql 和 acme.templating。setup.py 脚本还必须指定每个子包的所有依赖，所以不可能（至少非常困难）选择性地安装 acme 的部分组件。此外，如果有些子包的需求文件有冲突，那么这是一个无法解决的问题。

利用命名空间包，你可以单独保存每个子包的源代码树，如下所示：

```
$ tree acme.sql/
acme.sql/
├── acme
│   └── sql
│       └── __init__.py
└── setup.py

2 directories, 2 files

$ tree acme.templating/
acme.templating/
```

```
├── acme
│   └── templating
│       └── __init__.py
└── setup.py

2 directories, 2 files
```

你还可以在 PyPI 或者你使用的任何包索引中单独注册它们。用户可以从 acme 命名空间中选择想要安装的子包，但他们永远不用安装通用的 acme 包（它并不存在），代码如下：

```
$ pip install acme.sql acme.templating
```

注意，独立的源代码树不足以在 Python 中创建命名空间包。如果你不想让你的包互相覆盖，那么需要做一点额外的工作。此外，正确的处理方式可能会随着你指定的 Python 语言版本的不同而有所不同。接下来的两节将会详细介绍这方面的详细内容。

5.2.2 PEP 420——隐式命名空间包

如果你只使用 Python 3、也只面向 Python 3 的用户，那么有好消息要告诉你。**PEP 420（隐式命名空间包，Implicit Namespace Packages）** 引入了一种定义命名空间包的新方法。它是标准路径的一部分，并从 3.3 版开始成为语言官方内容的一部分。简而言之，对于每个包含 Python 包或模块（也包括命名空间包）的目录来说，如果它不包含 __init__.py 文件，那么它就被看作是命名空间包。下面是上一节介绍的文件结构示例：

```
$ tree acme.sql/
acme.sql/
├── acme
│   └── sql
│       └── __init__.py
└── setup.py

2 directories, 2 files

$ tree acme.templating/
acme.templating/
├── acme
│   └── templating
│       └── __init__.py
└── setup.py

2 directories, 2 files
```

在 Python 3.3 以及更高版本中，这些足以说明 acme 是一个命名空间包。使用安装工具的最小 setup.py 脚本如下所示：

```
from setuptools import setup


setup(
    name='acme.templating',
    packages=['acme.templating'],
)
```

不幸的是，在写作本书时，setuptools.find_packages()还不支持 PEP 420。不管怎样，这在未来可能会改变。此外，要想实现命名空间包的简单集成，要求显示地定义包列表似乎只是非常小的代价。

5.2.3　以前 Python 版本中的命名空间包

在 3.3 版以前的 Python 版本中，无法使用 PEP 420 布局中的命名空间包。但是这个概念非常古老，也常用于像 Zope 这样的成熟项目，因此完全可以使用它，但是没有隐式定义。在旧版 Python 中，有几种方法可以将包定义为命名空间。

最简单的方法就是为每个组件创建一个文件结构，类似于没有命名空间包的普通包布局，并将所有事情都留给 setuptools。因此，acme.sql 和 acme.templating 的布局示例可能如下所示：

```
$ tree acme.sql/
acme.sql/
├── acme
│   ├── __init__.py
│   └── sql
│       └── __init__.py
└── setup.py

2 directories, 3 files

$ tree acme.templating/
acme.templating/
├── acme
│   ├── __init__.py
│   └── templating
│       └── __init__.py
└── setup.py

2 directories, 3 files
```

注意，acme.sql 和 acme.templating 都有一个额外的源代码文件 acme/__init

__.py。这个文件必须是空的。如果我们提供 acme 作为 setuptools.setup() 函数的 namespace_packages 关键字参数的值，那么将会创建如下的 acme 命名空间包：

```python
from setuptools import setup

setup(
    name='acme.templating',
    packages=['acme.templating'],
    namespace_packages=['acme'],
)
```

最简单的方法不一定是最好的。为了注册一个新的命名空间，setuptools 将会在 __init__.py 文件中调用 pkg_resources.declare_namespace() 函数。即使 __init__.py 文件是空的也会调用。无论如何，正如官方文档所说，你自己负责在 __init__.py 文件中声明命名空间，并且未来可能会删除 setuptools 的这个隐式行为。为了保证安全，也为了未来依然可用（future-proof），你需要将下面这行代码添加到 acme/__init__.py 文件中：

```python
__import__('pkg_resources').declare_namespace(__name__)
```

5.3　上传一个包

对于 Python 包而言，如果没有有组织的保存、上传和下载方式，那么它是没有用的。Python 包索引是 Python 社区开源包的主要来源。任何人都可以免费上传新的包，唯一的要求就是在 PyPI 网站上进行注册。

当然，你不必局限于这个索引，而且所有打包工具都支持使用其他包仓库。对于在内部组织分发或为了开发目的而分发的闭源代码来说，这一点特别有用。下一章将会解释这些打包用法的细节，以及关于如何创建你自己的包索引的说明。本章我们只关注向 PyPI 开源上传，并稍微介绍一下指定其他仓库的方法。

5.3.1　PyPI——Python 包索引

如前所述，PyPI 是开源包发行版的官方来源。从 PyPI 下载不需要任何账号或者权限。你唯一需要的是一个包管理器，可以从 PyPI 下载新的发行版。你的首选应该是 pip。

1．上传到 PyPI 或其他包索引

任何人都可以注册并向 PyPI 上传包，只要他/她有注册账号就行。包与用户绑定，因

此在默认情况下，只有注册了包名称的用户是它的管理员，并且可以上传新的发行版。对于大型项目来说，这可能是一个问题，因此有一个选项可以指定其他用户作为包的维护者，以便他们能够上传新的发行版。

上传一个包的最简单方法就是使用 setup.py 脚本的 upload 命令：

```
$ python setup.py <dist-commands> upload
```

这里的<dist-commands>是创建要上传的发行版的命令列表。只有在相同的 setup.py 执行期间创建的发行版才会被上传到仓库中。因此，如果你想要同时上传源代码发行版、构建发行版和 wheel 包，那么你需要使用下列命令：

```
$ python setup.py sdist bdist bdist_wheel upload
```

使用 setup.py 进行上传时，你不能重复使用已经构建的发行版，每次上传时都必须重新构建。这可能是有意义的，但对于大型项目或复杂项目来说很不方便，对于这些项目来说创建发行版实际上可能需要相当长的时间。setup.py upload 的另一个问题是，在某些 Python 版本中它可以使用纯文本 HTTP 连接或未验证的 HTTPS 连接。这就是为什么推荐使用 twine 作为 setup.py upload 的安全替代。

twine 是与 PyPI 交互的实用程序，它目前只有一个作用——将包安全地上传到仓库中。它支持任何打包格式，并始终确保连接安全。它还允许你上传已经创建的文件，这样你能够在发布之前对发行版进行测试。twine 的一个示例用法仍然需要调用 setup.py 来构建发行版，如下所示：

```
$ python setup.py sdist bdist_wheel
$ twine upload dist/*
```

如果你还没有注册过这个包，那么上传会失败，因为你需要首先注册它。你也可以使用 twine 来完成注册，如下所示：

```
$ twine register dist/*
```

2. .pypirc

.pypirc 是一个配置文件，其中保存有关 Python 包仓库的信息。它应该位于你的主目录中。这个文件的格式如下所示：

```
[distutils]
index-servers =
    pypi
```

```
    other

[pypi]
repository: <repository-url>
username: <username>
password: <password>

[other]
repository: https://example.com/pypi
username: <username>
password: <password>
```

distutils 区段应该包含 index-servers 变量，其中列出描述所有可用仓库及其证书的所有区段。每个仓库区段中只能修改下面这 3 个变量。

- repository：包仓库的 URL（默认是 https://www.python.org/pypi）。
- username：给定仓库中授权的用户名。
- password：明文的授权用户密码。

注意，明文保存你的仓库密码可能不是最明智的安全选择。你可以一直将其空着，必要时再提示你输入。

所有为 Python 构建的打包工具都应该遵守 .pypirc 文件。虽然不是每个打包相关的实用程序都满足这一要求，但大多数重要的实用程序都支持这一点，例如 pip、twine、distutils 和 setuptools。

5.3.2 源代码包与构建包

通常来说，Python 包有两种类型的发行版，如下所示。

- 源代码发行版。
- 构建（二进制）发行版。

源代码发行版是最简单的，也是最不依赖于平台的。对于纯 Python 包，无需动脑选择它就行。这种发行版只包含 Python 源代码，应该已经是高度可移植的。

更复杂的情况是你的包引入了用其他语言（例如 C 语言）编写的一些扩展。如果包用户的环境中有合适的开发工具链的话，那么源代码发行版也是可行的。这主要包括编译器和正确的 C 头文件。对于这种情况，构建发行版的格式可能更适合，因为它可以为特定平台提供已经构建好的扩展。

1. sdist

sdist 命令是最简单的命令。它创建一棵分发树，其中复制了运行一个包所需的全部内容。然后这棵树被归档到一个或多个存档文件中（通常只创建一个 tar 文件）。这个存档基本上是源代码树的副本。

这个命令是从目标系统独立地分发一个包的最简单方法。它将创建一个 dist 文件夹，里面包含可被分发的存档。为了能够使用它，必须向 setup 传递一个额外参数以提供版本号。如果你没有提供 version 值，那它将使用 version = 0.0.0，代码如下：

```
from setuptools import setup

setup(name='acme.sql', version='0.1.1')
```

这个版本号在升级安装时非常有用。每次发布包时，版本号都会增加，这样目标系统就知道它发生了变化。

我们运行带有这个额外参数的 sdist 命令，代码如下：

```
$ python setup.py sdist
running sdist
...
creating dist
tar -cf dist/acme.sql-0.1.1.tar acme.sql-0.1.1
gzip -f9 dist/acme.sql-0.1.1.tar
removing 'acme.sql-0.1.1' (and everything under it)
$ ls dist/
acme.sql-0.1.1.tar.gz
```

> 在 Windows 中，存档是一个 ZIP 文件。

版本被用于标记存档名称，这个存档可以在任何拥有 Python 的系统上分发并安装。在 sdist 发行版中，如果包里面包含 C 库或扩展，那么目标系统将负责编译它们。这在基于 Linux 的系统或 Mac OS 中很常见，因为这些系统通常都会提供编译器，但这在 Windows 下却并不常见。因此，如果一个包打算在多个平台中运行，那么分发时应该总是同时提供预构建的发行版。

2. bdist 和 wheels

为了能够分发预构建的发行版，distutils 提供了 build 命令，可以通过 4 个步骤来编译包。

- build_py：通过字节编译并将其复制到构建文件夹中来构建纯 Python 模块。
- build_clib：如果包中包含任何 C 库，它会利用 C 编译器在构建文件夹中创建一个静态库来构建 C 库。

- build_ext：构建 C 扩展，并像 build_clib 一样将结果放在构建文件夹中。
- build_scripts：构建被标记为脚本的模块。如果第一行被设置为!#的话，它还会修改解释器路径并修改文件模式使其变为可执行文件。

上面每个步骤都是可以被单独调用的命令。编译过程的结果是一个构建文件夹，里面包含要安装的包所需要的全部内容。distutils 包中还没有提供交叉编译器的选项。也就是说，这些命令的结果总是针对构建时所使用的操作系统。

如果必须创建一些 C 扩展，构建过程将使用系统编译器和 Python 头文件（Python.h）。Python 从源代码构建完成之后这个**包含**（include）文件就是可用的了。对于打包的发行版，可能需要针对系统发行版的额外包。至少在流行的 Linux 发行版中，它通常被命名为 python-dev。它包含构建 Python 扩展所有必要的头文件。

所使用的 C 编译器是系统编译器。对于基于 Linux 的系统或 Mac OS X 而言，它分别是 **gcc** 或 **clang**。对于 Windows 而言，可以使用 Microsoft Visual C++（有免费可用的命令行版本），也可以使用开源项目 MinGW。你可以在 distutils 中进行相应的配置。

bdist 命令使用 build 命令来构建二进制发行版。它调用 build 和所有依赖的命令，然后用和 sdist 相同的方式创建一份存档。

我们在 Mac OS X 系统中为 acme.sql 创建一个二进制发行版，如下所示：

```
$ python setup.py bdist
running bdist
running bdist_dumb
running build
...
running install_scripts
tar -cf dist/acme.sql-0.1.1.macosx-10.3-fat.tar .
gzip -f9 acme.sql-0.1.1.macosx-10.3-fat.tar
removing 'build/bdist.macosx-10.3-fat/dumb' (and everything under it)
$ ls dist/
acme.sql-0.1.1.macosx-10.3-fat.tar.gz    acme.sql-0.1.1.tar.gz
```

注意，新创建的存档名称中包含系统名称及其发行版本（Mac OS X 10.3）。

在 Windows 中调用相同的命令，将会创建一个特定的发行版存档，如下所示：

```
C:\acme.sql> python.exe setup.py bdist
...
C:\acme.sql> dir dist
25/02/2008  08:18    <DIR>          .
25/02/2008  08:18    <DIR>          ..
25/02/2008  08:24             16 055 acme.sql-0.1.win32.zip
               1 File(s)         16 055 bytes
               2 Dir(s)  22 239 752 192 bytes free
```

　　如果一个包里包含 C 代码，那么除了源代码发行版之外，发布尽可能多的不同的二进制发行版也很重要。至少，对于那些没有安装 C 编译器的人来说，一个 Windows 二进制发行版是很重要的。

　　二进制版本中包含一棵可以直接复制到 Python 树中的树。它主要包含一个文件夹，将被复制到 Python 的 site-packages 文件夹中。它还可能包含缓存字节码文件（在 Python 2 中是 *.pyc 文件，在 Python 3 中是 __pycache__/*.pyc）。

　　另一种构建发行版是 wheel 包提供的“wheel”。安装完 wheel 后（例如使用 pip），它会向 distutils 中添加一个新的 bdist_wheel 命令。它允许创建特定平台的发行版（目前仅适用于 Windows 和 Mac OS X），作为普通 bdist 发行版的替代。设计它是为了替代早先 setuptools 引入的另一种发行版——egg。egg 现在已经过时了，所以这里不会介绍它。使用 wheel 的优点相当多。在 Python Wheels 页面（http://pythonwheels.com/）中提到的优点如下所示。

- 更快速地安装纯 Python 包和本地 C 扩展包。
- 避免安装任意代码执行（避免 setup.py）。
- 安装 C 扩展不需要 Windows 或 OS X 上的编译器。
- 允许更好的缓存，用于测试和持续集成。
- 创建 .pyc 文件作为安装的一部分，以确保它们匹配所使用的 Python 解释器。
- 在跨平台和跨机器上更一致的安装。

　　根据 PyPA 的推荐，wheel 应该是你的默认分发格式。不幸的是，Linux 平台特定的 wheel 还不可用，因此如果你必须分发带有 C 扩展的包，那么你需要为 Linux 用户创建 sdist 发行版。

5.4　独立可执行文件

　　在介绍 Python 代码打包的材料中，创建独立可执行文件是经常被忽略的一个主题。这主要是因为 Python 标准库中缺少合适的工具能够让程序员创建简单的可执行文件，用户不需要安装 Python 解释器就可以运行这些可执行文件。

　　与 Python 相比，编译语言有一个很大的优点，就是它允许为给定的系统架构创建可执行的应用程序，用户不需要知道底层技术就可以运行。Python 代码作为一个包分发时，需要有 Python 解释器才能运行。这对于没有足够技术水平的用户来说造成了很大不便。

　　对开发者友好的操作系统（例如 Mac OS X 或大多数 Linux 发行版）都预装了 Python。因此对于它们的用户来说，基于 Python 的应用仍然可以作为源代码包分发，依赖于主脚本文件中特定的**解释器指令**（interpreter directive），这一指令通常被称为 **shebang**。对于大多数 Python 应用而言，其格式如下所示：

```
#!/usr/bin/env python
```

这种指令放在脚本的第一行，会将其标记为默认由指定环境的 Python 版本进行解释。当然，它也可以采用更详细的形式，其中包括特定的 Python 版本，例如 `python 3.4`、`python 3` 或 `python 2`。注意，这适用于大多数 POSIX 系统，但从定义来看并不是可移植的。这种解决方案依赖于特定 Python 版本的存在，也依赖于 `/usr/bin/env` 的 env 可执行文件的可用性。在某些操作系统中，这两个假设可能都无法满足。此外，shebang 在 Windows 上也无法使用。另外，即使是有经验的开发人员，Windows 中 Python 环境的引导也是一项挑战，所以你不能期望非技术用户能够自己完成。

另一件需要考虑的事情是桌面环境中简单的用户体验。用户通常期望，只通过单击就可以从桌面运行应用程序。并不是所有桌面环境都支持将 Python 应用作为源代码分发。

因此，我们最好能够创建一个二进制发行版，其使用方法与其他任何编译的可执行文件相同。幸运的是，可以创建一个可执行文件，里面同时嵌入了 Python 解释器和我们的项目。这样用户无需考虑 Python 或其他依赖就可以打开我们的应用。

5.4.1　独立可执行文件何时有用

如果用户体验的简单性比用户与应用代码交互的能力更加重要，那么独立可执行文件非常有用。注意，将应用作为可执行文件分发，只会使代码读取或修改更加困难——但不是不可能。这不是保护应用代码的方法，而是应该作为使应用交互更加简单的方法。

独立可执行文件应该是对非技术最终用户分发应用的首选方式，也可能是分发 Windows 上的 Python 应用的唯一合理方式。

独立可执行文件通常适用于以下情形。

- 依赖于特定 Python 版本的应用，该版本在目标操作系统是可能不容易找到。
- 依赖于修改过的预编译 CPython 源代码的应用。
- 带有图形界面的应用。
- 具有许多用不同语言编写的二进制扩展的应用。
- 游戏。

5.4.2　常用工具

Python 没有任何内置库支持构建独立可执行文件。幸运的是，一些社区项目解决了这一问题，并取得了不同程度的成功。其中最有名的 4 个是：

- PyInstaller；

- cx_Freeze;
- py2exe;
- py2app。

它们中的每一个在使用上都略有不同，每一个也都受到稍微不同的限制。在选择工具之前，你需要确定面向哪些平台，因为每种打包工具仅支持特定的一些操作系统。

最好的情况是，在项目周期的最开始做出这样的决定。当然，所有这些工具都不需要在代码中进行深入的交互，但如果你早期就开始构建独立包，那么你可以将整个过程自动化，并节省未来的集成时间与成本。如果你将这件事放到以后，你可能会发现自己处于这样的境地：项目构建得过于复杂，以致于所有可用的工具都无法使用。为这样的项目提供独立可执行文件是有问题的，而且需要大量的时间。

1. PyInstaller

到目前为止，PyInstaller（http://www.pyinstaller.org/）是将 Python 包冻结为独立可执行文件的最先进的程序。它在目前每种可用的解决方案中提供最广泛的多平台兼容性，所以它也是最受推荐的方法。PyInstaller 支持的平台包括：

- Windows（32 位和 64 位）；
- Linux（32 位和 64 位）；
- Mac OS X（32 位和 64 位）；
- FreeBSD、Solaris 和 AIX。

支持的 Python 版本包括 Python 2.7 与 Python 3.3、3.4 和 3.5。它可以在 PyPI 上找到，所以可以利用 pip 在工作环境中安装它。如果你用这种安装方法时遇到问题，你可以随时从项目主页上下载安装程序。

不幸的是，它不支持跨平台构建（交叉编译），因此如果你想要为某个特定平台构建独立可执行文件，那么你需要在那个平台上执行构建。随着许多虚拟化工具的出现，这在今天并不是一个大问题。如果你的计算机上没有安装某个特定的系统，你可是随时使用Vagrant，它会为你提供所需要的操作系统作为虚拟机。

简单应用的用法很简单。假设我们的应用包含在名为 myscript.py 的脚本中。这是一个简单的"Hello world!"应用。我们想要为 Windows 用户创建一个独立可执行文件，我们的源代码位于文件系统的 D://dev/app 目录下。利用下面这个简短的命令可以将我们的应用打包：

```
$ pyinstaller myscript.py

2121 INFO: PyInstaller: 3.1
2121 INFO: Python: 2.7.10
2121 INFO: Platform: Windows-7-6.1.7601-SP1
```

```
2121 INFO: wrote D:\dev\app\myscript.spec
2137 INFO: UPX is not available.
2138 INFO: Extending PYTHONPATH with paths
['D:\\dev\\app', 'D:\\dev\\app']
2138 INFO: checking Analysis
2138 INFO: Building Analysis because out00-Analysis.toc is non
existent
2138 INFO: Initializing module dependency graph...
2154 INFO: Initializing module graph hooks...
2325 INFO: running Analysis out00-Analysis.toc
(...)
25884 INFO: Updating resource type 24 name 2 language 1033
```

即使是简单的应用，PyInstaller 的标准输出也相当长，所以为了简洁起见，上一个例子只截取了一部分。如果在 Windows 上运行，生成的目录和文件结构如下所示：

```
$ tree /0066
|   myscript.py
|   myscript.spec
|
├──build
|   └──myscript
|          myscript.exe
|          myscript.exe.manifest
|          out00-Analysis.toc
|          out00-COLLECT.toc
|          out00-EXE.toc
|          out00-PKG.pkg
|          out00-PKG.toc
|          out00-PYZ.pyz
|          out00-PYZ.toc
|          warnmyscript.txt
|
└──dist
    └──myscript
           bz2.pyd
           Microsoft.VC90.CRT.manifest
           msvcm90.dll
           msvcp90.dll
           msvcr90.dll
           myscript.exe
           myscript.exe.manifest
           python27.dll
           select.pyd
           unicodedata.pyd
           _hashlib.pyd
```

dist/myscript 目录包含构建应用，现在可以分发给用户。注意，必须分发整个目录。它包含运行应用所需的所有附加文件（DLL、编译扩展库等）。利用 pyinstaller 命令的--onefile 开关可以得到更紧凑的发行版，如下所示：

```
$ pyinstaller --onefile myscript.py
(...)
$ tree /f
├──build
│   └──myscript
│         myscript.exe.manifest
│         out00-Analysis.toc
│         out00-EXE.toc
│         out00-PKG.pkg
│         out00-PKG.toc
│         out00-PYZ.pyz
│         out00-PYZ.toc
│         warnmyscript.txt
│
└──dist
        myscript.exe
```

如果使用--onefile 选项进行构建，你唯一需要向用户分发的文件就是 dist 目录中找到的单一可执行文件（这里是 myscript.exe）。对于小型应用来说，这可能是首选选项。

运行 pyinstaller 命令的一个副作用是创建了*.spec 文件。这是一个自动生成的 Python 模块，其中包含如何从源代码创建可执行文件的说明。例如，我们已经在下面的代码中使用了这个：

```python
# -*- mode: python -*-

block_cipher = None


a = Analysis(['myscript.py'],
             pathex=['D:\\dev\\app'],
             binaries=None,
             datas=None,
             hiddenimports=[],
             hookspath=[],
             runtime_hooks=[],
             excludes=[],
             win_no_prefer_redirects=False,
```

```
                        win_private_assemblies=False,
                        cipher=block_cipher)
    pyz = PYZ(a.pure, a.zipped_data,
                        cipher=block_cipher)
    exe = EXE(pyz,
                a.scripts,
                a.binaries,
                a.zipfiles,
                a.datas,
                name='myscript',
                debug=False,
                strip=False,
                upx=True,
                console=True )
```

这个 .spec 文件包含前面说过的所有 pyinstaller 参数。如果你对构建执行了大量自定义，那么这一点是非常有用的，因为它可以用来替代保存配置的构建脚本。一旦创建完成后，你可以用它而不是 Python 脚本作为 pyinstaller 命令的参数，如下所示：

$ pyinstaller.exe myscript.spec

注意，这是一个真正的 Python 模块，因此你可将其扩展，并利用你已经熟悉的语言对构建过程执行更复杂的自定义。如果你面向许多不同的平台，那么自定义 .spec 文件特别有用。此外，不是所有的 pyinstaller 选项都可以通过命令行参数使用，只有在修改 .spec 文件时可以使用。

PyInstaller 是一个扩展工具，它对于绝大多数程序的用法都非常简单。无论如何，如果你有兴趣用它作为分发应用的工具，那么推荐你深入阅读它的文档。

2. cx_Freeze

cx_Freeze（http://cx-freeze.sourceforge.net/）是另一种用于创建独立可执行文件的工具。它是一种比 PyInstaller 更加简单的解决方案，但也支持 3 个主要平台：

- Windows；
- Linux；
- Mac OS X。

与 PyInstaller 一样，它不允许我们执行跨平台构建，因此你需要在想要分发的同一个操作系统中创建可执行文件。cx_Freeze 的主要缺点是它不允许我们创建真正的单文件可执行文件。用它构建的应用都需要与相关的 DLL 文件和库一起分发。假如我们想要创建与 PyInstaller 一节介绍过的相同的应用，示例用法也非常简单，如下所示：

```
$ cxfreeze myscript.py

copying C:\Python27\lib\site-packages\cx_Freeze\bases\Console.exe ->
D:\dev\app\dist\myscript.exe
copying C:\Windows\system32\python27.dll ->
D:\dev\app\dist\python27.dll
writing zip file D:\dev\app\dist\myscript.exe
(...)
copying C:\Python27\DLLs\bz2.pyd -> D:\dev\app\dist\bz2.pyd
copying C:\Python27\DLLs\unicodedata.pyd ->
D:\dev\app\dist\unicodedata.pyd
```

生成的文件结构如下所示：

```
$ tree /f
|   myscript.py
|
└───dist
        bz2.pyd
        myscript.exe
        python27.dll
        unicodedata.pyd
```

　　cx_Freeze 扩展了 distutils 包，而不是为构建规范提供自己的格式（像 PyInstaller 那样）。也就是说，你可以使用熟悉的 setup.py 脚本来配置如何构建独立可执行文件。如果你已经使用 setuptools 或 distutils 来分发包的话，那么使用 cx_Freeze 非常方便，因为额外的集成只需要对 setup.py 脚本进行很小的修改。下面是这种 setup.py 脚本的一个示例，利用 cx_Freeze.setup() 在 Windows 上创建独立可执行文件，如下所示：

```python
import sys
from cx_Freeze import setup, Executable

# 自动检测依赖。但可能需要微调。
build_exe_options = {"packages": ["os"], "excludes": ["tkinter"]}

setup(
    name="myscript",
    version="0.0.1",
    description="My Hello World application!",
    options={
        "build_exe": build_exe_options
    },
    executables=[Executable("myscript.py")]
)
```

利用这样一个文件，可以向 setup.py 脚本添加新的 build_exe 命令来创建新的可执行文件：

```
$ python setup.py build_exe
```

cx_Freeze 的用法似乎比 PyInstaller 更简单一些，而且 distutils 集成是一个非常有用的功能。不幸的是，这个项目可能会给没有经验的开发者带来一些麻烦。

- 在 Windows 中利用 pip 安装可能会有问题。
- 官方文档非常简短，有些地方还是缺失的。

3. py2exe 和 py2app

py2exe（http://www.py2exe.org/）和 py2app（https://pythonhosted.org/py2app/）是另外两种用于创建独立可执行文件的程序，通过 distutils 或 setuptools 与 Python 打包进行集成。这里将它们二者放在一起，是因为它们的用法和限制都非常相似。py2exe 和 py2app 的主要缺点是它们只面向一种平台。

- py2exe 允许构建 Windows 可执行文件。
- py2app 允许构建 Mac OS X 应用。

由于用法非常相似，并且只需要修改 setup.py 脚本，这两个包似乎是互补的。py2app 项目的文档中给出了 setup.py 脚本的以下示例，可以根据所使用的平台选择正确的工具（py2exe 或 py2app）来构建独立可执行文件，如下所示：

```
import sys
from setuptools import setup

mainscript = 'MyApplication.py'

if sys.platform == 'darwin':
    extra_options = dict(
        setup_requires=['py2app'],
        app=[mainscript],
        # Cross-platform applications generally expect sys.argv to
        # be used for opening files.
        options=dict(py2app=dict(argv_emulation=True)),
    )
elif sys.platform == 'win32':
    extra_options = dict(
        setup_requires=['py2exe'],
        app=[mainscript],
```

```
    )
    else:
        extra_options = dict(
            # Normally unix-like platforms will use "setup.py install"
            # and install the main script as such
            scripts=[mainscript],
        )

    setup(
        name="MyApplication",
        **extra_options
    )
```

有了这样的脚本，你可以利用 python setup.py py2exe 命令构建 Windows 可执行文件，也可以利用 python setup.py py2app 构建 Mac OS X 应用。交叉编译当然是不可能的。

尽管有一些限制，并且灵活性不如 PyInstaller 或 cx_Freeze，但最好知道 py2exe 和 py2app 项目的存在。在某些情况下，PyInstaller 或 cx_Freeze 可能无法正确构建项目的可执行文件。在这种情况下，检查其他解决方案能否处理我们的代码总是值得的。

5.4.3 可执行包中 Python 代码的安全性

独立可执行文件决不会让应用代码变得安全，知道这一点是很重要的。从这样的可执行文件中反编译嵌入代码并不是一件容易的任务，但它的确是可行的。更重要的是，这种反编译的结果（如果使用适当的工具）可能与原始源代码非常相似。

由于这一事实，对于泄露应用代码会对组织带来危害的闭源项目来说，独立 Python 可执行文件并不是一个可行的解决方案。因此，如果仅复制应用的源代码就可以复制你的整个业务，那么你应该考虑其他方法来分发应用。提供软件作为服务可能是更好的选择。

使反编译更难

如前所述，没有可靠的方法能够保护应用不被目前可用的工具反编译。不过仍有一些方法可以使这个过程变得更加困难。但更加困难并不意味着可能性更小。对于我们中的一些人来说，最吸引人的挑战正是最难的那些。并且我们都知道，这项挑战的最终奖励是非常大的：就是你设法保护的代码。

通常来说，反编译过程包括以下几个步骤，如下所示。

• 从独立可执行文件中提取项目字节码的二进制表示。

• 将二进制表示映射到特定 Python 版本的字节码。

- 将字节码转换成 AST。
- 从 AST 直接重新创建源代码。

想要阻止开发者对独立可执行文件进行这种逆向工程，提供精确的解决方案毫无意义，原因显而易见。所以我们只给出一些想法，可以阻止反编译过程或者使其结果变得没有价值。

- 运行时删除所有可用的代码元数据（文档字符串），从而稍微降低最终结果的可读性。
- 修改 CPython 解释器使用的字节码，这样从二进制转换成字节码、随后再转换成 AST 需要花费更多精力。
- 用复杂的方式修改 CPython 源代码版本，这样即使得到了应用的反编译源代码，没有对修改过的 CPython 库反编译也是没有用的。
- 在将源代码打包成可执行文件之前对源代码使用混淆脚本，这将会使反编译后的源代码变得没有价值。

这些解决方案都会使开发过程变得更加困难。上面的某些想法还需要对 Python 运行有非常深入的理解，但每一个想法都有许多陷阱和缺点。大多数情况下，它们只是将不可避免的结果推迟了而已。一旦你的把戏被识破了，你所有额外的努力都将变成时间和资源的浪费。

要想不让闭源代码泄露到应用之外，唯一可靠的方法是就是不以任何形式将其直接发送给用户。只有你的组织其他方面的安全性都做得很好时，这种方法才有效。

5.5 小结

本章描述了 Python 打包生态系统的细节。现在，读完本章之后，你应该知道哪些工具适合你的打包需求，也知道你的项目需要哪种类型的发行版。你还应该知道解决常见问题的常用技术，以及如何为项目提供有用的元数据。

我们还讨论了独立可执行文件的话题，它非常有用，特别是在分发桌面应用时。

下一章将大量依赖于我们本章所学的内容，来展示如何用可靠的自动化方法有效地处理代码部署。

第 6 章
部署代码

即使是完美的代码（如果存在的话），如果它没有运行也是没有用的。所以为了实现某个目的，我们需要在目标机器（计算机）上安装我们的代码并执行。使特定版本的应用或服务对最终用户可用的过程叫作部署（deployment）。

对于桌面应用而言，这似乎很简单——提供一个可下载的软件包即可，必要时提供可选的安装器。用户负责下载并在环境中安装。你的责任是使这个过程尽可能简单方便。正确的打包仍然不是一项简单的任务，但上一章已经介绍过一些工具。

令人惊讶的是，如果你的代码本身不是一个产品，那么事情会变得更加复杂。如果你的应用仅提供向用户销售的服务，那么你有责任在自己的基础设施上运行它。这个场景对于 web 应用或任何"X 即服务"的产品来说是非常典型的。在这种情况下，代码被部署到远程机器上，开发人员通常几乎无法实体访问这些机器。如果你已经是云计算服务（例如亚马逊网络服务（AWS 或 Heroku）的用户的话），则更是如此。

本章我们重点关注将代码部署到远程主机方面的内容，因为 Python 在构建各种与 Web 相关的服务和产品的领域非常流行。虽然这门语言具有很高的可移植性，但却无法保证代码能够轻松部署。最重要的是应用的构建方式，以及将其部署到目标环境中所使用的流程。因此本章将重点讨论以下主题：

- 将代码部署到远程环境的主要挑战是什么？
- 在 Python 中如何构建易于部署的应用？
- 如何在不停机的情况下重新加载 Web 服务？
- 在代码部署中如何利用 Python 打包生态系统？
- 如何正确地监视并检测远程运行的代码？

6.1 十二要素应用

无痛部署的主要要求是确保构建应用的过程尽可能简单和流畅。这主要是清除障碍并鼓励成熟的做法。在有些组织中，只有特定的人负责开发（开发团队，Dev），而不同的人负责部署和维护执行环境（运营团队，Ops），那么遵守这些常见做法就特别重要。

与服务器维护、监控、部署、配置等相关的所有任务都统称为运营（operations）。即使在某些组织中没有单独的运营团队，通常也只有一部分开发人员被授权执行部署任务并维护远程服务器。这一职位的通用名称是 DevOps。此外，开发团队的每名成员都负责运营也很常见，所以在这样的团队中每个人都被称为 DevOps。不管怎样，无论你的组织结构是什么样的，无论每名开发人员的职责是什么，每个人都应该知道如何运营以及如何将代码部署到远程服务器，这是因为最终看来，执行环境及其配置都是你正在构建的产品的隐藏部分。

接下来介绍的这些常见做法和约定非常重要，其主要原因如下。

- 在每家公司都有人离职并有新人加入。利用最佳方法，新的团队成员更容易上手项目。你永远不能保证新员工已经熟悉系统配置和可靠地运行应用的常见做法，但至少可以让他们更快速地适应。
- 如果组织中只有一部分人负责部署，那么这些做法可以减少运营团队和开发团队之间的摩擦。

鼓励构建易于部署的应用的这种做法有一个非常好的来源，就是叫作**十二要素应用**（Twelve-Factor App）的宣言。它是构建"软件即服务"应用的一种通用的与语言无关的方法论。其目的之一就是让应用部署更加简单，但它同时也强调其他主题，例如可维护性和让应用更容易扩展。

从名字中可以看出，十二要素应用包含 12 条规则。

- **代码库**（codebase）：版本控制追踪一份代码库，多份部署。
- **依赖**（dependencies）：显式声明和隔离依赖关系。
- **配置**（config）：在环境中存储配置。
- **后端服务**（backing services）：将后端服务作为附加资源。
- **构建、发布、运行**（build、release、run）：严格分离构建和运行阶段。
- **进程**（processes）：以一个或多个无状态进程运行应用。
- **端口绑定**（port binding）：通过端口绑定提供服务。
- **并发**（concurrency）：通过进程模型进行扩展。
- **易处理**（disposability）：快速启动和优雅终止可最大化鲁棒性。
- **开发环境与生产环境等价**（dev/prod parity）：尽可能的保持开发、预发布和生产环境相同。
- **日志**（logs）：把日志当作事件流。

- **管理进程**（admin processes）：将后台管理任务当作一次性进程运行。

在这里将每一条规则详细展开似乎没什么意义，因为十二要素应用方法论的官方页面（https://12factor.net/）对每个应用要素都包含大量解释，还有不同框架和环境的工具示例。

本章尽量与上述宣言保持一致，必要时我们将会详细讨论其中某些要素。本章给出的技术和示例有时可能与这 12 个要素略有不同，但请记住，这些规则并不是一成不变的（carved in stone）。只要能够实现目的，那么它们就是好的。最后，重要的是工作应用（产品）而不是与某种任意的方法论兼容。

6.2　用 Fabric 进行自动化部署

对于非常小的项目，"手动"部署代码是可行的，就是通过远程 shell 手动输入安装新版代码所必需的一系列命令，并在远程 shell 中执行。不管怎样，即使是中等大小的项目，这种方法也是容易出错的、乏味的，并且会浪费你最珍贵的资源——你自己的时间。

解决方案就是自动化。简单的经验法则就是，如果你需要手动执行相同的任务至少两次，那么你应该将它自动化，这样你就不用再做第三次了。有各种工具可以让你将各种事情自动化。

- 远程执行工具（例如 Fabric），用来按需求自动执行多台远程主机上的代码。
- 配置管理工具（例如 Chef、Puppet、CFEngine、Salt 和 Ansible），用来对远程主机（执行环境）进行自动化配置。它们可用于设置后端服务（数据库、缓存等）、系统权限、用户等等。大多数这种工具还可以当作像 Fabric 一样的远程执行工具，但根据架构不同，其难易程度也不同。

配置管理解决方案是一个复杂的话题，值得单独用一本书介绍。事实上，最简单的远程执行框架的门槛最低，它也是最常见的选择，至少对小型项目来说是这样。实际上，每种提供了声明式指定机器配置方法的配置管理工具都在深层某处实现了远程执行层。

此外，由于一些工具的设计，它可能并不是最适合实际的自动化代码部署。一个这样的例子是 Puppet，它阻止显式地运行任何 shell 命令。这就是许多人选择使用两种解决方案来互相补充的原因：配置管理工具用于设置系统级的环境，按需的远程执行工具用于应用部署。

迄今为止，Fabric（http://www.fabfile.org/）是 Python 开发者用于自动化远程执行的最常用的解决方案。它是一个 Python 库，也是一个命令行工具，用来提高使用 SSH 进行应用部署或系统管理的效率。我们将重点介绍它，因为它相对容易上手。注意，它对于你的问题可能并不是最佳解决方案，这取决于你的需求。不管怎样，如果你还没有任何自动化的实用程序，它是能够在运营中实现自动化的很好的实用程序例子。

> **Fabric 与 Python 3**
>
> 本书鼓励你只用 Python 3 进行开发（如果可能的话），同时给出有关旧版语法特性和兼容性注意事项的说明，只是为了使最终的版本切换更加容易。不幸的是，在写作本书时，Fabric 仍然没有正式移植到 Python 3。这个工具的粉丝至少在几年前就被告知，Fabric 2 正在持续开发以引入兼容性更新。据说是添加许多新功能的完全重写，但 Fabric 2 没有官方的开放仓库，几乎没有人见过其代码。在 Fabric 项目的当前开发分支中，其核心开发人员不接受任何与 Python 3 兼容有关的合并请求（pull request），并关闭所有相关的功能请求。对流行开源项目的这种开发方法是最令人不安的。基于这个问题的历史，我们不太可能很快看到 Fabric 2 的官方发布。新的 Fabric 版本的这种秘密开发引发了许多问题。不考虑其他人的观点，这一事实并没有降低 Fabric 当前状态的有用性。因此，如果你已经决定坚持使用 Python 3，那么有两个选择：使用完全兼容和独立的派生（https://github.com/mathiasertl/fabric/），或者用 Python 3 编写应用并且用 Python 2 维护 Fabric 脚本。最好的方法是在单独的代码库中这么做。

你当然可以只用 Bash 脚本将所有工作自动化，但这是非常乏味的，而且容易出错。Python 有更方便的字符串处理方法，并鼓励代码模块化。事实上，Fabric 只是利用 SSH 将命令执行连在一起的工具，所以你仍然需要知道命令行界面及其实用程序在你的环境中的工作方式。

要开始使用 Fabric，你需要安装 `fabric` 包（使用 `pip`），并创建一个名为 `fabfile.py` 的脚本，它通常位于项目根目录中。注意，`fabfile` 可以被看作是项目配置的一部分。因此，如果你想严格遵守十二要素应用的方法论，那么你不应该在所部署应用的源代码树中维护其代码。事实上，复杂的项目通常是从作为独立代码库维护的各种组件中构建的，因此这也是最好所有项目组件配置和 Fabric 脚本有一个单独的仓库的另一个原因。这使得不同服务的部署更加一致，也鼓励重复使用优秀的代码。

一个定义了简单部署过程的 `fabfile` 示例如下所示：

```
# -*- coding: utf-8 -*-
import os
```

```
from fabric.api import *  # noqa
from fabric.contrib.files import exists


# 假设我们用'devpi'项目创建了一个私有包仓库
PYPI_URL = 'http://devpi.webxample.example.com'

# 这是用于保存已安装版本的任意位置。
# 每个版本都是单独的虚拟环境目录，以项目版本命名。
# 还有一个指向最近部署版本的符号链接'current'。
# 这个符号链接是用于配置进程管理工具的实际路径。例如:
#.
# ├── 0.0.1
# ├── 0.0.2
# ├── 0.0.3
# ├── 0.1.0
# └── current -> 0.1.0/

REMOTE_PROJECT_LOCATION = "/var/projects/webxample"

env.project_location = REMOTE_PROJECT_LOCATION

# roledefs 映射环境类型（预发布环境/生产环境）
env.roledefs = {
    'staging': [
        'staging.webxample.example.com',
    ],
    'production': [
        'prod1.webxample.example.com',
        'prod2.webxample.example.com',
    ],
}


def prepare_release():
    """ 通过创建源代码发行版并将其上传至私有包仓库来准备新版本。
    """
    local('python setup.py build sdist upload -r {}'.format(
        PYPI_URL
    ))


def get_version():
    """ 从 setuptools 获取当前项目版本。"""
    return local(
```

```python
        'python setup.py --version', capture=True
    ).stdout.strip()


def switch_versions(version):
    """通过原子级地（atomically）替换符号链接来切换版本。"""
    new_version_path = os.path.join(REMOTE_PROJECT_LOCATION,
    version)
    temporary = os.path.join(REMOTE_PROJECT_LOCATION, 'next')
    desired = os.path.join(REMOTE_PROJECT_LOCATION, 'current')

    # 强制使用符号链接 (-f)，因为可能已经有一个了
    run(
        "ln -fsT {target} {symlink}"
        "".format(target=new_version_path, symlink=temporary)
    )
    # mv -T 确保该操作的原子性（atomicity）
    run("mv -Tf {source} {destination}"
        "".format(source=temporary, destination=desired))


@task
def uptime():
    """
    在远程主机上运行 uptime 命令—用于测试连接。
    """
    run("uptime")
@task
def deploy():
    """利用打包来部署应用。"""
    version = get_version()
    pip_path = os.path.join(
        REMOTE_PROJECT_LOCATION, version, 'bin', 'pip'
    )

    prepare_release()

    if not exists(REMOTE_PROJECT_LOCATION):
        # 在新主机上的初次部署，它可能不存在
        run("mkdir -p {}".format(REMOTE_PROJECT_LOCATION))

    with cd(REMOTE_PROJECT_LOCATION):
        # 使用 venv 创建新的虚拟环境
        run('python3 -m venv {}'.format(version))
```

```
run("{} install webxample=={} --index-url {}".format(
    pip_path, version, PYPI_URL
))
```

```
switch_versions(version)
# 假设 Circus 是我们选择的进程管理工具。
run('circusctl restart webxample')
```

每个用 @task 装饰的函数都被看作与 fabric 包一起提供的 fab 实用程序的可用子命令。你可以使用-l 或--list 开关列出所有可用的子命令，代码如下：

```
$ fab --list
Available commands:

    deploy  Deploy application with packaging in mind
    uptime  Run uptime command on remote host - for testing connection.
```

现在你只有一个 shell 命令就可以将应用部署到给定的环境类型中：

```
$ fab -R production deploy
```

注意，前面的 fabfile 只是为了便于说明。在你自己的代码中，你可能要提供大量的故障处理，并尽量无需重启 web worker 进程就可以重新加载应用。此外，这里介绍的某些技术可能现在看起来显而易见，但本章后面将对其详细解释。这些技术包括：

- 使用私有包仓库来部署应用。
- 使用 Circus 在远程主机上进行进程管理。

6.3 你自己的包索引或索引镜像

你可能会想要运行你自己的 Python 包索引，主要有以下 3 个原因。

- 官方的 Python 包索引没有任何可用性保证。它由 Python 软件基金会运行，这要感谢大量的捐款。因此，它往往意味着网站可能会倒闭。你不希望由于 PyPI 的故障而中途停止部署或打包过程。
- 即使是不会公开发布的闭源代码，将 Python 编写的可复用组件正确打包也很有用。它简化了代码库，因为公司内用于不同项目的包不需要供应（vendored）。你可以从仓库直接安装这些包。这简化了对这些共享代码的维护，如果许多团队在不同项目上工作，这还可能会降低整个公司的开发成本。
- 使用 setuptools 将整个项目打包是非常好的做法。然后，新应用版本的部署非常简单，只需运行 `pip install --update my-application`。

代码供应

代码供应（code vendoring）是将外部包的源代码包含在其他项目的源代码（仓库）中的一种做法。如果项目代码依赖于某个外部包的特定版本，且其他包可能也需要这个外部包（但是完全不同的版本），那么通常会采用这种做法。例如，流行的 requests 包在源代码树中包含了（vendor）某个版本的 urllib3，因为它与这个库紧密耦合，并且很可能和其他版本的 urllib3 不兼容。特别经常被包含在其他模块中的一个模块的例子是 six。它可以在许多流行项目的源代码中找到，例如 Django（django.utils.six）、Boto（boto.vendored.six）或 Matplotlib（matplotlib.externals.six）。虽然一些成功的大型开源项目甚至也在使用代码供应，但如果可能的话应避免使用。这只在某些情况下可以正当使用，不应该被用于替代包依赖管理。

这里 Boto 中间的单词应该是 vendored 而不是 vedored，详见 https://github.com/boto/boto/blob/develop/boto/vendored/six.py。

——译者

6.3.1 PyPI 镜像

如果允许安装工具从 PyPI 的一个镜像下载包，那么就可以缓解 PyPI 故障带来的问题。事实上，官方的 Python 包索引已经通过**内容分发网络**（**Content Delivery Network，CDN**）提供服务，因此它是自带镜像的。但这无法改变下列事实：似乎不时会有一些糟糕的日子，下载一个包的任何尝试都会失败。对于这种情况，使用非官方的镜像也不是解决办法，因为可能会引起一些安全问题。

最好的解决方案是使用你自己的 PyPI 镜像，里面包含所有你需要的包。只有你会使用这个镜像，才更容易确保其可用性。另一个优点是，每当这项服务停机时，你不需要依靠其他人来启动它。由 PyPA 维护并推荐的镜像工具是 **bandersnatch**。它允许你制作 Python 包索引全部内容的镜像，你可以在 .pypirc 文件中 repository 区段的 `index-url` 选项中进行设置（正如上一章所述）。这个镜像不接受上传，并且没有 PyPI 的 web 部分。无论怎样一定要小心！完整的镜像可能需要数百 GB 的存储，其大小将随着时间的推移而持续增长。

但如果我们有更好的选择，为什么要止步于简单的镜像呢？你几乎不可能需要整个包索引的镜像。即使对于一个有上百个依赖的项目，也只是所有可用包的一小部分。此外，无法上传自己的私有包，也是这种简单镜像的一大限制。使用 bandersnatch 的代价这么大，而附加的价值似乎却非常小。而且对大多数情况来说都是这样。如果只需要为几个项目中的一个维护包镜像，那么更好的方法是使用 **devpi**。它是与 PyPI 兼容的包索引实现，可以提供：

- 上传非公开包的私有索引；
- 索引镜像。

与 bandersnatch 相比，devpi 的主要优点在于它处理镜像的方式。它当然可以对其他索引制作一般完整的镜像，就像 bandersnatch 所做的那样，但这并不是它的默认做法。它维护客户端已经请求的包组成的镜像，而不是对整个仓库进行代价高昂的备份。因此，每当安装工具（pip、setuptools 和 easyinstall）请求一个包时，如果它不在本地镜像中，那么 devpi 服务器将会尝试从镜像索引（通常是 PyPI）中下载并提供。一旦包下载完成之后，devpi 将定期检查其更新，以保持镜像的最新状态。

如果你请求一个尚未制作镜像的新包，且上游包索引出现了故障，那么镜像方法有很小的可能性会失败。不管怎样，由于在大多数部署中，你将会仅依赖在索引中已经存在镜像的包，因此这一可能性很小。已经请求过的包的镜像状态与 PyPI 保持完全一致，新版本将会自动下载。这似乎是一个非常合理的权衡。

6.3.2   使用包进行部署

现代 Web 应用都有大量依赖，通常需要很多步骤才能在远程主机上正确安装。例如，对于远程主机上的新版本应用来说，典型的引导过程包括以下步骤。

- 创建新的虚拟隔离环境。
- 将项目代码移动到执行环境。
- 安装最新的项目需求（通常来自于 requirements.txt 文件）。
- 同步或迁移数据库模式。
- 从项目源代码和外部包中收集静态文件并放在所需位置。
- 为不同语言的应用编译本地化文件。

对于更复杂的网站，可能还有许多额外的任务，主要和前端代码有关：

- 使用 SASS 或 LESS 等预处理器生成 CSS 文件。
- 执行静态文件（JavaScript 和 CSS 文件）的压缩、混淆和/或合并。
- 将 JavaScript 超集语言（CoffeeScript、TypeScript 等）编写的代码编译为原生 JS。
- 预处理响应模板文件（压缩、样式内联等）。

利用 Bash、Fabric 或 Ansible 等工具可以将所有这些步骤轻松自动化，但在应用的安装过程中，在远程主机上完成所有这些步骤并不是一个好主意，其原因如下。

- 有些处理静态资产的常用工具可能会占用大量的 CPU 或内存。在生产环境中运行这些工具可能会破坏应用运行的稳定性。
- 这些工具通常需要额外的系统依赖，而项目的正常运行可能并不需要它们。它们大多是额外的运行环境，例如 JVM、Node 或 Ruby。这增加了配置管理的复杂性，也增加了总的维护成本。
- 如果你要将应用部署到多个服务器（几十、成百、上千），那么你就是在重复大量工作，而这些工作本来只需要做一次就可以。如果你有自己的基础设施，那么你可能不会遇到成本的巨大增长，特别是如果你在低流量时段进行部署。但如果你运行定价模式的云计算服务，并且它对负载峰值或一般的执行时间额外收费的话，那么额外成本可能会相当高。
- 大多数步骤只是需要大量时间。你在远程服务器上安装代码时，你最不希望的事情就是由于网络问题导致连接中断。保持部署过程快速完成，可以降低部署中断的概率。

由于显而易见的原因，上述部署步骤的结果不能包含在你的应用代码仓库中。简单来说，每个版本都有一些必须要做的事情，你不能改变这一点。这显然适合使用自动化，但应该在正确的地方和正确的时间进行。

类似静态收集和代码/资产预处理之类的大多数事情都可以在本地或专用环境中完成，所以部署到远程服务器的实际代码只需要最少的现场处理。在构建一个发行版或安装一个包的过程中，最值得注意的部署步骤如下。

- 安装 Python 依赖，并将静态资产（CSS 文件和 JavaScript）移动到所需位置，这两个步骤都可以作为 `setup.py` 脚本 `install` 命令的一部分来处理。
- 预处理代码（预处理 JavaScript 超集、资产的压缩/混淆/合并、运行 SASS 或 LESS）与诸如将文本编译本地化（例如 Django 中的 `compilemessages`）之类的操作，都可以作为 `setup.py` 脚本 `sdist/bdist` 命令的一部分。

利用正确的 `MANIFEST.in` 文件，可以轻松处理除 Python 之外的预处理代码。当然，最好在 `setuptools` 包中 `setup()` 函数调用的 `install_requires` 参数中给出依赖。

当然，将整个应用打包需要一些额外的工作，例如提供你自己的自定义 `setuptools` 命令或者覆写现有的命令，但它有许多优点，可以让项目部署变得更加快速、更加可靠。

我们用一个基于 Django 的项目（Django 1.9 版）作为例子。我之所以选择这个框架，是因为它似乎是同一类型中最流行的 Python 框架，所以你很可能对它已经有所了解。在这样的项目中，典型的文件结构可能如下所示：

```
$ tree . -I __pycache__ --dirsfirst
.
```

```
├── webxample
│   ├── conf
│   │   ├── __init__.py
│   │   ├── settings.py
│   │   ├── urls.py
│   │   └── wsgi.py
│   ├── locale
│   │   ├── de
│   │   │   └── LC_MESSAGES
│   │   │       └── django.po
│   │   ├── en
│   │   │   └── LC_MESSAGES
│   │   │       └── django.po
│   │   └── pl
│   │       └── LC_MESSAGES
│   │           └── django.po
│   ├── myapp
│   │   ├── migrations
│   │   │   └── __init__.py
│   │   ├── static
│   │   │   ├── js
│   │   │   │   └── myapp.js
│   │   │   └── sass
│   │   │       └── myapp.scss
│   │   ├── templates
│   │   │   ├── index.html
│   │   │   └── some_view.html
│   │   ├── __init__.py
│   │   ├── admin.py
│   │   ├── apps.py
│   │   ├── models.py
│   │   ├── tests.py
│   │   └── views.py
│   ├── __init__.py
│   └── manage.py
├── MANIFEST.in
├── README.md
└── setup.py
```

15 directories, 23 files

注意，这与常见的 Django 项目模板略有不同。默认情况下，包含 WSGI 应用、设置模块和 URL 配置的包名称与项目名称相同。由于我们决定采用打包方法，所以将其命名为

webxample。这可能会造成一些混淆，所以最好将其重命名为 `conf`。

我们不去钻研可能的实现细节，只是做几个简单的假设。

我们的应用示例有一些外部依赖，这里包括两个常用的 **Django** 包：`djangorest framework` 和 `django-allauth`，还有一个非 **Django** 包：`gunicorn`。

- `djangorestframework` 和 `django-allauth` 在 `webexample.webexample.settings` 模块中由 `INSTALLED_APPS` 给出。
- 应用被本地化为 3 种语言（德语、英语和波兰语），但我们不希望将编译过的 `gettext` 消息保存在仓库中。
- 我们讨厌普通的 CSS 语法，因此我们决定使用更强大的 SCSS 语言，我们可以用 SASS 将其转换为 CSS。

知道了项目的结构之后，我们可以编写 `setup.py` 脚本，让 `setuptools` 处理以下内容。

- 在 `webxample/myapp/static/scss` 目录下编译 SCSS 文件。
- 在 `webxample/locale` 目录下将 `gettext` 消息由 `.po` 格式编译为 `.mo` 格式。

安装需求：

- 为包提供一个入口点的新脚本，这样我们将使用自定义命令，而不是 `manage.py` 脚本。

我们这里有一些运气成分。**Python** 绑定了 `libsass`（SASS 引擎的 C/C++端口），提供了一些与 `setuptools` 和 `distutils` 的集成。只需要很少的配置，它就可以提供自定义的 `setup.py` 命令来运行 SASS 编译，如下所示：

```
from setuptools import setup

setup(
    name='webxample',
    setup_requires=['libsass >= 0.6.0'],
    sass_manifests={
        'webxample.myapp': ('static/sass', 'static/css')
    },
)
```

因此，我们可以输入 `python setup.py build_scss` 将我们的 SCSS 文件编译成 CSS，而不用手动运行 `sass` 命令或者在 `setup.py` 脚本中执行子进程。这还不够。它让我们的生活更轻松，但我们希望整个分发过程能够完全自动化，只需一步就可以创建新版本。为了实现这个目标，我们不得不覆写一部分现有的 `setuptools` 分发命令。

`setup.py` 文件通过打包来处理一些项目准备步骤，其示例可能如下所示：

```
import os

from setuptools import setup
from setuptools import find_packages
from distutils.cmd import Command
from distutils.command.build import build as _build

try:
    from django.core.management.commands.compilemessages \
        import Command as CompileCommand
except ImportError:
    # 注意: 安装期间 django 可能不可用
    CompileCommand = None


# 这个环境是必需的
os.environ.setdefault(
    "DJANGO_SETTINGS_MODULE", "webxample.conf.settings"
)


class build_messages(Command):
    """ 自定义命令, 用于在构建 Django 中的 gettext 消息。
    """
    description = """compile gettext messages"""
    user_options = []

    def initialize_options(self):
        pass

    def finalize_options(self):

        pass

    def run(self):
        if CompileCommand:
            CompileCommand().handle(
                verbosity=2, locales=[], exclude=[]
            )
        else:
            raise RuntimeError("could not build translations")


class build(_build):
```

```
""" 覆写了添加额外构建步骤的构建命令。
"""
sub_commands = [
    ('build_messages', None),
    ('build_sass', None),
] + _build.sub_commands


setup(
    name='webxample',
    setup_requires=[
        'libsass >= 0.6.0',
        'django >= 1.9.2',
    ],
    install_requires=[
        'django >= 1.9.2',
        'gunicorn == 19.4.5',
        'djangorestframework == 3.3.2',
        'django-allauth == 0.24.1',
    ],
    packages=find_packages('.'),
    sass_manifests={
        'webxample.myapp': ('static/sass', 'static/css')
    },
    cmdclass={
        'build_messages': build_messages,
        'build': build,
    },
    entry_points={
        'console_scripts': {
            'webxample = webxample.manage:main',
        }
    }
)
```

利用这样的实现，我们用下面这一个终端命令就可以构建所有资产并为 webxample
项目创建包的源代码发行版，代码如下：

```
$ python setup.py build sdist
```

如果你已经有了自己的包索引（用 devpi 创建的），你可以添加 install 子命令，
或者使用 twine 让组织内可以使用 pip 来安装这个包。如果仔细观察利用 setup.py 脚
本创建的源代码发行版的结构，我们可以发现它包含编译过的 gettext 消息和从 SCSS 文

件生成的 CSS 样式表，如下所示：

```
$ tar -xvzf dist/webxample-0.0.0.tar.gz 2> /dev/null
$ tree webxample-0.0.0/ -I __pycache__ --dirsfirst
webxample-0.0.0/
├── webxample
│   ├── conf
│   │   ├── __init__.py
│   │   ├── settings.py
│   │   ├── urls.py
│   │   └── wsgi.py
│   ├── locale
│   │   ├── de
│   │   │   └── LC_MESSAGES
│   │   │       ├── django.mo
│   │   │       └── django.po
│   │   ├── en
│   │   │   └── LC_MESSAGES
│   │   │       ├── django.mo
│   │   │       └── django.po
│   │   └── pl
│   │       └── LC_MESSAGES
│   │           ├── django.mo
│   │           └── django.po
│   ├── myapp
│   │   ├── migrations
│   │   │   └── __init__.py
│   │   ├── static
│   │   │   ├── css
│   │   │   │   └── myapp.scss.css
│   │   │   └── js
│   │   │       └── myapp.js
│   │   ├── templates
│   │   │   ├── index.html
│   │   │   └── some_view.html
│   │   ├── __init__.py
│   │   ├── admin.py
│   │   ├── apps.py
│   │   ├── models.py
│   │   ├── tests.py
│   │   └── views.py
│   ├── __init__.py
│   └── manage.py
```

```
├── webxample.egg-info
│   ├── PKG-INFO
│   ├── SOURCES.txt
│   ├── dependency_links.txt
│   ├── requires.txt
│   └── top_level.txt
├── MANIFEST.in
├── PKG-INFO
├── README.md
├── setup.cfg
└── setup.py
```

16 directories, 33 files

使用这种方法还有额外的好处，就是我们能够为项目提供自己的入口点来代替 Django 默认的 manage.py 脚本。现在我们可以利用这个入口点运行所有 Django 管理命令，例如：

```
$ webxample migrate
$ webxample collectstatic
$ webxample runserver
```

这需要稍稍修改 manage.py 脚本，以保持与 setup() 中 entry_points 参数的兼容，这样其代码的主要部分被 main() 函数调用所包装，如下所示：

```
#!/usr/bin/env python3
import os
import sys


def main():
    os.environ.setdefault(
        "DJANGO_SETTINGS_MODULE", "webxample.conf.settings"
    )

    from django.core.management import execute_from_command_line

    execute_from_command_line(sys.argv)


if __name__ == "__main__":
    main()
```

不幸的是，许多框架（包括 Django）并没有按照这样打包项目的想法来设计。也就是说，根据你项目的进展，将其转换为一个包可能需要大量更改。对于 Django 来说，这通常意味着重新编写许多隐式导入并在设置文件中修改许多配置变量。

　　另一个问题在于利用 Python 打包创建的版本的一致性。如果授权不同的团队成员来创建应用发行版，那么确保这个过程发生在同样的可复制环境中是非常重要的，尤其是你做了许多资产预处理时。即使用相同的代码库来创建包，在两个不同环境中创建的包可能也会看起来不一样。这可能是因为在构建过程中使用了不同版本的工具。最佳做法是将分发职责转移给一个持续集成/交付系统，例如 Jenkins 或 Buildbot。额外的优点是你可以确定一个包在分发前通过了所有必需的测试。你甚至可以将自动部署作为这种持续交付系统的一部分。

　　尽管如此，使用 setuptools 将代码作为 Python 包分发也并不简单和轻松。它会大大简化你的部署，因此是非常值得尝试的。注意，这也符合十二要素应用中第 6 条规则的详细建议：以一个或多个无状态进程运行应用。

6.4　常见约定与实践

　　有一套部署的常见约定与实践，可能不是每个开发者都知道，但对做过运营的人来说都是显而易见的。正如在本章引言中所说，即使你不负责代码部署和运营，但了解其中一点内容也是很重要的，因为这可以让你在开发过程中做出更好的设计决策。

6.4.1　文件系统层次结构

　　可能出现在你脑海中最显而易见的约定可能就是关于文件系统层次结构和用户命名。如果你在本书中寻找这方面的建议，那你要失望了。当然，存在一个**文件系统层次结构标准**（Filesystem Hierarchy Standard，FHS），它定义了 Unix 和类似 Unix 的操作系统中的目录结构和目录内容，但很难找到一个真正的 OS 发行版与 FHS 完全兼容。如果系统设计者和程序员都不能遵守这些标准，那么很难期望系统管理员能够做到这一点。根据我的经验，我见过应用代码被部署到几乎所有可能的地方，包括根文件系统级别的非标准自定义目录。做出这些决定的人对这种做法几乎总是有非常强有力的论据。在这件事上，我能给你的唯一建议如下。

- 明智地选择，避免出现意外。
- 在项目所有可用的基础设施中保持一致。
- 尽量在组织内部（你所在的公司）保持一致。

　　真正有用的是将你的项目约定文档化。只是要记住，要确保每位感兴趣的团队成员都可以访问这份文档，并且让所有人都知道这份文档的存在。

6.4.2　隔离

　　第 1 章中已经讨论过隔离的原因以及推荐的工具。对于部署来说，只需要补充一件重要的事情。你应该始终隔离每个应用版本的项目依赖。在实践中，无论何时部署应用的新版本，你都应该为这个版本创建一个新的隔离环境（使用 virtualenv 或 venv）。旧的环境应该在主机上保留一段时间，万一出现问题，你可以轻松回滚到应用的某个历史版本。

　　为每个版本创建新的环境有助于管理其干净的状态，且有助于符合提供的依赖关系列表。新环境的意思是在文件系统中创建一个新的目录树，而不是更新已经存在的文件。不幸的是，这可能使执行一些操作更加困难，例如优雅地重新加载服务，如果就地更新环境的话会更容易实现。

6.4.3　使用进程管理工具

　　我们通常希望远程服务器上的应用永不停止。如果是 web 应用，它的 HTTP 服务器进程将会无限期地等待新的连接和请求，只有发生不可恢复的错误时才会退出。

　　当然不可能在 shell 中手动运行它，并保持永不停止的 SSH 连接。使用 nohup、screen 或 tmux 来半守护进程并不是选项之一。这么做就如同服务设计失败。

　　你需要的是某种进程管理工具，它可以启动并管理你的应用进程。在选择合适的工具之前，你需要确保它具有以下功能。

- 如果服务退出的话则重启服务。
- 可靠地跟踪其状态。
- 捕获其 stdout/stderr 流用于日志。
- 运行具有特定用户/组权限的进程。
- 配置系统环境变量。

　　大多数 Unix 和 Linux 发行版都有一些用于进程管理的内置工具/子系统，例如 initd 脚本、upstart 和 runit。不幸的是，在大多数情况下，它们并不适合于运行用户级的应用代码，并且很难维护。编写可靠的 init.d 脚本尤其是一项挑战，因为它需要编写大量的 Bash 脚本，做好是很难的。一些 Linux 发行版（例如 Gentoo）对 init.d 脚本采用了重新设计的方法，因此编写要容易得多。不管怎样，只是为了一个进程管理工具就将你自己局限于特定的操作系统发行版，这不是一个好主意。

　　在 Python 社区中，管理应用进程的两个常用工具是 Supervisor（http://supervisord.org）和 Circus（https://circus.readthedocs.org/en/latest/）。它们在配置和使用方面非常相似。Circus 比 Supervisor 要年轻一些，因为创建它就是为了解决后者的一些缺点。它们都可以用简单的类似 INI 文件的配置格式进行配置。它们不仅可以运行 Python 进程，还可以被配置来管理任何应用。很难说哪一个更好，因为它们都提供非常相似的功能。

　　不管怎样，Supervisor 无法在 Python 3 中运行，所以它不会得到我们的祝福。虽然在 Supervisor 的管理下运行 Python 3 进程并不是一个问题，但我将以此为借口，只介绍 Circus 配置的示例。

假设我们想要在 Circus 的管理下使用 gunicorn 网络服务器来运行 webxample 应用（本章前面介绍过）。在生产环境中，我们可能会在合适的系统级进程管理工具（initd、upstart 和 runit）下运行 Circus，尤其是从系统包仓库中安装 Circus 的情况。为了简单起见，我们将在本地虚拟环境中运行。允许我们在 Circus 中运行应用的最小配置文件（这里的文件名为 circus.ini）如下所示：

```
[watcher:webxample]
cmd = /path/to/venv/dir/bin/gunicorn webxample.conf.wsgi:application
numprocesses = 1
```

下面，可以用这个配置文件作为执行参数来运行 circus 进程：

```
$ circusd circus.ini
2016-02-15 08:34:34 circus[1776] [INFO] Starting master on pid 1776
2016-02-15 08:34:34 circus[1776] [INFO] Arbiter now waiting for commands
2016-02-15 08:34:34 circus[1776] [INFO] webxample started
[2016-02-15 08:34:34 +0100] [1778] [INFO] Starting gunicorn 19.4.5
[2016-02-15 08:34:34 +0100] [1778] [INFO] Listening at:
http://127.0.0.1:8000 (1778)
[2016-02-15 08:34:34 +0100] [1778] [INFO] Using worker: sync
[2016-02-15 08:34:34 +0100] [1781] [INFO] Booting worker with pid: 1781
```

现在你可以用 circusctl 命令来运行交互式会话，并利用简单的命令来控制所有被管理的进程。下面是这样的会话示例：

```
$ circusctl
circusctl 0.13.0
webxample: active
(circusctl) stop webxample
ok
(circusctl) status
webxample: stopped
(circusctl) start webxample
ok
(circusctl) status
webxample: active
```

当然，上述两种工具都有更多可用的功能。它们的文档中对所有这些功能进行了解释，所以在做出选择之前，你应该仔细阅读这些内容。

6.4.4 应该在用户空间运行应用代码

你的应用代码应该始终在用户空间中运行。也就是说，它不可以在超级用户权限下运行。如果你按照十二要素应用的方法设计你的应用,那么可以在几乎没有任何权限的用户下运行你的应用。对于没有文件且不属于特权组的用户,常见的名称是 `nobody`。不管怎样,实际的建议是为每个应用守护进程创建一个单独的用户。这么做的原因是为了系统安全。它可以限制恶意用户控制应用进程之后能够造成的损害。在 Linux 中,同一用户的进程可以互相交互,所以在用户层面将不同的应用分离是很重要的。

6.4.5 使用 HTTP 反向代理

许多符合 WSGI 的 Python web 服务器自身就可以轻松处理 HTTP 流量,无需在其上面添加任何其他的 Web 服务器。但将它们隐藏在反向代理(例如 Nginx)的后面也很常见,其原因有很多,如下所示。

- 顶层 Web 服务器(例如 Nginx 和 Apache)通常可以更好地处理 TLS/SSL 终止。然后 Python 应用可以只使用简单的 HTTP 协议(而不是 HTTPS),从而将安全通信信道的复杂性和配置都留给反向代理。
- 非特权用户不能绑定较小的端口(在 0-1000 的范围内),但 HTTP 协议应该在 80 端口为用户服务,而 HTTPS 协议应该在 443 端口服务。为了实现这一点,你必须用超级用户权限运行进程。通常来说,更安全的做法是让你的应用在较大的端口或 Unix 域套接字上服务,并且用它作为由权限更高的用户运行的反向代理的上游。
- 通常来说,Nginx 可以比 Python 代码更高效地提供静态资源(图像、JS、CSS 和其他媒体)。如果你将 Nginx 配置为反向代理,那么只需要添加很少几行配置就可以通过它来提供静态文件。
- 如果单一主机需要服务于来自不同域的多个应用,那么 Apache 或 Nginx 是不可或缺的,用于为同一端口所服务的不同域创建虚拟主机。
- 反向代理可以通过添加额外的缓存层来提高性能,或者被配置为简单的负载均衡器。

有些 Web 服务器建议在代理(例如 Nginx)之后运行。例如,gunicorn 是鲁棒性非常好的基于 WSGI 的服务器,如果客户端速度也很快的话,它可以给出非常好的性能结果。另一方面,它不能很好地处理较慢的客户端,所以很容易受到基于较慢客户端连接的拒绝服务攻击。利用能够缓冲较慢客户端的代理服务器是解决这一问题的最佳方法。

6.4.6 优雅地重新加载进程

十二要素应用方法的第 9 条规则讨论的是进程易处理性(disposability),你应该通过快速的启动时间和优雅终止将鲁棒性最大化。虽然快速的启动时间完全是不言自明的,但优雅终止需要一些额外的讨论。

对于 Web 应用而言，如果你以不优雅的方式终止服务器进程，那么它会立即退出，没有时间来处理请求和对已连接客户端的响应回复。在最佳情况下，如果你使用了某种反向代理，那么代理可能会向已连接的客户端回复某个通用的错误响应（例如"502 Bad Gateway"），虽然这并不是通知用户你已经重启应用并部署了新版本的正确方法。

根据十二要素应用方法，Web 服务进程应该能够在接收到 Unix 的 SIGTERM 信号（例如 kill -TERM <process-id>）时优雅地退出。也就是说，服务器应该停止接受新的连接，处理完所有等待请求，如果没有更多事情可做的话则退出并给出退出码。

显然，如果所有服务进程都退出或启动关闭程序，那么你再也不能处理新的请求。这意味着你的服务将经历一次中断，所以你还需要执行一个额外的步骤——在旧的工作进程优雅退出的同时启动能够接受新连接的新工作进程（workers）。各种符合 WSGI 的 Python web 服务器实现都允许在没有任何停机的情况下优雅地重新加载服务。其中最流行的是 Gunicorn 和 uWSGI。

- 接收到 SIGHUP 信号（kill -HUP <process-pid>）后，Gunicorn 的主进程将（使用新的代码和配置）启动新的工作进程并尝试让旧的工作进程优雅地终止。
- uWSGI 至少有 3 种独立的方案来进行优雅地重新加载。每种方案都过于复杂，很难简要解释，但官方文档提供了所有可能选项的完整信息。

在今天看来，优雅地重新加载是部署 Web 应用的一项标准。Gunicorn 似乎具有最容易使用的方法，但留给你的灵活性也最小。与之相反，在 uWSGI 中优雅地重新加载可以更好地控制重新加载，但在自动化和设置方面需要更多的精力。另外，你在自动化部署过程中如何处理优雅地重新加载也受到你所使用的管理工具及其配置方式的影响。例如在 Gunicorn 中，优雅地重新加载非常简单，如下所示：

```
kill -HUP <gunicorn-master-process-pid>
```

但如果你想通过分离每个版本的虚拟环境来正确地隔离项目发行版，并使用符号链接来配置进程管理（正如前面 fabfile 例子所示），那么你很快将会注意到它不能按预期运行。对于更复杂的部署，仍然没有开箱即用的可行的解决方案。你总是需要一点黑客技术，有时还需要对底层系统实现细节有相当多的了解。

6.5   代码检测与监控

在编写完一个应用并将其部署到目标执行环境之后，我们的工作并没有结束。有可能编写一个应用并在部署之后不需要进一步的维护，但是可能性很小。在现实中，我们需要确保正确地观察其错误和性能。

为了确保我们的产品按预期工作，我们需要正确地处理应用日志，并监控必要的应用指标。这通常包括以下几个。

- 监控 Web 应用访问日志中的各种 HTTP 状态码。
- 进程日志集合，其中可能包含有关运行错误和各种警告的信息。
- 在运行应用的远程主机上监控系统资源（CPU 负载、内存和网络流量）。
- 监控作为业务绩效指标（客户获取、收入等）的应用级性能和指标。

幸运的是，有许多免费工具可用于检测你的代码并监控其性能。其中大多数都很容易集成。

6.5.1 记录错误——sentry/raven

无论你的应用测试多么严格，真相都是令人痛苦的。你的代码最终都会在某刻出现故障。可能出现任何问题——预料之外的异常、资源耗尽、某个后端服务崩溃、网络故障或者只是外部库中的问题。通过适当的监控可以预测并阻止某些可能的问题（例如资源耗尽），但无论你如何努力，总有一些事情可以穿过你的防御。

你能做的就是为这种情况做好充分准备，并确保没有将错误忽视掉。在大多数情况下，任何意外的故障情况都会导致应用引发意外，并通过日志系统记录下来。它可能是 stdout、stderr、文件或你配置用于日志记录的任何输出。这可能会导致应用退出并给出某个系统退出码，也可能不会，这取决于你的实现。

当然，你可以仅依赖于保存在文件中的这些日志来查找并监控应用错误。不幸的是，观察文本日志中的错误是相当痛苦的，并且不能很好地推广到比在开发中运行代码更复杂的情况。你最终不得不使用一些专为日志收集和分析而设计的服务。正确的日志处理非常重要，我们稍后会解释其原因，但是它不能很好地跟踪和调试生产环境错误。原因很简单。最常见的错误日志形式就是 Python 堆栈跟踪（stack trace）。如果你仅使用它，那么很快就会意识到，它对于找出问题的根本原因是不够的——特别是发生未知模式的错误或在特定负载条件下的错误时。

你真正需要的是尽可能多的关于错误发生的上下文信息。在生产环境中保存错误的完整历史记录也是非常有用的，你可以很方便地浏览和搜索。提供这种功能的最常用工具之一是 Sentry（https://getsentry.com）。它是一项久经考验的服务，用于跟踪异常并收集崩溃报告。它是开源的，用 Python 编写，最初是作为后端 Web 开发人员的工具。现在它已经超越了最初的目标，并且支持更多种语言，包括 PHP、Ruby 和 JavaScript，但仍是大多数 Python Web 开发人员最常用的工具。

> **Web 应用中的异常堆栈回溯**
>
> Web 应用通常不会在遇到未处理过的异常时退出，因为如果发生任何服务器错误，HTTP 服务器都必须返回错误响应和 5XX 组的状态码。大多数 Python Web 框架在默认情况下都会完成这项工作。在这种情况下，异常实际上是在更低的框架层面处理的。不管怎样，在大多数情况下，这仍然会导致打印异常堆栈跟踪（通常是在标准输出中）。

Sentry 提供付费的软件即服务模式，但它是开源的，所以你可以在你自己的基础设施上免费托管它。提供与 Sentry 集成的库是 raven（可以在 PyPI 上找到）。如果你还没有使用过它，想要测试但没有自己的 Sentry 服务器，那么你可以在 Sentry 的预置服务网站上轻松注册免费试用。一旦你访问了 Sentry 服务器并创建一个新的项目，你将会得到一个叫作 DSN 的字符串，DSN 表示数据源名称（Data Source Name）。这个 DSN 字符串是将你的应用与 sentry 集成所需要的最少配置设置。它包含协议、证书、服务器位置和你的组织/项目标识符，其形式如下所示：

```
'{PROTOCOL}://{PUBLIC_KEY}:{SECRET_KEY}@{HOST}/{PATH}{PROJECT_ID}'
```

一旦你有了 DSN，那么集成是相当简单的，如下所示：

```
from raven import Client

client = Client('https://<key>:<secret>@app.getsentry.com/<project>')

try:
    1 / 0
except ZeroDivisionError:
    client.captureException()
```

Raven 与最流行的 Python 框架（例如 Django、Flask、Celery 和 Pyramid）都有许多集成，使得集成更加简单。这些集成将自动提供针对给定框架的额外上下文。如果你选择的 web 框架没有专门的支持，那么 raven 包提供了通用的 WSGI 中间件，可以与任何基于 WSGI 的 Web 服务器兼容，如下所示：

```
from raven import Client
from raven.middleware import Sentry

# 注意: application是之前定义过的某个 WSGI 应用对象
application = Sentry(
    application,
```

```
Client('https://<key>:<secret>@app.getsentry.com/<project>')
)
```

另一个值得注意的集成是能够跟踪通过 Python 内置 `logging` 模块记录的消息。启用这种支持只需要添加几行代码，如下所示：

```
from raven.handlers.logging import SentryHandler
from raven.conf import setup_logging

client = Client('https://<key>:<secret>@app.getsentry.com/<project>')
handler = SentryHandler(client)
setup_logging(handler)
```

捕获 `logging` 消息可能会有一些不太明显的警告，因此如果你对这一功能感兴趣，请务必阅读有关这一主题的官方文档。这应该可以让你避免不愉快的意外。

最后还有一点，就是运行你自己的 Sentry 可以省钱。"天下没有免费的午餐"，你最终将支付额外的基础设施费用，而 Sentry 只是另一项需要维护的服务。**维护=额外工作=成本！**随着应用的增长，异常数量也会增多，所以你不得不在扩展产品的同时扩展 Sentry。幸运的是，这是一项鲁棒性非常好的项目，但如果负载过高的话则不具有任何价值。此外，让 Sentry 时刻为灾难性故障情况做好准备是一项真正的挑战，这种情况可能每秒发送上千份崩溃报告。所以你必须判断哪种选项对你来说更便宜，以及你是否拥有足够的资源和才智来自己完成所有这些事情。当然，如果你的组织中的安全策略拒绝向第三方发送任何数据，那么就不存在这样的进退两难。如果是这样的话，只需将其托管在你自己的基础设施上。当然会有成本，但它是完全值得付出的。

6.5.2　监控系统与应用指标

对于监控性能而言，可供选择的工具数量可能非常多。如果你的期望很高，那么你可能需要同时使用几种工具。

无论使用哪种技术栈，**Munin**（http://munin-monitoring.org）都是许多组织最常用的工具之一。它是一个分析资源趋势的好工具，即使是没有额外配置的默认安装也提供了大量有用的信息。它的安装包括两个主要组件。

● Munin 主机，从其他节点收集指标并提供指标图形。

● 在被监视主机上安装的 Munin 节点，用于收集本地指标并将其发送到 Munin 主机。主机、节点和大多数插件都是用 Perl 编写的。也有其他语言编写的节点实现：munin-node-c 是用 C 编写的（https://github.com/munin-monitoring/munin-c），munin-node-python 是用 Python 编写的（https://github.com/agroszer/munin-node-python）。Munin 的

contrib 仓库提供了许多可用的插件。也就是说，它对大多数流行的数据库和系统服务都提供了开箱即用的支持。甚至还有用于监控流行的 Python Web 服务器（例如 uWSGI 和 Gunicorn）的插件。

Munin 的主要缺点是它将图形作为静态图像，实际的绘图配置包含在特定的插件配置中。这不利于创建灵活的监控仪表板，也不利于在同一个图形中对比不同来源的指标值。但这是我们为它简单的安装和功能的多样所需要付出的代价。编写你自己的插件非常简单。有一个 munin-python 包（http://python-munin.readthedocs.org/en/latest/），可以帮助你用 Python 编写 Munin 插件。

不幸的是，Munin 的架构假设在每台负责收集指标的主机上总是有一个独立的监控守护进程，这可能并不是监控自定义应用的性能指标的最佳解决方案。编写自己的 Munin 插件的确非常简单，但前提是监控进程能够以某种方式报告其性能统计。如果你想要收集某个自定义应用指标，那么可能需要将其聚集并保存在某个临时存储中，最终上报给一个自定义的 Munin 插件。这使得创建自定义指标变得更加复杂，因此你可能会考虑其他解决方案。

另一种常用的解决方案可以使收集自定义指标变得特别简单，它就是 StatsD（https://github.com/etsy/statsd）。它是一个用 Node.js 编写的网络守护进程，可以监听各种统计信息，例如计数器、计时器和计量器。由于基于 UDP 的简单协议，它的集成非常简单。使用名为 statsd 的 Python 包也可以很容易地向 StatsD 守护进程发送指标，如下所示：

```
>>> import statsd
>>> c = statsd.StatsClient('localhost', 8125)
>>> c.incr('foo')  # 增加'foo'计数器。
>>> c.timing('stats.timed', 320)  # 记录 320ms 的'stats.timed'.
```

由于 UDP 是无连接的（connectionless），它对应用代码的性能开销很低，所以它很适合跟踪并测量应用代码内的自定义事件。

不幸的是，StatsD 只是指标收集守护进程，所以它不提供任何报告功能。你需要能够处理来自 StatsD 的数据的其他进程，以便查看实际的指标图形。最常见的选择是 Graphite（http://graphite.readthedocs.org）。它主要完成以下两件事情。

● 保存数值型的时间序列数据。

● 根据需要呈现这个数据的图形。

Graphite 让你能够保存高度可定制的图形预设。你还可以将许多图形分组到不同的主题仪表板中。与 Munin 类似，图形被渲染为静态图像，但也有 JSON API 允许其他前端来读取图形数据并用其他方式来渲染。与 Graphite 集成的一个很棒的仪表板插件是 Grafana（http://grafana.org）。它很值得尝试一下，因为它比普通的 Graphite 仪表板具有更好的可用性。Grafana 提供的图形是完全交互式的，也更易于管理。

　　不幸的是，Graphite 是一个有点复杂的项目。它不是整体的服务，而是由下列 3 个单独的组件组成。

- **Carbon**：使用 Twisted 编写的守护进程，用于监听时间序列数据。
- **whisper**：简单的数据库，用于保存时间序列数据。
- **graphite webapp**：Django web 应用，根据需求将图形渲染为静态图像（使用 Cairo 库）或 JSON 数据。

　　在与 StatsD 项目一起使用时，`statsd` 守护进程将其数据发送给 `carbon` 守护进程。这使得完整的解决方案变成各种应用的复杂堆积，其中每个应用都使用完全不同的技术来编写。此外，没有可用的预配置图形、插件和仪表板，因此你需要自己配置一切。这在开始时包括很多工作，很容易遗漏一些重要的事情。因此，即使你决定用 Graphite 作为核心监控服务，使用 Munin 作为监控备用可能也是个好主意。

6.5.3　处理应用日志

　　虽然像 Sentry 这样的解决方案通常比保存在文件中的普通文本输出更加强大，但日志永远不会消失。将一些信息写入标准输出或文件是应用可以做的最简单的事情之一，这一点不应该被低估。有这样一种风险：raven 发送到 Sentry 的消息将无法送达。网络可能会出现故障。Sentry 的存储可能会耗尽或者可能无法处理传入的负载。你的应用可能会在发送任何消息之前崩溃（例如出现分段错误）。这些只是几种可能的情况。不太可能的是，你的应用将无法记录将被写入文件系统的消息。这仍然是可能的，但我们应该诚实一点。如果你遇到这种日志记录出现故障的情况，那么你很可能有许多比缺失的日志消息更重要的问题。

　　记住，日志不仅是关于错误的。许多开发人员曾经只将日志作为数据来源，这些数据在调试问题时非常有用，也可以用于执行某种取证。当然，很少有人尝试用日志来生成应用指标或者做一些统计分析。但日志的用途可能要更多。它甚至可以作为产品实现的核心。Amazon 有一篇文章讲到了用日志构建产品的一个很好的例子，里面介绍了一个实时竞价服务的示例架构，其中一切都围绕着访问日志收集和处理。参见 https://aws.amazon.com/blogs/aws/real-time-ad-impression-bids-using-dynamodb/。

1．基本的低级日志实践

　　十二要素应用方法中说到，应该把日志当作事件流。因此日志文件不是日志本身，而只是一种输出格式。日志是流，意味着它表示按时间排序的事件。它的原始格式通常为文本格式，每行代表一个事件，但在某些情况下可能跨越多行。这是与运行错误相关的任何回溯的典型情况。

　　根据十二要素应用方法论，应用不应该知道日志的存储格式。也就是说，不应该由应用代码来维护对文件的写入或日志的转储（rotation）和保留。这些是应用运行环境的责任。

这可能会造成一些困扰，因为许多框架都提供了用于管理日志文件的函数和类以及转储、压缩和保留的实用程序。这些工具是很吸引人的，因为一切都可以包含在应用代码库中，但实际上这是一种应该避免的反模式。

处理日志的最佳约定可以总结为几条规则：

- 应用应该总是将未缓冲的日志写入标准输出（stdout）。
- 执行环境应该负责收集日志并将其发送给最终目标。

对于上面提到的执行环境，其主要部分通常是某种进程管理工具。常见的 Python 解决方案（例如 Supervisor 或 Circus）是第一批负责处理日志收集和发送的。如果日志要保存在本地文件系统中，那么只将日志写入实际的日志文件中。

Supervisor 和 Circus 都能够处理被管理进程的日志转储和保留，但是你应该考虑这是否是你想要的技术路线。成功的运营主要在于简单性和一致性。你自己的应用日志可能不是你唯一想要处理和归档的日志。如果你使用 Apache 或 Nginx 作为反向代理，那么你可能想要收集其访问日志。你可能还希望存储并处理缓存和数据库的日志。如果你正运行某个流行的 Linux 发行版，那么很可能每个服务自己的日志文件都被一个叫作 logrotate 的流行实用程序处理（转储、压缩等）。我强烈建议忘记 Supervisor 和 Circus 的日志转储功能，以便与其他系统服务保持一致。logrotate 的可配置性更高，也支持压缩。

> **logrotate 与 Supervisor/Circus**
>
> 在同时使用 logrotate 与 Supervisor 或 Circus 时，有一件很重要的事情需要知道。日志转储将始终发生，而 Supervisor 进程对于转储的日志仍有开放的描述符。如果你不采取适当的应对措施，那么新的事件将被写入已经被 logrotate 删除的文件描述符。作为结果，文件系统中无法继续保存新的内容。这个问题的解决方法相当简单。用 copytruncate 选项配置 logrotate，可以处理 Supervisor 或 Circus 所管理进程的日志文件。它不会在转储后移动日志文件，而是会复制日志文件并将原始文件在原位缩小到大小为零。这种方法不会使任何现有的文件描述符失效，已经运行的进程也可以不间断地向日志文件写入。Supervisor 还可以接受 SIGUSR2 信号，使其重新打开所有的文件描述符。它可以作为 postrotate 脚本包含在 logrotate 配置中。第二种方法在 I/O 操作方面更加经济，但可靠性更低，也更难以维护。

2. 日志处理工具

如果你没有处理大量日志的经验，那么在使用负载很高的产品时，你最终会获得这方面的经验。你很快会注意到，基于将日志保存在文件中并在某个永久存储中备份以用于稍后检索的简单方法是不够的。如果没有合适的工具，这将会变得简陋且代价高昂。简单的实用程序（如 `logrotate`）只能帮你确保硬盘不会由于不断增加的新事件数量而溢出，但是分割和压缩日志文件仅有助于数据归档过程，但不会使数据检索或分析变得更简单。

在使用跨越多个节点的分布式系统时，最好有一个中心点，从中可以检索和分析所有日志。这需要一个不止于简单的压缩和备份的日志处理流程。幸运的是，这是一个众所周知的问题，因此有许多可用的工具可以解决它。

许多开发人员最常见的选择之一是 **Logstash**。它是日志收集守护进程，可以观察活跃的日志文件、解析日志条目并以结构化形式将其发送到后端服务。后端服务的选择几乎总是相同的——**Elasticsearch**。Elasticsearch 是在基于 Lucene 构建的搜索引擎。除了文本搜索能力，它还有一个独特的数据聚合框架，非常适合日志分析的目的。

除了这两种工具，还有一个是 **Kibana**。它对于 Elasticsearch 来说是一个非常通用的监控、分析和可视化平台。由于这 3 种工具互相补充的方式，所以它们几乎总是同时用于日志处理。

将现有服务与 Logstash 集成非常简单，因为它可以监听现有日志文件对新事件的更改，并只需对日志配置进行最少的修改。它以文本形式解析日志，并预配置了对一些常用日志格式的支持，例如 Apache/Nginx 的访问日志。Logstash 的唯一问题是它不能很好地处理日志转储，这有点令人惊讶。通过发送一个已定义的 Unix 信号（通常是 `SIGHUP` 或 `SIGUSR1`）来强制进程重新打开其文件描述符是一个相当完善的模式。似乎每个处理日志的应用（唯一地）都应该知道并且能够处理各种日志文件转储场景。遗憾的是，Logstash 并不是其中之一，因此如果你想使用 `logrotate` 实用程序来管理日志保留，记得要大量依赖其 `copytruncate` 选项。Logstash 进程无法处理原始日志文件被移动或删除的情况，因此，如果没有 `copytruncate` 选项，它在日志转储之后将无法接收新事件。Logstash 当然可以处理不同的日志流输入，例如 UDP 包、TCP 连接或 HTTP 请求。

另一个弥补 Logstash 某些缺点的解决方案是 Fluentd。它是一个备用的日志收集守护程序，可与上述日志监控堆栈中的 Logstash 交换使用。它还有一个选项，可以在日志文件中直接监听并解析日志事件，因此只需要少许工作就可以做到最小集成。与 Logstash 相反，它对重新加载的处理非常好，甚至不需要被通知日志文件是否转储。无论如何，最大的优势来自于使用其中一个替代日志收集选项，这需要对应用中的日志配置进行一些实质性的修改。

Fluentd 的确把日志当作事件流（正如十二要素应用的建议）。基于文件的集成仍是可能的，但只是对于将日志主要作为文件的遗留应用的向后兼容。每个日志条目都是一个事件，应该都是结构化的。Fluentd 可以解析文本日志，并有多个插件选项可用于处理。

- 常见格式（Apache、Nginx 和 syslog）。
- 使用正则表达式指定的任意格式或自定义解析插件处理的任意格式。
- JSON 等结构化消息的通用格式。

Fluentd 的最佳事件格式是 JSON，因为它增加的开销最小。对于 JSON 中的消息，几乎不需任何更改就可以传递给后端服务（例如 Elasticsearch 或数据库）。

Fluentd 另一个非常有用的功能是利用传输而不是写入磁盘的日志文件来传递事件流的能力。最有名的内置输入插件包括。

- in_udp：利用这个插件，每个日志事件都作为 UDP 包发送。
- in_tcp：利用这个插件，事件通过 TCP 连接发送。
- in_unix：利用这个插件，事件通过 Unix 域套接字（名称套接字）发送。
- in_http：利用这个插件，事件作为 HTTP POST 请求发送。
- in_exec：利用这个插件，Fluentd 进程定期执行外部命令，以 JSON 或 MessagePack 格式拉取事件。
- in_tail：利用这个插件，Fluentd 进程监听文本文件中的事件。

日志事件的备用传输在需要处理机器存储的较低 I/O 性能的情况下可能特别有用。在云计算服务上，默认磁盘存储通常具有非常低的 **IOPS**（Input Output Operations Per Second，每秒输入输出操作）数，你需要花很多钱才能获得更好的磁盘性能。如果你的应用输出了大量日志消息，那么即使数据不是很大，I/O 能力也很容易饱和。有了备用传输，你可以更有效地使用硬件，因为你将数据缓冲的责任只留给了单个进程——日志收集器。如果配置在内存中而不是磁盘中缓冲消息，你甚至可以完全不需要日志的磁盘写入，尽管这可能会大大降低已收集日志的一致性保证。

使用不同的传输似乎有些违反十二要素应用方法的第 11 条规则。对"把日志作为事件流"这一条详细解释的话，应用应始终只通过单一标准输出流（stdout）进行日志记录。在不破坏此规则的情况下，仍然可以使用备用传输。写入 stdout 并不一定意味着这个流必须写入文件。你可以保留应用的日志记录方式，并用一个外部进程包装它，这个外部进程将捕获这个流并将其直接传递给 Logstash 或 Fluentd，同时不占用文件系统。这是一种高级模式，可能不适合于每个项目。它有一个明显的缺点就是复杂度更高，所以你需要自己考虑是否真的值得这么做。

6.6 小结

代码部署并不是一个简单的主题，读完本章之后你应该已经认识到这一点。对这个问题的广泛讨论很可能需要几本书。即使将范围限定于 Web 应用，我们也只是介绍了一些皮毛而已。本章以十二要素应用方法为基础。我们仅详细讨论了其中几个要素：日志处理、管理依赖关系和分离构建/运行阶段。

读完本章后，你应该知道如何根据最佳实践正确地将部署过程自动化，并能够为在远程主机上运行的代码添加适当的检测与监控。

第 7 章
使用其他语言开发 Python 扩展

当编写基于 Python 的应用程序时，你不仅限于使用 Python 语言。在第 3 章中，简要提到过一些工具，如 Hy。它允许你使用其他语言（Lisp 的方言）编写模块，包，甚至整个应用程序，它们可以在 Python 虚拟机中正常运行。虽然它使你能够用完全不同的语法表达程序逻辑，但是它仍然是完全相同的语言，因为它最终被编译成相同的字节码。这意味着它具有与普通 Python 代码相同的限制。

- 由于 GIL 的存在，线程可用性大大降低。
- 它不编译。
- 它不提供静态类型和相关的优化。

扩展，使用完全不同的语言进行编写，并通过 Python 扩展 API 公开其接口，这种解决方案有助于克服上述核心限制。

本章将讨论用其他语言编写自己的扩展的主要原因，并介绍有助于创建它们的流行工具。你将会学习到以下内容。

- 如何使用 Python/C API 在 C 中编写简单的扩展。
- 如何使用 Cython 编写扩展。
- 扩展引入的主要挑战和问题是什么。
- 如何在不创建专用扩展并且仅使用 Python 代码的情况下与编译的动态库交互。

7.1 使用 C 或者 C++编写扩展

当我们谈论使用不同语言的扩展时，我们几乎主要考虑 C 和 C++。即使像 Cython 或 Pyrex 这样的工具，它们仅仅出于扩展的目的而提供了 Python 语言的超集，实际上它们只是源到源编译器，这种编译器可以使用扩展的类 Python 语法生成 C 代码。

当然，你可以在 Python 中使用任何语言编写的动态/共享库，只要可以这样编译，所以除了 C 和 C++还是有别的方式。但共享库本质上是通用的。它们可以用于任何支持其加载的语言。因此，即使你使用完全不同的语言（例如说 Delphi 或 Prolog）编写这样的库，如果不使用 Python/C API，这样的库难以称之为 Python 扩展。

不幸的是，在 C 和 C++中，直接使用 Python/C API 编写自己的扩展是相当苛刻的。不仅因为它需要很好地理解两种相对难以掌握的语言，同时它也需要非常多的特殊的样板。有很多重复的代码，仅仅是提供一个接口，这个接口只是使用 Python 及其数据类型粘合你的实现逻辑而已。不管怎样，了解纯 C 的扩展是如何创建的，是非常有好处的，原因如下。

- 你可以更好地理解 Python 的工作原理。
- 或许有一天，你可能需要调试或维护一个原生的 C/C++扩展。
- 它有助于了解用于构建扩展的高级工具的工作原理。

C 或者 C++扩展的工作原理

只要扩展提供使用 Python/C API 的适配接口，Python 解释器能够从动态/共享库加载它们。此 API 必须通过 C 头文件-Python.h 引入到到扩展的源代码中，这个头文件通常随着 Python 源代码分发。在许多 Linux 发行版中，这个头文件包含在一个单独的包中（例如，Debian/Ubuntu 中的 python-dev），但是在 Windows 下，它是默认分发的，可以在 Python 的安装目录 includes/中找到。

习惯上，Python/C API 随着每个 Python 版本的发布而改变。在大多数情况下，只是对这些 API 增加新的功能，因此它通常会保持向下兼容。但是，在很多时候，由于**应用程序二进制接口**（Application Binary Interface，ABI）的更改，它们不是二进制兼容的。这意味着扩展必须为每个 Python 版本单独构建。还要注意，不同的操作系统具有互不兼容的 ABIs，因此这使得实际上不可能为每个可能的环境创建二进制分发。这就是为什么大多数 Python 扩展以源代码形式分发。

自从 Python 3.2，Python/C API 的一个子集已被定义为拥有稳定的 ABIs。然后可以使用这些有限的 API（具有稳定的 ABI）构建扩展，这些扩展只要构建一次，就可以在任何高于或等于 3.2 的 Python 版本中正常工作，并且不需要重新编译。不管怎样，这限制了 API 特性的数量，并且不解决旧的 Python 版本的问题，以及二进制形式的扩展在不同操作系统环境中的分发。所以这是一个折衷，相对于如此低的收益，稳定的 ABI 的代价似乎有点高。

你需要知道的一件事是 Python/C API 是一个限于 CPython 实现的特性。已经做了一些努力，为扩展提供替代实现（如 PyPI，Jython 或 IronPython），但似乎目前还没有可行的解决方案。唯一可以轻松处理扩展的可替换 Python 实现是 Stackless Python，因为它实际上只是 CPython 的修改版本。

在使用 Python 的 C 扩展之前，需要把它编译成共享/动态库，因为显然没有本地方法可以直接从源代码将 C/C++代码导入到 Python 中。幸运的是，distutils 和 setuptools

提供了辅助程序将编译好的扩展定义为模块，因此编译和分发可以使用 setup.py 脚本处理，就像它们是普通的 Python 包。这是来自官方文档的 setup.py 脚本的一个示例，它处理带有内置扩展的简单包的打包，如下所示：

```
from distutils.core import setup, Extension

module1 = Extension(
    'demo',
    sources=['demo.c']
)

setup(
    name='PackageName',
    version='1.0',
    description='This is a demo package',
    ext_modules=[module1]
)
```

一旦按照以上方式做好了准备，在你的分发流程中就需要一个额外的步骤，如下所示：

python setup.py build

这将编译所有由 ext_modules 参数提供的扩展，编译时会根据 Extension() 调用提供的额外的编译器设置进行。将要使用的编译器是你环境中的默认编译器。如果要使用源分发来分发包，则不需要此编译步骤。在这种情况下，您需要确保目标环境符合所有编译的前提条件，例如编译器，头文件和链接到二进制文件的附加库（如果你的扩展需要）。有关打包 Python 扩展的更多详细信息将在后面的部分中介绍。

7.2   为什么你想用扩展

何时使用 C/C++编写扩展是一个合理的决定，这很难说。一般的经验法则是，*从来没有，除非你没有别的选择*。但是，这是一个非常主观的说法，这留下了很多空间来解释什么在 Python 中是不可行的。事实上，很难找到一个使用纯 Python 代码无法完成的事情，但是对于有些问题，扩展可能特别有用。

- 在 Python 线程模型中绕过**全局解释器锁**（Global Interpreter Lock, GIL）。
- 提高关键代码段的性能。
- 集成第三方动态库。
- 集成以不同语言编写的源代码。
- 创建自定义数据类型。

7.2.1　提高关键代码段的性能

说实话，由于性能问题，很多开发人员不选择使用 Python。它不会快速执行，但可以让你快速开发。尽管如此，无论我们作为程序员的水平如何，由于这门语言，我们有时可能会发现一个使用纯 Python 无法有效解决的问题。

在大多数情况下，解决性能问题只是取决于选择正确的算法和数据结构，而不是编程语言天花板的限制因素。如果代码编写的有问题或者没有使用合适的算法，为了缩减一些CPU 的周期而去依赖一个扩展，实际上，这不是一个好的解决方案。通常可以将性能提高到可接受的水平，而不需要通过将另一种语言引入到当前技术栈中来增加项目的复杂性。如果可能，应该首先这样做。无论如何，即使使用最先进的算法和最适合我们处理的数据结构，我们也不能仅仅使用 Python 去适应一些任意的技术性约束。

对应用程序性能提出一些明确限制的示例领域是**实时竞价**（Real Time Bidding，RTB）业务。简而言之，整个实时竞价的过程就是以类似真实拍卖或证券交易的方式购买和销售广告库存（广告位置）。交易通常通过一些广告交易服务进行，这些服务将可用的库存信息发送到有意购买的**需求方平台**（Demand-Side Platforms，DSP）。这是一个令人兴奋的地方。大多数广告交易平台使用 OpenRTB 协议（基于 HTTP）与潜在投标人进行通信，其中 DSP 是负责为其 HTTP请求提供响应的站点。并且，广告交易对整个过程（从接收到的第一个 TCP 数据包到服务器写入最后一个字节）有着非常严格的时间限制（通常在 50 到 100ms 之间）。为了更好的处理业务，DSP 平台每秒处理数万个请求并不少见。在这个业务领域，能够缩短请求处理的时间，哪怕是几毫秒，也是生死攸关的事情。这意味着，在这种情况下，把代码移植到 C 可能是合理的，但是只有当它成为性能瓶颈并且不能在算法上进一步改进。正如有人曾说过：

"你不能打败一个用 C 写的循环。"

7.2.2　集成现有的使用不同语言编写的代码

在计算机科学发展的短暂历史中，很多有用的库已经被编写了出来。每当一种新的编程语言出现时，忘记所有的遗产将是一个巨大的损失，并且，使用新语言可靠地移植任何软件都是比较困难的。

C 和 C++语言似乎是最重要的语言，它们提供了许多库和实现，你可以直接把它们集成到你的的应用程序代码中，而不需要将它们完全移植到 Python。幸运的是，CPython 已经用 C 语言编写，所以集成这样的代码的最自然的方式是通过自定义扩展。

7.2.3　集成第三方动态库

集成使用不同技术编写的代码不会随着 C/C++结束。许多库，特别是那些封闭源的第三方软件，以编译二进制文件的格式被分发。在 C 中，加载这样的共享/动态库并调用它们的函数是很容易的。这意味着你可以使用任何 C 库，只要使用 Python/C API 通过扩展包装它。

这当然不是唯一的解决方案，还有一些工具，如 ctypes 或 CFFI，这些工具允许你使用纯 Python 与动态库交互，而不需要在 C 中编写扩展。很多时候，Python/C API 可能仍然是一个更好的选择，因为它提供了一个更好的集成层（用 C 编写），可以分离其余的应用程序。

7.2.4　创建自定义数据类型

Python 提供了多种多样的可选的内置数据类型。其中一些使用了最先进的内部实现（至少在 CPython 中），这些实现针对 Python 语言进行了专门的优化。大量开箱即用的基本类型和集合类型可能令新手感到印象深刻，但很显然，它们无法涵盖我们所有可能的需求。

当然，你可以在 Python 中创建许多自定义数据结构，完全基于某些内置类型构建它们，或者从头开始构建一个全新的类。不幸的是，对于一些严重依赖这种自定义数据结构的应用，性能可能会不够。复杂集合（如 dict 或 set）的整体功能依赖它们的底层 C 实现。为什么不这样做，在 C 中实现一些你自己的自定义数据结构呢？

7.3　编写扩展

如前所述，编写扩展不是一个简单的任务，你需要付出很多努力的工作，同时，它也可以给你带来很多的优势。使用诸如 Cython 或 Pyrex 之类的工具，或者使用 ctypes 或 cffi 简单地与现有的动态库集成，通过这些方法开发自己的扩展是最简单的，也是值得推荐的方法。这些项目会极大的提高你的开发效率，并且降低代码的开发难度，使代码具有更好的可读性与可维护性。

总之，如果你是新了解这个话题，现在你就可以开启自己的冒险之旅，只是使用少量的 C 和 Python/C API 就可以开发一个自己的扩展。这将提高你对扩展的工作原理的理解，也将帮助你了解替代解决方案的优势。为了简单起见，我们将以简单的算法问题为例，并尝试使用 3 种不同的方法来实现：

- 编写纯 C 扩展。
- 使用 Cython。
- 使用 Pyrex。

我们的问题是找到斐波那契数列的第 n 项。正常情况下，你不太可能会通过编写一个编译的扩展来解决这种问题，它非常简单，所以这是一个非常好的例子，用来说明把任何 C 函数关联到 Python/C API。我们唯一的目标是清晰和简单，所以我们不会尝试提供最有效的解决方案。一旦我们清楚这一点，我们在 Python 中实现的 Fibonacci 函数的参考实现如下：

```
"""提供了斐波那契数列函数的 Python 模块"""

def fibonacci(n):
    """递归计算返回斐波那契数列的第 n 项.
    """
    if n < 2:
        return 1
    else:
        return fibonacci(n - 1) + fibonacci(n - 2)
```

注意，这是 `fibonnaci()` 函数的最简单的实现之一，还可以做很多的改进。我们拒绝改进我们的实现（例如使用备忘录模式），因为这不是我们的例子的目的。同样，当讨论 C 或 Cython 中的实现时，即使编译的代码提供了更多的改进的可能性，我们也不会优化我们的代码。

7.3.1 纯 C 扩展

在我们完全深入用 C 语言编写 Python 扩展的代码示例之前，这里有一个严重的警告。如果你想用 C 扩展 Python，你需要掌握这两种语言。尤其是要了解 C 语言。如果对 C 语言的熟练程度不够，可能会导致灾难性的后果，因为它很容易出现不恰当的处理。

如果你决定为 Python 编写 C 扩展，我假设你已经对 C 语言有一定程度的了解，可以完全理解上面提到的例子。除了 Python/C API 之外，在这里不会解释其他任何细节。这本书是关于 Python 的，而不是任何其他语言。如果你根本不知道 C，在你掌握足够的经验和技能之前，你绝对不应该尝试用 C 语言编写自己的 Python 扩展。把它留给别人，继续使用 Cython 或 Pyrex，因为从初学者的角度来看，它们更安全。这主要是因为 Python/C API，尽管这些 API 是精心设计的，但对于 C 语言来说，依然不是很友好。

如前所述，我们尝试将 `fibonacci()` 函数移植到 C，并把它作为扩展暴露给 Python 代码。没有连接到 Python/C API 的纯 C 实现与前面的 Python 示例类似，大致如下：

```
long long fibonacci(unsigned int n) {
    if (n < 2) {
        return 1;
    } else {
        return fibonacci(n - 2) + fibonacci(n - 1);
    }
}
```

这里是一个完整的全功能的扩展例子，它在编译过的模块中暴露了一个函数，如下所示：

```
#include <Python.h>


long long fibonacci(unsigned int n) {
    if (n < 2) {
        return 1;
    } else {
        return fibonacci(n - 2) + fibonacci(n - 1);
    }
}

static PyObject* fibonacci_py(PyObject* self, PyObject* args) {
    PyObject *result = NULL;
    long n;

    if (PyArg_ParseTuple(args, "l", &n)) {
        result = Py_BuildValue("L", fibonacci((unsigned int)n));
    }
    return result;
}

static char fibonacci_docs[] =
    "fibonacci(n): Return nth Fibonacci sequence number "
    "computed recursively\n";

static PyMethodDef fibonacci_module_methods[] = {
    {"fibonacci", (PyCFunction)fibonacci_py,
    METH_VARARGS, fibonacci_docs},
    {NULL, NULL, 0, NULL}
};

static struct PyModuleDef fibonacci_module_definition = {
    PyModuleDef_HEAD_INIT,
    "fibonacci",
    "Extension module that provides fibonacci sequence function",
    -1,
    fibonacci_module_methods
};

PyMODINIT_FUNC PyInit_fibonacci(void) {
    Py_Initialize();

    return PyModule_Create(&fibonacci_module_definition);
}
```

前面的例子乍一看可能有点令人不知所措,因为我们不得不添加 4 倍多的代码,使得
Python 可以访问 fibonacci()C 函数。我们稍后将讨论每一行代码,所以不要担心。但
在我们这样做之前,让我们看看如何在 Python 中进行打包并执行它。我们模块的最小
setuptools 配置需要使用 setuptools.Extension 类,用来告诉解释器我们的扩展
是如何编译的,如下所示:

```python
from setuptools import setup, Extension

setup(
    name='fibonacci',
    ext_modules=[
    Extension('fibonacci', ['fibonacci.c']),
    ]
)
```

扩展的构建过程可以通过 Python 的 setup.py 构建命令进行初始化,并且它会在程
序包安装时自动执行。以下文本信息显示了在开发模式下安装的结果以及一个简单的交互
会话,在这里我们编译的 fibonacci() 函数被检测到并执行,如下所示:

```
$ ls -1a
fibonacci.c
setup.py

$ pip install -e .
Obtaining file:///Users/swistakm/dev/book/chapter7
Installing collected packages: fibonacci
  Running setup.py develop for fibonacci
Successfully installed Fibonacci

$ ls -1ap
build/
fibonacci.c
fibonacci.cpython-35m-darwin.so
fibonacci.egg-info/
setup.py

$ python
Python 3.5.1 (v3.5.1:37a07cee5969, Dec 5 2015, 21:12:44)
[GCC 4.2.1 (Apple Inc. build 5666) (dot 3)] on darwin
Type "help", "copyright", "credits" or "license" for more information.
>>> import fibonacci
>>> help(fibonacci.fibonacci)
```

```
Help on built-in function fibonacci in fibonacci:

fibonacci.fibonacci = fibonacci(...)
    fibonacci(n): Return nth Fibonacci sequence number computed
recursively

>>> [fibonacci.fibonacci(n) for n in range(10)]
[1, 1, 2, 3, 5, 8, 13, 21, 34, 55]
>>>
```

1．Python/C API 详情

既然我们已经知道如何正确地打包，编译和安装自定义 C 扩展，并且确信它能按照预期正常地工作，现在是时候来详细讨论一下我们的代码。

扩展模块以一个包含 Python.h 头文件的单独的 C 预处理器指令开始，代码如下：

```
#include <Python.h>
```

它把整个 Python/C API 以及编写扩展需要引入的一切包含进来。在更现实的开发中，你的代码可能需要更多的预处理器指令，这样可以直接使用 C 标准库函数或者集成其他源文件。我们的例子很简单，因此不需要更多的指令。

接下来我们来看一下模块的核心部分：

```
long long fibonacci(unsigned int n) {
    if (n < 2) {
        return 1;
    } else {
        return fibonacci(n - 2) + fibonacci(n - 1);
    }
}
```

前面的 fibonacci() 函数是我们代码唯一有用的部分。它是纯 C 实现，Python 默认情况下不能理解它。例子中的其余代码会创建接口层，接口层通过 Python/C API 将函数暴露出来。

将此代码暴露给 Python 的第一步是创建 CPython 解释器可以识别的 C 函数。在 Python中，一切皆是对象。这意味着在 Python 中调用的 C 函数也需要返回真正的 Python 对象。Python/C API 提供了一个 PyObject 类型，每个可调用的函数都必须返回指向它的指针。函数的签名是：

```
static PyObject* fibonacci_py(PyObject* self, PyObject* args)s
```

请注意，上面的签名没有指定明确的参数列表，而只指定 `PyObject * args`，它持有一个指向结构体的指针，结构体中包含提供参数的元组。参数列表的实际验证必须在函数体内部执行，这正是 `fibonacci_py()` 所做的。它解析 **args** 参数列表，假设它是一个 `unsigned int` 类型，并将该值用作 `fibonacci()` 函数的参数，用于取回斐波那契数列元素，如下所示：

```
static PyObject* fibonacci_py(PyObject* self, PyObject* args) {
    PyObject *result = NULL;
    long n;

    if (PyArg_ParseTuple(args, "l", &n)) {
        result = Py_BuildValue("L", fibonacci((unsigned int)n));
    }

    return result;
}
```

> 前面的示例函数有一些严重的 bug，有经验的开发人员应该很容易发现它们。尝试找到它们，作为一个编写 C 扩展的练习。现在，我们离开它，因为它是为了简洁起见。稍后，我们将在讨论处理错误的细节时尝试修复它，这些内容位于异常处理的部分。

`PyArg_ParseTuple(args, "l", &n)` 调用中的 "l" 字符串意味着我们希望 args 只包含一个长整型值。在失败的情况下，它将返回 `NULL`，并在每个线程解释器的状态中存储关于异常的信息。异常处理的细节稍后会在异常处理部分进行说明。

解析函数的实际签名是 `int PyArg_ParseTuple(PyObject * args, const char * format, ...)`，format 字符串后面是一个可变长度的参数列表，表示解析出的值（作为指针）。这与 C 标准库中 `scanf()` 函数的工作原理类似。如果我们的假设失败，并且用户提供了一个不兼容的参数列表，那么 `PyArg_ParseTuple()` 将抛出合适的异常。这是用来编码函数签名的方法，一旦你习惯了它，就会觉得它非常方便，但与纯 Python 代码相比，还是显得有些臃肿。这种通过 `PyArg_ParseTuple()` 调用隐式定义的 Python 调用签名不太容易被 Python 解释器检测到。在使用代码提供扩展时，你需要注意这个问题。

如前所述，Python 期望从调用中返回对象。从 `fibonacci()` 函数返回的是一个原始长整型值，这意味着我们把它作为 `fibonacci_py()` 的结果返回。这样的尝试甚至不会编译，因为这里无法自动把基本的 C 类型转换成 Python 对象。必须改用 `Py_BuildValue(*format, ...)` 函数。它与 `PyArg_ParseTuple()` 相对应，并接受一组类似的格式串。

主要的区别是参数列表不是函数输出而是输入，因此必须提供实际值而不是指针。

在定义 fibonacci_py() 之后，大部分重工作已经完成。最后一步是执行模块初始化并向我们的函数添加元数据，这可以提升用户体验。对于一些简单的例子，这是我们扩展代码的样板部分，例如这一个，我们实际想要暴露的函数可能更多。在大多数情况下，它只包括一些静态结构和一个初始化函数，由解释器在模块导入时执行。

首先，我们创建一个静态字符串，它将是 fibonacci_py() 函数的 Python docstring 的内容，代码如下：

```
static char fibonacci_docs[] =
    "fibonacci(n): Return nth Fibonacci sequence number "
    "computed recursively\n";
```

注意，这可以在稍后的 fibonacci_module_methods 中的某处被内联，但是一个好的做法是将 docstrings 分开并存储在它们所引用的实际函数定义附近。

我们定义的下一部分是 PyMethodDef 结构的数组，它们定义了我们的模块中可用的方法（函数）。此结构正好包含 4 个字段。

- char* ml_name: 这是方法的名称。
- PyCFunction ml_meth: 这是 C 实现功能的函数的指针。
- int ml_flags: 这包括表明调用约定或绑定约定的标志。后者仅适用于类方法的定义。
- char* ml_doc: 这是指向方法/函数的 docstring 内容的指针。

这样的数组必须始终以表示其结束的哨兵值 {NULL, NULL, 0, NULL} 结束。在我们的这个简单的例子中，我们创建了只包含两个元素（包括哨兵值）的 static PyMethodDef fibonacci_module_methods [] 数组，如下所示：

```
static PyMethodDef fibonacci_module_methods[] = {
    {"fibonacci", (PyCFunction)fibonacci_py,
    METH_VARARGS, fibonacci_docs},
    {NULL, NULL, 0, NULL}
};
```

下面是第一个实体映射到 PyMethodDef 结构的方式。

- ml_name = "fibonacci": 这里，fibonacci_py() C 函数将使用 fibonacci 函数名暴露成一个 Python 函数。
- ml_meth = (PyCFunction) fibonacci_py: 这里，转换为 PyCFunction，这是 Python/C API 需要的，并且由稍后在 ml_flags 中定义的调用约定所决定。
- ml_flags = METH_VARARGS: 此处，METH_VARARGS 标志表明我们函数的调用约定接受一个可变参数列表的参数和无关键字参数。

- `ml_doc = fibonacci_docs`：这里，**Python** 函数会被 `fibonacci_docs` 字符串的内容所文档化。

当函数定义的数组完成时，我们可以创建另一个包含整个模块的定义的结构。这些定义使用 `PyModuleDef` 类型描述并包含多个字段。其中一些仅对更复杂的场景有用，在有些场景中需要对模块初始化过程进行细粒度的控制。这里我们只对前 5 个感兴趣。

- `PyModuleDef_Base m_base`：这应始终用 `PyModuleDef_HEAD_INIT` 初始化。
- `char * m_name`：这是新创建的模块的名称。在我们的这个例子里，它的值是 `fibonacci`。
- `char * m_doc`：这是指向模块的 **docstring** 内容的指针。我们通常在一个 C 源文件中只定义一个模块，因此在整个结构中内联我们的文档字符串是可以的。
- `Py_ssize_t m_size`：这是为了保存模块状态而分配的内存的大小。这仅在需要支持多个子解释器或多阶段初始化时使用。在大多数情况下，你不需要它，它的取值为-1。
- `PyMethodDef * m_methods`：这是一个指向包含模块级函数的数组的指针，这些函数通过 `PyMethodDef` 类型的值进行描述。如果模块不公开任何函数，它应该为 NULL。在我们的例子中，它的取值是 `fibonacci_module_methods`。

其他字段在官方 **Python** 文档中有详细的解释（参考 https://docs.python.org/3/c-api/module.html），而在我们的示例扩展中不需要这些字段。如果不需要，它们应该设置为NULL，并且当未指定时，它们将以该值隐式地初始化。这就是为什么我们可以在包含模块描述的 `fibonacci_module_definition` 变量中采用这样简单的 5 元素形式如下：

```
static struct PyModuleDef fibonacci_module_definition = {
    PyModuleDef_HEAD_INIT,
    "fibonacci",
    "Extension module that provides fibonacci sequence function",
    -1,
    fibonacci_module_methods
};
```

圆满完成我们工作的最后一段代码是模块初始化函数。这必须遵循特定的命名约定，因此 **Python** 解释器可以在加载动态/共享库时很容易地找到它。它应该以 `PyInit_name` 命名，其中 name 是你的模块名称。因此，它与 `PyModuleDef` 定义中的 `m_base` 字段以及 `setuptools.Extension()` 调用的第一个参数的字符串完全相同。如果你不需要一个复杂的模块初始化过程，它可以简单的形式进行，就像我们的例子，如下所示：

```
PyMODINIT_FUNC PyInit_fibonacci(void) {
```

```
        return PyModule_Create(&fibonacci_module_definition);
    }
```

　　PyMODINIT_FUNC 宏是一个预处理器宏，它会把初始化函数的返回类型声明为 PyObject*，如果平台需要，它还可以添加任何特殊的连接声明。

2. 调用与绑定约定

　　正如在 "Python / C API 详情" 部分中所解释的，PyMethodDef 结构的 ml_flags 位域包含调用与绑定约定的标志，调用约定标志是。

- METH_VARARGS: 这是一个典型的约定，**Python** 函数或方法只接受普通参数作为其参数。为这样的函数提供参数类型的 ml_meth 字段的类型应该是 PyCFunction。该函数将提供两个 PyObject*类型的参数。第一个是 self 对象（对于方法）或 module 对象（对于模块函数）。遵循这个调用约定的 C 函数的典型签名是 PyObject* function(PyObject* self, PyObject* args)。

- METH_KEYWORDS: 这是 **Python** 函数的约定，在调用时接受关键字参数。它关联的 C 类型是 PyCFunctionWithKeywords。C 函数必须接受 3 个 PyObject*类型的参数：self、args 和关键字参数的字典。如果与 METH_VARARGS 组合使用，前两个参数具有与前一个调用约定有相同的含义，否则 args 将为 NULL。典型的 C 函数签名是：PyObject* function(PyObject* self, PyObject* args, PyObject* keywds)。

- METH_NOARGS: 这是 **Python** 函数的约定，表示不接受任何其他参数的。C 函数应该是 PyCFunction 类型，因此签名与 METH_VARARGS 约定（两个 self 和 args 参数）的签名相同。唯一的区别是 args 将始终为 NULL，因此不需要调用 PyArg_ParseTuple()。它不能与任何其他调用约定标志一起使用。

- METH_O: 这是一个缩写，约定函数和方法接受单个对象参数。C 函数的类型也是 PyCFunction，因此它接受两个 PyObject*类型的参数：self 和 args。它与 METH_VARARGS 的区别在于，不需要调用 PyArg_ParseTuple()，因为作为 args 提供的 PyObject*已经表示在对该函数的 **Python** 调用中提供的单个参数。它也不能与任何其他调用约定标志一起使用。

　　接受关键字的函数用 METH_KEYWORDS 标志或着以位组合的形式 METH_VARARGS|METH_KEYWORDS。如果是这样，它应该使用 PyArg_ParseTupleAndKeywords()而不是 PyArg_ParseTuple()或 PyArg_UnpackTuple()解析其参数。下面是一个具有单个函数的示例模块，它返回 None，并且接受打印在标准输出上的两个关键字参数，如下所示：

```c
#include <Python.h>

static PyObject* print_args(PyObject *self, PyObject *args, PyObject *keywds)
{
    char *first;
    char *second;

    static char *kwlist[] = {"first", "second", NULL};

    if (!PyArg_ParseTupleAndKeywords(args, keywds, "ss", kwlist, &first, &second))
        return NULL;

    printf("%s %s\n", first, second);

    Py_INCREF(Py_None);
    return Py_None;
}

static PyMethodDef module_methods[] = {
    {"print_args", (PyCFunction)print_args,
    METH_VARARGS | METH_KEYWORDS,
    "print provided arguments"},
    {NULL, NULL, 0, NULL}
};

static struct PyModuleDef module_definition = {
    PyModuleDef_HEAD_INIT,
    "kwargs",
    "Keyword argument processing example",
    -1,
    module_methods
};

PyMODINIT_FUNC PyInit_kwargs(void) {
    return PyModule_Create(&module_definition);
}
```

Python/C API 中的参数解析非常灵活，在官方文档 https://docs.python.org/3.5/c-api/arg.html 中有详细描述。PyArg_ParseTuple() 和 PyArg_ParseTupleAndKeywords() 中的格式参数可以对参数数量和类型的进行更细粒度地控制。Python 中已知的每个高级调用约定都可以用 C 编码，Python 中已知的每个高级调用约定都可以用这些 APIC 编码，包括以下几个。

- 带参数默认值的函数。
- 参数规定为仅关键字参数的函数。
- 具有可变数量参数的函数。

METH_CLASS，METH_STATIC 和 METH_COEXIST 这些绑定约定标志（binding convention flags），是为方法保留的，不能用于描述模块函数。前两个不需要加以说明，你就可以看出它们的含义。它们对应 classmethod 和 staticmethod 装饰器的 C 类对象，并改变传递给 C 函数的 self 变量的含义。

METH_COEXIST 允许加载一个方法来代替现有的定义。它很少用到。主要是当你想提供一个 C 方法的实现，它将根据定义的类型的其他特性自动生成。Python 文档给出了 __contains__()包装方法的示例，如果类型定义了 sq_contains 槽，则将生成该方法。不幸的是，使用 Python/C API 定义自己的类和类型超出了本入门章节的范围。

3. 异常处理

C，不像 Python，或者甚至 C++没有抛出和捕获异常的语法。所有错误处理通常使用函数返回值和可选的全局状态来处理，用于保存可以解释上一个故障原因的详细信息。

Python/C API 中的异常处理是围绕这个简单的原则构建的。在 C API 中发生并运行的最后一个错误在每个线程中都有一个全局指示符。它被设置为描述问题的原因。还有一种标准化的方式来通知函数的调用者，该状态在调用期间是否发生变化。

- 如果函数应返回一个指针，则返回 NULL。
- 如果函数返回一个 int 类型，则返回−1。

在 Python/C API 中，前面规则有一个唯一例外是 PyArg_*()函数，返回 1 表示成功，0 表示失败。

为了在实践中看到它是如何工作的，让我们从前面的部分的例子中回忆一下我们的 fibonacci_py()函数，如下所示：

```
static PyObject* fibonacci_py(PyObject* self, PyObject* args) {
    PyObject *result = NULL;
    long n;

    if (PyArg_ParseTuple(args, "l", n)) {
        result = Py_BuildValue("L", fibonacci((unsigned int) n));
    }
    return result;
}
```

对进行的错误处理的行进行了加粗显示。处理很早就开始进行了，它开始于 result

变量的初始化,这个变量存储我们的函数的返回值。它用 NULL 初始化,正如我们已经知道的,是一个标识错误的指示器。所以,你通常就会这样编写你的扩展,假设错误是你的代码的默认状态。

后来我们有 PyArg_ParseTuple() 调用,它将在异常情况下设置错误信息并返回 0。这是 if 语句的一部分,在这种情况下,我们不再做任何事情并返回 NULL。任何调用我们函数的人都会收到关于错误的通知。

Py_BuildValue() 也可能引发异常。它应该返回 PyObject*(指针),所以在失败的情况下它给出 NULL。我们可以简单地将其存储为结果变量,并进一步传递为返回值。

但是我们的工作不是以关注 Python/C API 调用引发的异常而结束。你很可能需要通知扩展程序的用户,告诉他们发生了一些其他类型的错误或故障。Python/C API 有多个函数可以帮助你抛出一个异常,但最常见的是 PyErr_SetString()。它使用给定的异常类型设置一个错误指示器,并提供一个附加字符串作为错误原因说明。这个函数的完整签名是:

```
void PyErr_SetString(PyObject* type, const char* message)
```

我已经说过我们的 fibonacci_py() 函数的实现有严重的 bug。现在是时候来解决它了。幸运的是,我们有合适的工具。问题在于一个不安全的类型转换,把 long 类型换为 unsigned int,如下所示:

```
if (PyArg_ParseTuple(args, "l", &n)) {
    result = Py_BuildValue("L", fibonacci((unsigned int) n));
}
```

由于 PyArg_ParseTuple() 调用,第一个也是唯一的参数将被解释为 long 类型("l"说明符)并存储在局部变量 n 中。然后它被转换为 unsigned int 类型,所以如果用户在 Python 中使用负值调用 fibonacci() 函数,就会出现问题。例如,-1 作为带符号的 32 位整数,当转换为无符号 32 位整数时将被解释为 4294967295。这样的值将导致深度递归,并将导致堆栈溢出和分段错误。注意,如果用户给出任意大的正参数,则可能发生相同的情况。不完全重新设计 fibonacci() 这个 C 函数,虽然我们无法修复这个问题,但我们至少可以尝试确保传递的参数满足一些前提条件。这里我们检查 n 参数的值是否大于或等于零,如果不是 true,我们抛出一个 ValueError 异常,如下所示:

```
static PyObject* fibonacci_py(PyObject* self, PyObject* args) {
    PyObject *result = NULL;
    long n;
    long long fib;
    if (PyArg_ParseTuple(args, "l", &n)) {
        if (n<0) {
```

```
                    PyErr_SetString(PyExc_ValueError,
                                    "n must not be less than 0");
            } else {
                result = Py_BuildValue("L", fibonacci((unsignedint)n));
            }
        }

        return result;
    }
```

最后一个注意事项是，全局错误状态不会自我清除。一些错误可以在 C 函数中正常处理（与在 Python 中使用 try ... except 子句相同），并且如果错误指示符不再有效，则需要清除错误指示符。PyErr_Clear() 就是这个功能。

4. 释放 GIL

我已经提到扩展是一种可以绕过 Python GIL 的方法。CPython 实现有一个著名的限制，声明每次只有一个线程可以执行 Python 代码。虽然多进程是绕过这个问题的建议方法，但是由于运行附加进程的资源开销，对于某些高度并行化的算法来说，多进程可能也不是一个好的解决方案。

因为扩展主要用于大部分工作在纯 C 中执行而没有对 Python/C API 的任何调用的情况，所以可以（即使适当）在某些应用程序段中释放 GIL（甚至是明智的）。由于这一点，你仍然可以从拥有多个 CPU 核心和多线程应用程序设计中受益。你唯一需要做的是使用 Python/C API 提供的特定宏，包装已知不使用任何 Python/C API 调用或 Python 结构与的代码块。提供这两个预处理器宏以简化释放和重新获取全局解释器锁的整个过程。

- Py_BEGIN_ALLOW_THREADS：这声明了隐藏的局部变量，其中保存当前线程状态，并释放 GIL。
- Py_END_ALLOW_THREADS：这会重新获取 GIL 并且从之前的宏声明的局部变量中恢复线程状态。

当我们仔细观察 fibonacci 扩展示例时，我们可以清楚地看，fibonacci() 函数不执行任何 Python 代码，并且不接触任何 Python 结构。这意味着，简单包装 fibonacci(n) 执行的 fibonacci_py() 函数就可以更新以释放该调用周围的 GIL，如下所示：

```
static PyObject* fibonacci_py(PyObject* self, PyObject* args) {
    PyObject *result = NULL;
    long n;
    long long fib;

    if (PyArg_ParseTuple(args, "l", &n)) {
```

```
        if (n<0) {
            PyErr_SetString(PyExc_ValueError,
                            "n must not be less than 0");
        } else {
            Py_BEGIN_ALLOW_THREADS;
            fib = fibonacci(n);
            Py_END_ALLOW_THREADS;

            result = Py_BuildValue("L", fib);
        }
    }

    return result;
}
```

5. 引用计数

最后，我们来到 Python 的内存管理的重要主题。Python 有自己的垃圾收集器，但它只是为了解决**引用计数**（reference counting）算法中的循环引用的问题。引用计数是管理垃圾对象的重新分配的主要方法。

Python/C API 文档介绍了引用所有权，以解释它如何处理对象的释放。Python 中的对象不是独占的，它们始终共享。对象的实际创建由 Python 的内存管理器管理。它是 CPython 解释器的组件，负责为存储在私有堆中的对象分配和释放内存。它可以持有对象的引用。

由引用（PyObject*指针）表示的 Python 中的每个对象都有一个相关的引用计数。当它变为 0 时，它意味着没有对象持有该对象的任何有效引用，就可以调用与其类型相关联的释放器。Python/C API 提供了两个宏来增加和减少引用计数：Py_INCREF() 和 Py_DECREF()。但在我们讨论它们的细节之前，我们需要了解更多关于引用所有权的术语。

- **传递所有权**（Passing of ownership）：每当我们说函数将所有权传递给引用时，这意味着它已经增加了引用计数，并且当不再需要该引用对象时，调用者负责减少计数。大多数函数返回新创建的对象，例如 Py_BuildValue，就是这样做的。如果我们把函数返回的对象传递给另一个调用者，则所有权再次传递。在这种情况下，我们不减少引用计数，因为它不再是我们的责任。这就是为什么 fibonacci_py() 函数不会对 result 变量调用 Py_DECREF()。

- **借用引用**（Borrowed references）：引用的借用发生在函数接收到对某个 Python 对象的引用作为参数时。不应该在该函数中减少此引用的引用计数，除非它的范围明确增加。在我们的 fibonacci_py() 函数中，self 和 args 参数是这样借用引用，因此我们不对它们调用 PyDECREF()。一些 Python/C API 函数也可能返回借用引用。值得注意的例子是 PyTuple_GetItem() 和 PyList_GetItem()。人们经常说，这种引用是无保护的。没有必要处理它的所有权，除非它将作为函数的返回值返回。在大多数情况下，如果我们使用这样的借用引用作为其他 Python/C API 调用的参数，应该格外小心。在某些情况下，用作其他函数的参数之前，可能需要使用 Py_INCREF() 额外地保护这些引用，并且在不再需要时调用 Py_DECREF()。

- **盗用引用**（Stolen references）：Python/C API 函数也有可能盗用引用，而不是在作为调用参数时借用它。有两个函数的就是这种情况：pytuple_setitem() 和 pylist_setitem()。它们完全接管传递给他们的引用。它们本身不增加引用计数，但是当不再需要引用时，将调用 py_decref()。

关注引用计数是编写复杂扩展时最困难的事情之一。一些不那么明显的问题可能不会被注意到，直到代码在多线程环境中运行。

另一个常见的问题是由 Python 对象模型的本质引起的，事实上，一些函数返回的是借用引用。当引用计数变为 0 时，释放函数会执行。对于用户定义的类，可以定义一个 __del__() 方法，该方法会在此时调用。这可以是任何 Python 代码，它可能会影响其他对象及其引用计数。Python 的官方文档给出了可能受此问题影响的代码，示例如下：

```
void bug(PyObject *list) {
    PyObject *item = PyList_GetItem(list, 0);

    PyList_SetItem(list, 1, PyLong_FromLong(0L));
    PyObject_Print(item, stdout, 0); /* BUG! */
}
```

它看起来似乎完全没问题，但实际上我们不知道 list 对象包含什么元素。当 PyList_SetItem() 在 list[1] 索引上设置新值时，之前存储在该索引处的对象的所有权会被处理。如果它是唯一存在的引用，引用计数将变为 0，并且对象将被释放。这可能是一些用户定义的类，该类中实现了自定义的 __del__() 方法。如果这样的 __del__() 执行，item[0] 就会从列表中移除，此时就会发生严重的问题。注意 PyList_GetItem() 返回一个借用引用！它在返回引用之前不需要调用 Py_INCREF()。因此在该代码中，可能会调用 PyObject_Print()，并引用不再存在的对象。这将导致段错误，同时也会导致 Python 解释器崩溃。

正确的方法是在我们需要它们的整个时间段里保护借用引用，因为任何调用都可能导致任何其他对象的释放，即使它们看起来不相关，如下所示：

```
void no_bug(PyObject *list) {
```

```
PyObject *item = PyList_GetItem(list, 0);
Py_INCREF(item);
PyList_SetItem(list, 1, PyLong_FromLong(0L));
PyObject_Print(item, stdout, 0);
Py_DECREF(item);
}
```

7.3.2 Cython

Cython 既是一个优化的静态编译器，也是一个 Python 的超集的编程语言的名称。作为编译器，它可以使用 Python/C API 执行源到源的编译，把本地 Python 代码及其 Cython 方言编译为 Python C 扩展。它允许你结合 Python 和 C 的威力，而不需要手动处理 Python/C API。

1．Cython 作为源码编译器

对于使用 Cython 创建的扩展，你将获得的主要优势是使用它提供的语言超集。总之，你可以利用源到源的编译，使用纯 Python 代码创建扩展。这是 Cython 最简单的方法，因为它几乎不需要对代码进行任何修改，就可以显著的提升性能，并且开发成本也非常低。

Cython 提供了一个简单实用的 cythonize 函数，允许你轻松地将编译过程与 distutils 或 setuptools 集成。假设我们想把一个纯的 Python 实现的 fibonacci()函数编译成一个 C 扩展。如果它位于 fibonacci 模块中，最小的 setup.py 脚本，如下所示：

```
from setuptools import setup
from Cython.Build import cythonize

setup(
    name='fibonacci',
    ext_modules=cythonize(['fibonacci.py'])
)
```

Cython 用作 Python 语言的源代码编译工具有另一个好处。源到源编译到扩展可以是源分发安装过程的完全可选部分。如果需要安装软件包的环境没有 Cython 或任何其他构建前提条件，则可以将其安装为普通的纯 Python 包。用户不需要关注以这种方式分发的代码有任何功能性的行为差异。

分发使用 Cython 构建的扩展的常见方法是打包 Python/Cython 源以及从这些源文件生成中的 C 代码。这样，根据当前构建前提条件，包可以以 3 种不同的方式安装。

- 如果安装环境没有可用的 Cython，则扩展 C 代码是从提供的 Python/Cython 源中生成。
- 如果 Cython 不可用，但有可用的构建前提条件（C 编译器，Python/C API 头），扩展是从分散式的预生成的 C 文件中构建。

- 如果前面的先决条件都不可用，并且扩展是从纯 Python 源创建的，则模块将像普通 Python 代码一样安装，并跳过编译步骤。

注意，包含生成的 C 文件以及 Cython 源文件，这是 Cython 文档中推荐的分发 Cython 扩展的方式。文档中还提到，默认情况下应该禁用 Cython 编译，因为用户在他的环境中可能没有所需的 Cython 版本，这可能会导致意想不到的编译问题。不过，随着环境隔离的出现，现今这似乎是一个不太令人担忧的问题。此外，Cython 是一个有效的 Python 包，它在 PyPI 上可用，因此你可以很容易地定义特定版本的项目依赖。包含这样一个先决条件，无疑是一个有严重影响的决定，应该非常仔细地考虑。更安全的解决方案是利用 setuptools 包中 extras_require 特性的强大功能，并允许用户决定是否要使用具有特定环境变量的 Cython，如下所示：

```python
import os

from distutils.core import setup
from distutils.extension import Extension

try:
    # 只有当 Cython 可用时
    # cython 源到源的编译才可以使用
    import Cython
    # 并且特定的环境变量明确说明
    # 使用 Cython 生成 c 源码
    USE_CYTHON = bool(os.environ.get("USE_CYTHON"))

except ImportError:
    USE_CYTHON = False

ext = '.pyx' if USE_CYTHON else '.c'

extensions = [Extension("fibonacci", ["fibonacci"+ext])]

if USE_CYTHON:
    from Cython.Build import cythonize
    extensions = cythonize(extensions)

setup(
    name='fibonacci',
    ext_modules=extensions,
    extras_require={
        # 通过'[with-cython]'这个特性
        # 当包被安装时
        # 可以设置特定的 Cython 的版本的依赖
```

```
                'cython': ['cython==0.23.4']
        }
)
```

在安装包时，pip 安装工具支持 extras 选项，该选项通过向包名称添加 [extra-name] 后缀进行安装。对于上述示例，从本地源安装时，可以使用以下命令启用可选的 Cython 依赖与编译器：

```
$ USE_CYTHON=1 pip install .[with-cython]
```

2. Cython 作为一门语言

Cython 不仅是一个编译器，而且也是一个 Python 语言的超集。超集意味着任何有效的 Python 代码是允许的，并且它还具有一些额外的特性，如支持调用 C 函数或声明 C 类型的变量和类属性。所以任何用 Python 编写的代码都可以用作为 Cython 语言使用。这解释了为什么可以通过 Cython 编译器很容易地将普通的 Python 模块编译到 C。

但我们不会止步于这个简单的事实。我们引用的 fibonacci() 函数也是 Python 超集中的扩展的有效代码，我们将尝试做一点改进。我们不会对函数设计进行实质的优化，只是做一些小的改动，使用 Cython 编写，我们就可以从中受益。

Cython 源文件使用不同的文件扩展名。它的扩展名是 .pyx 而不是 .py。假设我们仍然想要实现我们的斐波纳契数列。fibonacci.pyx 的内容看起来可能是像这样的：

```
"""提供斐波纳契数列函数的 Cython 模块"""
def fibonacci(unsigned int n):
    """递归计算返回斐波那契数列的第 n 项"""
    if n < 2:
        return n
    else:
        return fibonacci(n - 1) + fibonacci(n - 2)
```

正如你可以看到的，唯一真正改变的是 fibonacci() 函数的签名。由于 Cython 中的可选静态类型，我们可以将 n 参数声明为 unsigned int，这会稍微改进我们函数的工作方式。此外，它比以前用手写扩展时做的更多。如果 Cython 函数的参数声明为静态类型，那么扩展将通过抛出合适的异常来自动处理转换和溢出的异常，如下所示：

```
>>> from fibonacci import fibonacci
>>> fibonacci(5)
5
>>> fibonacci(-1)
Traceback (most recent call last):
```

```
    File "<stdin>", line 1, in <module>
    File "fibonacci.pyx", line 21, in fibonacci.fibonacci (fibonacci.c:704)
OverflowError: can't convert negative value to unsigned int
>>> fibonacci(10 ** 10)
Traceback (most recent call last):
    File "<stdin>", line 1, in <module>
    File "fibonacci.pyx", line 21, in fibonacci.fibonacci (fibonacci.c:704)
OverflowError: value too large to convert to unsigned int
```

我们已经知道 Cython 只能进行源到源的编译，而生成的代码使用相同的 Python/C API，我们在手动为扩展编写 C 代码时也使用到了这些 API。注意 fibonacci() 是一个递归函数，所以它经常调用它自己。这意味着虽然我们为输入参数声明了一个静态类型，但在递归调用期间，它会像对待其他 Python 函数一样对待自己。因此，n-1 和 n-2 将被打包成 Python 对象，然后传递到 fibonacci() 的内部实现，该实现会再次返回 unsigned int 类型。这将会一次又一次地重复发生，直到我们达到最终的递归深度。但涉及到比真正需要更多的参数处理时，就可能出现问题。

我们可以通过将更多的工作委托给一个不知道 Python 结构的纯 C 函数来减少 Python 函数调用和参数处理的开销。之前，我们在使用纯 C 创建 C 扩展时这样做过，同样，也可以在 Cython 中这样做。我们可以使用 cdef 关键字声明接受和返回 C 类型的 C 风格函数：

```python
cdef long long fibonacci_cc(unsigned int n):
    if n < 2:
        return n
    else:
        return fibonacci_cc(n - 1) + fibonacci_cc(n - 2)


def fibonacci(unsigned int n):
    """ 递归计算返回斐波那契数列的第 n 项
    """
    return fibonacci_cc(n)
```

我们可以进一步优化。有了一个简单的 C 示例，我们终于展示了如何在调用我们的纯 C 函数期间释放 GIL，因此这个扩展对于多线程应用程序更加友好。在前面的例子中，我们使用了来自 Python/C API 头文件中的 Py_BEGIN_ALLOW_THREADS 和 Py_END_ALLOW_THREADS 预处理器宏，便于让 Python 调用这些代码。Cython 语法更短，更容易记住。在代码中使用简单的 with nogil 语句可以释放 GIL，如下所示：

```python
def fibonacci(unsigned int n):
    """ 递归计算返回斐波那契数列的第 n 项 """
    with nogil:
```

```
        result = fibonacci_cc(n)

    return fibonacci_cc(n)
```

你也可以标记整个 C 风格函数是无 GIL 的安全的调用：

```
cdef long long fibonacci_cc(unsigned int n) nogil:
    if n < 2:
        return n
    else:
        return fibonacci_cc(n - 1) + fibonacci_cc(n - 2)
```

重要的是要知道这样的函数不能有 Python 对象作为参数或返回类型。每当标记为 nogil 的函数需要执行任何 Python/C API 调用时，它必须使用 with gil 语句获取 GIL。

7.4 挑战

老实说，我用 Python 开启了自己的编程之旅，因为我已经厌倦了在用 C 和 C++编写软件时的各种困境。事实上，我们常常看到，程序员开始学习 Python，是在他们意识到其他语言不能满足用户需求的时候。与 C，C++或 Java 相比，使用 Python 编程，是一件轻而易举的事情。一切似乎都是如此简并且经过良好的设计。你可能会觉得再也没有地方可以犯错误，也不再需要其他的编程语言了。

上面这种看法是完全错误的。是的，Python 是一个令人兴奋的语言，它有很多很酷的功能，它可以用于很多领域。但这并不意味着它是完美的，也没有任何缺点。它的可读性很好，也容易写，然而易用性也伴随着一些代价。它不会是许多人想象中的那么慢，但永远不会像 C 一样快。它有很高的可移植性，但它的解释器无法运行在许多架构的用于其他语言的编译器上。我们可能永远用不到这些编译器。

解决这个问题的方案之一就是是编写扩展，所以我们可以把 C 中的一些优点带到 Python 中来。在大多数情况下，它可以工作得很好。问题是：我们使用 Python，仅仅是因为我们想用 C 扩展它吗？答案是否定的。我们在没有任何更好的选择情况，这确实是一个不太方便的解决方案。

7.4.1 额外的复杂性

显而易见，使用不同语言的开发应用程序不是一件容易的事情。Python 和 C 是完全不同的技术，很难找到他们有什么共同点。不存在没有 bug 的应用程序，这也是事实。如果扩展在代码库中变得常见，调试可能会很痛苦。不仅因为 C 代码的调试需要完全不同的工作流程和工具，而且还需要经常在两种不同语言之间切换上下文。

我们都是人类，并且都具有有限的认知能力。当然，有人能够同时有效地处理多层抽象和技术栈，但这种人很少见。无论你有多么熟练，对于维护这样的混合解决方案总是有额外的代价。这将需要额外的努力和时间在 C 和 Python 之间切换，或者一些额外的压力，最终会降低你的开发效率。

根据 TIOBE 排行，C 仍然是最受欢迎的编程语言之一。尽管事实如此，对 Python 程序员来说，通常他们很少或者几乎不太了解。就个人而言，我认为 C 在编程世界应该是通用语言，但是我的意见在这个问题上未必能改变一些事情。Python 非常吸引人，而且很容易学习，许多程序员忘记了他们以前的经验，完全切换到新的技术上来。编程不像骑自行车。如果不经常使用，这个特殊的技能很快就会受到侵蚀。即使有强大 C 语言背景的程序员也有这样的风险，如果他们决定长时间深入使用 Python，他们会逐渐失去他们以前的知识。上面提到的所有问题会导致这样一个简单的结局：很难找到一个能够理解和扩展你的代码的人。对于开源的包，这意味着会有更少的自愿贡献者。在闭源代码中，这意味着并非所有的队友都能够在不破坏原有代码的情况下开发和维护扩展。

7.4.2 调试

当出现错误时，扩展可能会无法运行，这非常糟糕。静态类型提供了许多优于 Python 的优点，可以让你在编译步骤中捕获很多问题。而在 Python 中，如果没有严格的测试例程和全面的测试覆盖的情况下，就很难发现这些问题。另一方面，所有的内存管理必须手动操作。并且，错误的内存管理是 C 语言中大多数编程错误的主要原因。在最好的情况下，这样的错误只会导致一些内存泄漏，这将逐渐消耗掉你所有的环境资源。最好的情况并不意味着容易处理。如果没有使用适当的外部工具，如 Valgrind，内存泄漏是非常棘手的。总之，在大多数情况下，扩展代码中的内存管理问题将会在 Python 中导致无法恢复的段错误，并且会导致解释器崩溃，并且不会抛出任何异常。这意味着你最终需要使用大多数 Python 程序员不需要使用的额外的工具。这增加了开发环境和工作流程的复杂性。

7.5 无扩展的动态库接口

由于 ctypes（标准库中的一个模块）或 cffi（一个外部包），你几乎可以在 Python 中集成任何一个编译的动态/共享库，无论这些库使用什么语言编写。你可以在没有任何编译步骤的纯 Python 中这样做，所以这是一个在 C 中编写扩展的一个令人关注的替代方案。

这并不意味着你不需要知道任何关于 C 的东西。这两个解决方案都需要你对 C 有一定的理解，以及动态库的工作原理。另一方面，他们消除了处理 Python 引用计数的负担，大大降低了造成严重错误的风险。通过 ctypes 或 cffi 与 C 代码交互比编写和编译 C 扩展模块更容易。

7.5.1　ctypes

ctypes 是最流行的模块，用于动态或共享库的函数调用，而不需要编写自定义 C 扩展。原因很明显。它是标准库的一部分，因此它始终可用，并且不需要任何外部依赖。它是一个**外部函数接口**（Foreign Function Interface,FFI）库，并提供了一个用于创建兼容 C 数据类型的 API。

1．加载库

在 ctypes 中有 4 种类型的动态库加载器和两个使用它们的约定。表示动态和共享库的类是 ctypes.CDLL、ctypes.PyDLL、ctypes.OleDLL 和 ctypes.WinDLL。最后两个仅在 Windows 上可用，因此我们不在这里讨论它们。CDLL 和 PyDLL 之间的区别如下。

- ctypes.CDLL：此类表示加载共享库。这些库中的函数使用标准调用约定，并假定返回 int 类型。GIL 在调用期间释放。
- ctypes.PyDLL：此类工作类似于 CDLL，但 GIL 在调用期间不释放。执行后，将检查 Python 错误标志，如果设置了异常，就会抛出。它只在从 Python/C API 中直接调用函数时有用。

要加载库，可以使用适当的参数实例化前面的一个类，或者从与特定类关联的子模块中调用 LoadLibrary() 函数。

- 对于 ctypes.CDLL 使用 ctypes.cdll.LoadLibrary()。
- 对于 ctypes.PyDLL 使用 ctypes.pydll.LoadLibrary()。
- 对于 ctypes.WinDLL 使用 ctypes.windll.LoadLibrary()。
- 对于 ctypes.OleDLL 使用 ctypes.oledll.LoadLibrary()。

加载共享库的主要挑战是如何以便携式方式找到它们。不同的系统对共享库使用不同的后缀（Windows 上是.dll，OS X 上是.dylib，Linux 上是.so），并在不同的地方搜索它们。在这个领域，Windows 的处理方式不太符合常规，对于库，它没有一个预定义的命名模式。因此，我们不会讨论在这个系统上使用 ctypes 加载库的细节，主要集中在以一致和类似的方式处理这个问题的 Linux 和 Mac OS X 上。如果你对 Windows 平台感兴趣，请参考官方 ctypes 文档，这些文档有关支持该系统的大量的信息（参考 https://docs.python.org/ 3.5/library/ctypes.html）。

两个库加载约定（LoadLibrary() 函数和特定的 librarytype 类）要求你使用完整的库名称。这意味着需要包括所有预定义的库前缀和后缀。例如，要在 Linux 上加载 C 标准库，你需要编写以下内容：

```
>>> import ctypes
>>> ctypes.cdll.LoadLibrary('libc.so.6')
<CDLL 'libc.so.6', handle 7f0603e5f000 at 7f0603d4cbd0>
```

这里，在 Mac OS X 上，应该这样：

```
>>> import ctypes
>>> ctypes.cdll.LoadLibrary('libc.dylib')
```

幸运的是，ctypes.util 子模块提供了一个 find_library() 函数，允许使用其名称加载库而不带任何前缀或后缀，并且可以在任何具有用于命名共享库的预定义方案的系统上工作，如下所示：

```
>>> import ctypes
>>> from ctypes.util import find_library
>>> ctypes.cdll.LoadLibrary(find_library('c'))
<CDLL '/usr/lib/libc.dylib', handle 7fff69b97c98 at 0x101b73ac8>
>>> ctypes.cdll.LoadLibrary(find_library('bz2'))
<CDLL '/usr/lib/libbz2.dylib', handle 10042d170 at 0x101b6ee80>
>>> ctypes.cdll.LoadLibrary(find_library('AGL'))
<CDLL '/System/Library/Frameworks/AGL.framework/AGL', handle 101811610 at
0x101b73a58>
```

2. 使用 ctypes 调用 C 函数

当库成功加载时，通用的模式是将其存储为与库名称相同的模块级变量。函数可以作为对象属性访问，因此调用它们就像调用从任何其他导入模块导入的 Python 函数一样，如下所示：

```
>>> import ctypes
>>> from ctypes.util import find_library
>>>
>>> libc = ctypes.cdll.LoadLibrary(find_library('c'))
>>>
>>> libc.printf(b"Hello world!\n")
Hello world!
13
```

不幸的是，除了整数，字符串和字节之外的所有内置 Python 类型都与 C 数据类型不兼容，因此必须使用 ctypes 模块提供的相应类进行包装。表 7-1 是来自 ctypes 文档的兼容数据类型的完整列表。

表 7-1

ctypes 类型	C 类型	Python 类型
c_bool	_Bool	bool (1)
c_char	char	单字符 bytes 对象

续表

ctypes 类型	C 类型	Python 类型
c_wchar	wchar_t	单字符 string
c_byte	char	int
c_ubyte	unsigned char	int
c_short	short	int
c_ushort	unsigned short	int
c_int	int	int
c_uint	unsigned int	int
c_long	Long	int
c_ulong	unsigned long	int
c_longlong	__int64 or long long	int
c_ulonglong	unsigned __int64 or unsigned long long	int
c_size_t	size_t	int
c_ssize_t	ssize_t or Py_ssize_t	int
c_float	float	float
c_double	double	float
c_longdouble	long double	float
c_char_p	char * (NUL terminated)	bytes 对象 或 None
c_wchar_p	wchar_t * (NUL terminated)	string 或 None
c_void_p	void *	int 或 None

如你所见，上表不包含任何将 Python 集合映射成 C 数组的专用类型。为 C 数组创建
类型的推荐方法是简单地使用带有所需基本 ctypes 类型的乘法运算符，如下所示：

```
>>> import ctypes
>>> IntArray5 = ctypes.c_int * 5
>>> c_int_array = IntArray5(1, 2, 3, 4, 5)
>>> FloatArray2 = ctypes.c_float * 2
>>> c_float_array = FloatArray2(0, 3.14)
>>> c_float_array[1]
3.140000104904175
```

3．传递 Python 函数作为 C 回调

这是一个非常流行的设计模式，将函数实现的部分工作委托给用户提供的自定义回调。在 C 标准库中，最著名的接受这种回调的函数是 qsort()函数，它提供了 **Quicksort** 算法的通用实现。你不太可能会直接使用这种算法，而是使用更适合 Python 集合排序的默认 **Python Timsort** 排序方法。无论如何，qsort()似乎是一个有效的排序算法的典型示例，并且许多编程书把它作为在 C API 中使用回调机制 I 的规范示例。这就是为什么我们将尝试使用它作为传递 Python 函数作为 C 回调的例子。

普通的 Python 函数类型与 qsort()规范所需的回调函数类型不兼容。这里是来自 BSD 手册页的 qsort()的签名，它还包含接受的回调类型（compare 参数）的类型，如下所示：

```
void qsort(void *base, size_t nel, size_t width,
           int (*compar)(const void *, const void *));
```

所以为了从 libc 执行 qsort()，你需要传递。

- base：这是需要排序的数组，它是 void*指针类型。
- nel：这是元素个数，类型为 size_t。
- width：这是数组中单个元素的大小，类型为 size_t。
- comparator：这是指向返回值为 int 类型并接受两个 void*指针类型的函数的指针。它指向比较需要排序的两个元素的大小的函数。

在使用 ctypes 调用 C 函数这部分，我们已经知道如何使用乘法运算符从其他 ctypes 类型构造 C 数组。nel 的类型是 size_t，它映射到 Python 的 int 类型，所以它不需要任何额外的包装，可以作为 len（迭代器）传递。一旦我们知道 base 数组的类型，width 的值就可以使用 ctypes.sizeof()函数获得。我们需要知道的最后一件事是如何创建一个指针，该指针指向与 comparator 参数兼容的 Python 函数。

ctypes 模块包含一个 CFUNCTYPE()工厂函数，它允许我们包装 Python 函数，并将它们表示为 C 可调用的函数指针。第一个参数是包装函数应该返回的 C 返回类型。它后面是作为函数参数的 C 类型的变量列表。与 qsort()的 comparator 参数兼容的函数类型是这个样子，如下所示：

```
CMPFUNC = ctypes.CFUNCTYPE(
    # 返回类型
    ctypes.c_int,
    # 第一个参数的类型
    ctypes.POINTER(ctypes.c_int),
    # 第二个参数的类型
```

```
    ctypes.POINTER(ctypes.c_int),
)
```

> CFUNCTYPE()使用 cdecl 调用约定，因此它只与 CDLL 和 PyDLL 共享库兼容。在 Windows 上使用 WinDLL 或 OleDLL 加载的动态库使用 stdcall 调用约定。这意味着必须使用其他工厂把 Python 函数包装为 C 可调用函数指针。在 ctypes 中，WINFUNCTYPE()可以完成这个包装过程。

把所有事情总结一下，假设我们要从标准 C 库中用一个 qsort()函数对一个随机乱序的整数数列进行排序。以下是示例脚本，展示如何使用我们至今为止所学习的 ctypes：

```python
from random import shuffle

import ctypes
from ctypes.util import find_library

libc = ctypes.cdll.LoadLibrary(find_library('c'))

CMPFUNC = ctypes.CFUNCTYPE(
    # 返回类型
    ctypes.c_int,
    # 第一个参数的类型
    ctypes.POINTER(ctypes.c_int),
    # 第二个参数的类型
    ctypes.POINTER(ctypes.c_int),
)
def ctypes_int_compare(a, b):
    # 参数是指针类型，所以我们可以通过[0]索引访问
    print(" %s cmp %s" % (a[0], b[0]))
    # 根据快速排序的规范，应该这样返回:
    # * 如果a小于b，则小于0
    # * 如果a等于b，则等于0
    # * 如果a大于b，则大于0
    return a[0] - b[0]

def main():
    numbers = list(range(5))
    shuffle(numbers)
    print("shuffled: ", numbers)
```

```
# 创建一个代表数组的新类型
# 它和 numbers 列表有相同的长度
NumbersArray = ctypes.c_int * len(numbers)
# 使用新类型创建一个新的 C 数组
c_array = NumbersArray(*numbers)

libc.qsort(
    # 指向被排序的数组的指针
    c_array,
    # 数组长度
    len(c_array),
    # 数组中单个元素的大小
    ctypes.sizeof(ctypes.c_int),
    # 回调（指向 C 比较函数的指针）
    CMPFUNC(ctypes_int_compare)
)
print("sorted: ", list(c_array))


if __name__ == "__main__":
    main()
```

作为回调的比较函数有一个额外的 print 语句，因此我们可以看到它在排序过程中是如何执行的，如下所示：

```
$ python ctypes_qsort.py
shuffled: [4, 3, 0, 1, 2]
 4 cmp 3
 4 cmp 0
 3 cmp 0
 4 cmp 1
 3 cmp 1
 0 cmp 1
 4 cmp 2
 3 cmp 2
 1 cmp 2
sorted: [0, 1, 2, 3, 4]
```

7.5.2　CFFI

CFFI 是 Python 的外部函数接口，是 ctypes 的一个替代品。它不是标准库的一部分，但是它作为一个 cffi 包，可以很容易地从 PyPI 上获得。它不同于 ctypes，因为它更加强调重用纯 C 代码，而不是在单个模块中提供大量的 Python API。它的方式更复杂，并且还有一个特性，它允许你使用 C 编译器将集成层的某些部分自动编译为扩展。因此，它可以用作填补 C 扩展和 ctypes 之间差距的混合解决方案。

因为它是一个非常大的项目，不可能用很少的段落就能快速地介绍它。另一方面，不多说一些关于它的使用是一件非常遗憾的事情。我们已经讨论了使用 ctypes 从标准库集成 qsort() 函数的一个示例。因此，显示这两个解决方案之间的主要区别的最好方法是使用 cffi 重新实现相同的示例。而我希望，一段代码胜过千言万语，如下所示：

```python
from random import shuffle

from cffi import FFI

ffi = FFI()

ffi.cdef("""
void qsort(void *base, size_t nel, size_t width,
           int (*compar)(const void *, const void *));
""")
C = ffi.dlopen(None)

@ffi.callback("int(void*, void*)")
def cffi_int_compare(a, b):
    # 回调签名需要类型的精确匹配，
    # 这涉及到比 ctypes 更少的魔法，
    # 但需要更详细，更明确的转型。
    int_a = ffi.cast('int*', a)[0]
    int_b = ffi.cast('int*', b)[0]
    print(" %s cmp %s" % (int_a, int_b))

    # 根据快速排序的规范，应该这样返回::
    # * 如果 a 小于 b，则小于 0
    # * 如果 a 等于 b，则等于 0
    # * 如果 a 大于 b，则大于 0
    return int_a - int_b


def main():
    numbers = list(range(5))
    shuffle(numbers)
    print("shuffled: ", numbers)

    c_array = ffi.new("int[]", numbers)
```

```
C.qsort(
    # 指向被排序的数组的指针
    c_array,
    # 数组的长度
    len(c_array),
    # 数组中单个元素的大小
    ffi.sizeof('int'),
    # 回调（指向 C 比较函数的指针）
    cffi_int_compare,
)
print("sorted: ", list(c_array))

if __name__ == "__main__":
    main()
```

7.6 小结

本章解释了本书中最高级的一个主题。我们讨论了构建 Python 扩展的原因和工具。我们从编写纯 C 扩展开始，这些扩展仅依赖于 Python/C API，然后使用 Cython 重新实现它们，用以说明选择合适的工具，构建扩展是如此的容易。

还有一些原因，以艰难的方式构建扩展，只使用纯 C 编译器和 Python.h 头文件。总之，最好的建议是使用工具，如 Cython 或 Pyrex（这里不是推荐），因为它可以提高代码库的可读性与可维护性。它还将为你节省由于不当的引用计数和内存管理导致的大多数问题。

我们对扩展的讨论以 ctypes 和 CFFI 的介绍结束，它们可以作为解决集成共享库问题的另一种方法。因为他们不需要在编写自定义扩展时从编译的二进制文件中调用函数，它们应该是你选择的工具，特别是如果你不需要使用自定义 C 代码。

在下一章中，我们将从底层编程技术中休息一段时间，然后深入探讨同样重要的主题即代码管理和版本控制系统。

第 8 章
管理代码

和多个人一起开发软件，是比较困难的。一切都变慢了，而且举步维艰。出现这种问题，原因有很多。本章将揭示这些原因，并将尝试提供一些方法来对抗它们。

本章分为两部分，分别解释：

- 如何使用版本控制系统。
- 如何建立持续的开发过程。

首先，因为代码库的规模急剧扩张，所以，跟踪所有的变化就显得非常重要，尤其是当许多开发人员使用它时。这就是**版本控制系统**的作用。

接下来，几个没有直接联系在一起的聪明人仍然可以在同一个项目上工作。他们有不同的角色并且做着不同方面的工作。然而，缺乏全局可见性可能会造成很多困惑，不知道将要做什么也不清楚别人在做什么。这是不可避免的，但是使用一些工具可以提供连续的可见性，并缓解这些问题。使用一些持续开发过程工具，诸如**持续集成**或**持续交付**，就可以完成。

现在我们将详细讨论这两个方面。

8.1 版本控制系统

版本控制系统（Version Control System，VCS）提供了共享，同步和备份任何类型文件的方法，它们分为两类。

- 集中式系统。
- 分布式系统。

8.1.1 集中式系统

集中式版本控制系统基于保存文件的单个服务器，并允许人们签入和签出对这些文件所做的更改。原理很简单，每个人都可以得到他/她的系统上的文件的副本，然后对它们进行更改。从那里，每个用户可以向服务器提交（commit）他/她的更改。这些更改就会生效，修订版本（revision）号也随之增加。其他用户可以通过更新（update）同步他们仓库（repository）的副本来获取这些更改。

仓库贯穿所有的提交，系统将所有修订版本存档到数据库用以撤销任何更改，也可以提供已完成的操作的信息，如图 8-1 所示。

在集中式配置中的每个用户负责将他/她的本地仓库与主仓库同步以便获得其他用户的更改。这意味着当本地修改的文件被其他人更改和签入时，可能会发生一些冲突。在用户系统上，有一种冲突解决机制可以处理这种情况，如图 8-2 所示。

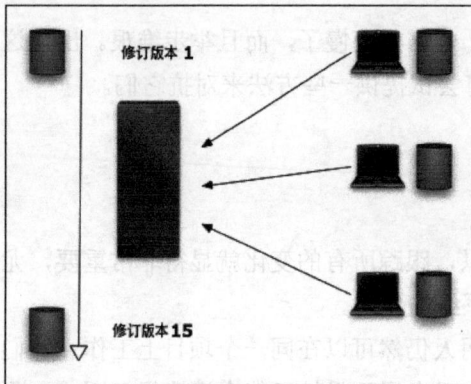

图 8-1

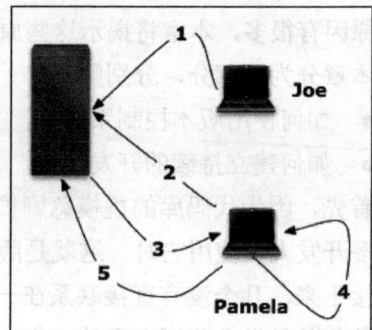

图 8-2

这将帮助你更好地理解。

1．Joe 签入更改。

2．Pamela 尝试对同一文件进行签入更改。

3．服务器提示她的文件副本已过期。

4．Pamela 更新她的本地副本。版本管理软件可能会无缝地合并这两个版本（即没有冲突）。

5．Pamela 提交一个新版本，其中包含 Joe 和她自己的最新更改。

这个过程在涉及几个开发人员和少量文件的小型项目上是非常好的。但是对于更大的项目来说，它就会有问题。例如，复杂的更改涉及大量文件，也非常耗时，并且在整个工作完成之前将一切保持在本地是不可行的。这种方法的问题如下。

● 这是危险的，因为用户可能保留他/她的计算机更改，而不一定备份。

● 很难与其他人共享，直到文件被签入并共享。在完成之前，仓库一直处于不稳定状态，因此其他用户也不想共享。

集中式的 VCS 通过提供分支（branch）和合并（merge）来解决这个问题。可以从主干修订版本上进行派生，分开进行更改，然后把更改再合回主干修订版本。

在图 8-3 中，Joe 从修订版本 2 开始一个新分支，以开发
新功能。每当有更改签入时，修订版本号就在主干和其分支
上增加。在修订版 7 中，Joe 完成了他的工作，并将其更改提
交到主干（主分支）。这需要，大部分时间用来解决冲突。

尽管它们有优势，但是集中式 VCS 中仍有几个严重的缺陷。

- 分支和合并难以处理。简直就是一场噩梦。
- 由于系统是集中式的，因此不可能离线提交更改。当
  用户恢复在线时，这可能对服务器发起一次巨大的单
  一提交。最后，对于一些项目它可能无法很好的工作，
  例如 Linux，许多公司永久维护自己的软件分支，没有
  人人都有一个账户的中央仓库。

对于后者，一些工具可以离线工作，如 SVK，但更根本
的问题是集中式的 VCS 如何工作。

尽管存在这些缺陷，集中式 VCS 仍然在许多公司中颇受
欢迎，主要是由于企业环境的惰性。许多组织使用的集中式

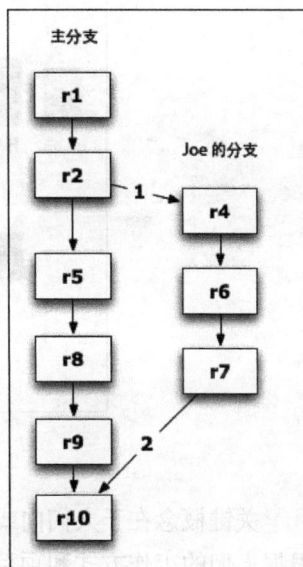

图 8-3

VCS 主要是 **Subversion（SVN）**以及 **Concurrent Version System（CVS）**。由于集中式架
构的版本控制系统有明显的问题，所以，大多数开源社区已经切换到架构更可靠的**分布式
VCS**（Distributed VCS，DVCS）。

8.1.2　分布式系统

分布式 VCS 可以很好地解决集中式 VCS 的缺陷。它不依赖于人们使用的主服务器，
而是基于对等（peer-to-peer）原则。每个人都可以拥有和管理他/她自己的项目的独立仓库，
并且与其他仓库同步，如图 8-4 所示。

在图 8-4 中，我们可以看到这样一个使用中的系统的例子。

1. Bill 从 HAL 的仓库中拉取文件。
2. Bill 对这些文件进行更改。
3. Amina 从 Bill 的仓库中拉取文件。
4. Amina 也更改这些文件。
5. Amina 向 HAL 推送更改。
6. Kenny 从 HAL 的仓库拉取文件。
7. Kenny 进行更改。
8. Kenny 定期地向 HAL 推送他的更改。

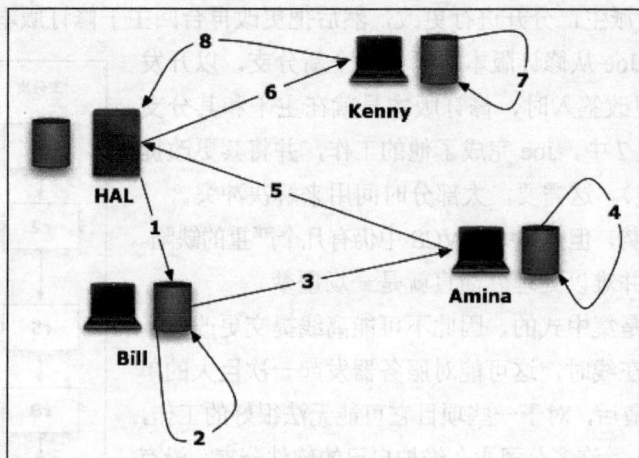

图 8-4

关键概念在于人们向或者从其他仓库推送（push）或者拉取（pull）文件，这种行为会根据人们的工作方式和项目管理方式而改变。由于没有主仓库，项目的维护者需要为人们定义一个推送和拉取更改的策略。

此外，当他们使用多个仓库进行工作时，人们不得不变得更加聪明一点。在大多数分布式版本控制系统中，修订版本号对每个仓库都是本地的，并且没有任何人可以指向全局的修订版本号。因此，标签（tags）可以用来使事情更清楚。它们是可以附加到修订版本的文本标签。最后，用户负责备份自己的仓库，而在集中式基础设施中则不是这样，通常是管理员设置备份策略。

分布式策略

当然，如果你在一个公司环境中工作，所有人都朝着共同的目标工作，DVCS 仍然需要中央服务器。但是该服务器的目的与集中式 VCS 完全不同。它只是一个中心，允许所有的开发人员在一个地方分享他们的变化，而不是在他们彼此的仓库之间进行拉取和推送。这样的一个中央仓库，通常称为上游（upstream），也可以作为追踪所有团队成员的各个仓库中的所有更改的备份。

可以使用不同的方法与 DVCS 中的中央仓库共享代码。最简单的方法是设置一个像普通集中式服务器一样的服务器，项目的每个成员都可以将他/她的更改推送到一个公共流中。但这种方法有点简单。它没有充分利用分布式系统的优势，因为人们就像在集中式系统一样使用推送和拉取命令。

另一种方法包括一个提供多个仓库的服务器，该服务器有不同的访问级别。

- 一个**不稳定的仓库**，每个人都可以向它推送更改。

- 一个**稳定的仓库**，对于除了发布管理员之外的所有成员都是只读的。允许他们从不稳定的仓库中拉取更改，并决定应该合并哪些内容。

- 不同的**发布仓库**对应于不同的发布版本，它们是只读的，我们将在本章后面看到。

可以指定不同的策略，因为 DVCS 提供无限的组合。例如，使用 Git（http://git-scm.com/）的 Linux 内核基于一个星型模型，其中 Linus Torvalds 维护官方仓库，并从一组他信任的开发人员中拉取更改。在这个模型中，希望将更改推送到内核的人尝试将它们推送到受信的开发人员，以便通过他们将更改推送给 Linus。

8.1.3 集中式还是分布式

暂时先忘了集中式版本控制系统。

说实话。集中式版本控制系统是过去的残遗物。在大多数人有机会远程全职工作的时候，就会受到集中式 VCS 的所有缺陷的约束。例如，对于 CVS 或 SVN，你不能在离线时跟踪更改。这是愚蠢的。当你的工作场所的 Internet 连接暂时中断或中央存仓库关闭时，你应该怎么办？你应该忘记所有的工作流程，只是允许堆积更改，直到恢复正常，然后只是把它作为一个非结构化的大对象的更新进行提交？这样不好！

此外，大多数集中式版本控制系统不能有效地处理分支方案。分支是一种非常有用的技术，允许你限制项目中的合并冲突的数量，项目中可能有许多人在开发不同的特性。SVN 中的分支是如此荒谬，大多数开发人员尽量避免使用它。相反，大多数集中式 VCS 提供了一些文件锁定原语，应该被视为任何版本控制系统的反模式。每个版本控制工具的悲哀的真相是，如果它包含一个危险的选择，你的团队中的人最终将开始每天都会使用它。锁定是一个这样的功能，用于减少合并冲突，但是它会大大降低整个团队的生产力。通过选择一个版本控制系统，可以避免这样糟糕的工作流，你正在改善这种情况，这使得你的开发人员更加高效的使用它。

8.1.4 尽可能使用 Git

Git 是目前最流行的分布式版本控制系统。在 Linux 核心开发人员需要放弃之前使用的专有的 BitKeeper 的时候，Linus Torvalds 创建 Git，用于维护 Linux 内核版本。

如果你没有使用过任何版本控制系统，那么你应该从 Git 开始。如果你已经使用过一些其他的版本控制工具，无论如何，都应该学习 Git。你绝对应该这样做，即使你的组织在不久的将来也不愿意切换到 Git，否则你有可能成为一个活化石。

我不是说 Git 是终极的和最好的 DVCS 版本控制系统。它肯定有一些缺点。最重要的是，它不是一个易于使用的工具，对新来者来说是非常具有挑战性的。Git 的陡峭的学习曲线已经是许多在线笑话的来源。可能有一些版本控制系统可以满足许多项目的需要，但是开源的 Git 竞争者的完整列表更长。总之，Git 是目前最流行的 DVCS，所以网络效应真的有利于它。

简而言之，正是由于其高人气（这是 VHS 击败 Betamax 的原因），网络效应导致使用流行工具的整体好处大于使用其他一些，即使稍微更好的工具。你组织中的精通 Git 的人员，以及新员工，集成这种 DVCS 的成本可能会低于尝试不太流行的东西。

总之，了解更多的东西总是好的，让自己熟悉其他 DVCS 并不会对你有任何害处。Git 最受欢迎的开源竞争对手是 Mercurial，Bazaar 和 Fossil。第一个是特别优雅的，因为它是用 Python 编写的，是 CPython 源码的官方版本控制系统。有一些迹象表明，在不久的将来它可能改变，在你读这本书的时候，CPython 开发人员可能已经在使用 Git 了。但它真的没有关系。这两个系统是伟大的。如果没有 Git，或者它不受欢迎，我一定会推荐 Mercurial。它的设计非常好。它绝对没有 Git 那么强大，但是对于初学者来说更容易掌握。

8.1.5　Git 工作流程与 GitHub 工作流程

非常流行并且标准化的使用 Git 的方法简称为 Git 工作流程（Git flow）。下面简要描述该流程的主要规则。

- 有一个主要的工作分支，通常称为开发（develop）分支，在该分支上进行最新版本的应用程序的所有开发。
- 新项目特性在独立的分支中实现，这些分支称为特性分支（feature branches），始终从开发分支开始。当一个特性的工作完成并且代码测试通过时，这个分支被合并回开发分支。
- 当开发分支中的代码稳定（没有已知的错误）并且需要新的应用程序发布时，创建一个新的发布分支（release branch）。这个发布分支通常需要额外的测试（大量的 QA 测试，集成测试，等等），所以肯定会找到新的 bug。如果发布分支中包含其他更改（如 bug 修复），则最终需要将它们合并回开发分支。
- 当发布分支（release branch）上的代码准备好被部署/发布时，它被合并到主分支（master），并且主分支上的最新提交被标记上适当的版本标签。只有发布分支可以合并到主分支。唯一的例外是需要立即部署或发布的热修复程序。
- 需要紧急发布的热修复程序始终在在单独分支上实现，这个分支是从主分支开始的。修复完成后，它将合并到开发分支和主分支上。热修复分支的合并像普通发布分支一样完成，因此必须对其进行正确标记，并相应地修改应用程序的版本标识符。

图 8-5 中给出了 Git 流程的可视化示例。对于那些从未以这种方式工作，或者从未使用过分布式版本控制系统的人来说，这可能有点难以理解。无论如何，如果你没有任何正式的工作流，它是真的值得在你的组织中尝试。它有很多好处，也解决了实际的问题。它对于开发很多独立特性并且需要提供多个发行版的持续支持的拥有多个程序员的团队特别有用。

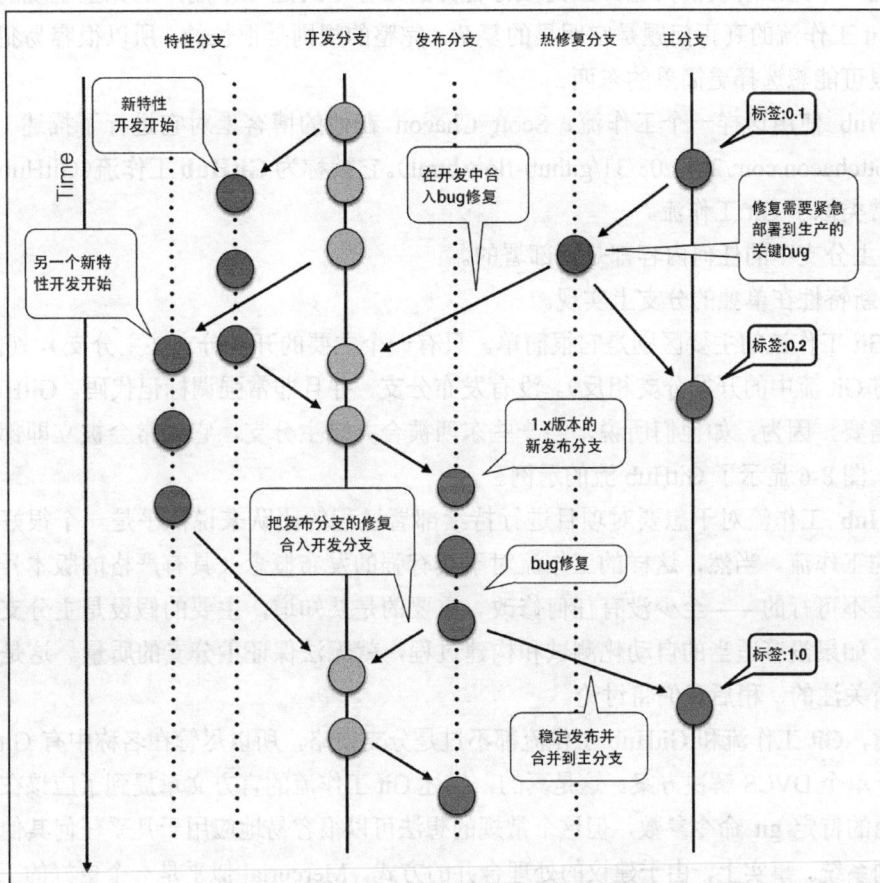

图 8-5　Git 工作流在运行中的可视化呈现

如果你希望使用持续部署过程来实现持续交付，这种方法也很方便，因为它在你的组织中始终是明确的，哪个版本的代码代表你的应用程序或服务是可交付版本。它也是开源项目的一个很好的工具，因为它为用户和主动贡献者提供了极大的透明度。

　　所以，如果你认为这个 Git 工作流的简短的小结有点作用，并且它没有吓到你，那么你应该深入了解关于该主题的在线资源。真的很难说谁是前面工作流的原作者，但大多数在线资源指向 Vincent Driessen。因此，了解 Git 工作流的最好的起始材料是他的在线文章，标题为一个成功的 Git 分支模型（参考 http://nvie.com/posts/a-successful-git-branching-model/）。

　　像所有其他流行的方法，Git 工作流在互联网上得到了很多从不喜欢它的程序员批评。Vincent Driessen 的文章评论最多的事情是这个规则（严格技术），说每个合并应该创建一个新的人造的提交代表合并。Git 有一个选项进行快进合并，Vincent 不鼓励使用这个选项。这当然是一个无法解决的问题，因为执行合并的最佳方式是 Git 用户的完全主观的事情。总之，Git 工作流的真正问题是它明显的复杂。完整的规则是很长的，所以很容易犯一些错误。你很可能想选择更简单的东西。

　　GitHub 使用这样一个工作流，Scott Chacon 在他的博客上对它进行了描述　（参考 http://scottchacon.com/2011/08/31/github-flow.html）。它被称为 **GitHub 工作流**（GitHub flow），并且非常类似于 Git 工作流。

- 主分支中的任何内容都是可部署的。
- 新特性在单独的分支上实现。

　　与 Git 工作流的主要区别是它很简单。只有一个主要的开发分支（主分支），它总是稳定的（与 Git 流中的开发分支相反）。没有发布分支，并且非常强调标记代码。GitHub 没有这样的需要，因为，如他们所说，当一些东西被合并到主分支，它通常会被立即部署到生产环境。图 8-6 显示了 GitHub 流的示例。

　　GitHub 工作流对于想要对项目进行持续部署过程的团队来说似乎是一个很好的并且轻量级的工作流。当然，这样的工作流对于具有强的发布概念（具有严格的版本号）的任何项目是不可行的——至少没有任何修改。重要的是要知道，主要的假设是主分支**总是可部署的**，如果没有适当的自动化测试和构建过程，就无法保证主分支的质量。这是持续集成系统所关注的，稍后我们将讨论。

　　注意，Git 工作流和 GitHub 工作流都不过是分支策略，所以尽管在名称中有 Git，但它们不限于单个 DVCS 解决方案。这是真的，描述 Git 工作流的官方文章提到了应该在执行合并时使用的特定 git 命令参数，但这个常规的想法可以很容易地应用于几乎任何其他分布式版本控制系统。事实上，由于建议的处理合并的方式，Mercurial 似乎是一个更好的工具，用于这个特定的分支策略！这同样适用于 GitHub 工作流。这是唯一的带有一些特定的开发文化的分支策略，因此它可以在任何版本控制系统中使用，允许你轻松创建和合并代码的分支。

　　作为最后一个评论，请记住，没有一种方法论会永恒，也没有人强迫你使用它。它们是为了解决一些存在的问题而创建的，并让你不会犯常见的错误。你可以采取它们所有的规则或根据你自己的需求修改其中一些。新手通常容易陷入一些常见的陷阱，而它们是初学者很好的工具。如果你不熟悉任何版本控制系统，你应该以一个轻量级的方法开始，如 **GitHub** 工作流，没有任何自定义修改。只有当你获得足够的 **Git** 使用经验，或着你想选择其他工具时，你才应该开始考虑更复杂的工作流程。总之，随着你越来熟练，你最终会意识到，没有完美的工作流程能够适合每个项目。在一个组织中行之有效的工作流程，并不一定适合其他组织。

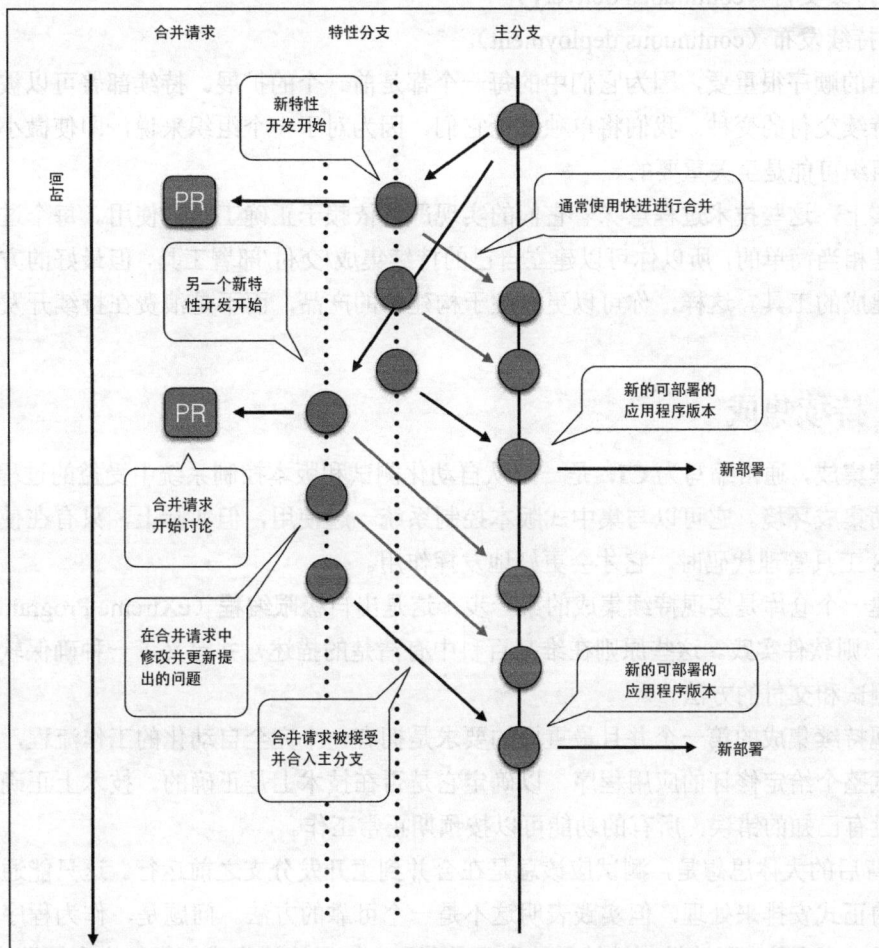

图 8-6 GitHub 工作流在运行中的可视化呈现

8.2 持续的开发过程

有很多过程，可以大大简化你的开发，并减少应用程序从准备到发布或部署到生产环境中的时间。它们的名字中往往包含持续（continuous）二字，我们将在本节讨论最重要和最受欢迎的一个。重要的是要强调它们是严格的技术过程，所以它们几乎与项目管理技术无关，虽然它们可以非常接近后者。

我们将提到的最重要的过程如下。

- 持续集成（continuous integration）。
- 持续交付（continuous delivery）。
- 持续发布（continuous deployment）。

列出的顺序很重要，因为它们中的每一个都是前一个的扩展。持续部署可以被简单地理解为持续交付的变种。我们将单独讨论它们，因为对于一个组织来说，即使微小的差别在其他组织可能是至关重要的。

事实上，这些技术过程意味着它们的实现严格依赖于正确工具的使用。每个过程背后的想法是相当简单的，所以你可以建立自己的持续集成/交付/部署工具，但最好的方法是选择已经建成的工具。这样，你可以更专注于构建你的产品，而不是浪费在持续开发的工具链上。

8.2.1　持续集成

持续集成，通常缩写为 **CI**，是一个从自动化测试和版本控制系统中受益的过程，它提供全自动集成环境。它可以与集中式版本控制系统一起使用，但实际上，只有在使用良好的 DVCS 工具管理代码时，它才会更好地发挥作用。

创建一个仓库是实现持续集成的第一步，这是出自**极限编程**（eXtreme Programming，XP）中一则软件实践。这些原则在维基百科中有清楚的描述，并定义了一种确保软件易于构建、测试和交付的方法。

实现持续集成的第一个并且最重要的要求是拥有一个完全自动化的工作流程，该流程可以测试整个给定修订的应用程序，以确定它是否在技术上是正确的。技术上正确的意思是它是没有已知的错误，所有的功能可以按预期正常工作。

CI 背后的大体思想是，测试应该总是在合并到主开发分支之前运行。这只能通过开发团队中的正式安排来处理，但实践表明这不是一个可靠的方法。问题是，作为程序员，我们倾向于过度自信，无法批判性地看待我们的代码。如果持续集成仅仅建立在团队安排上，它将不可避免地失败，因为一些开发人员最终会跳过测试阶段，并向可能向始终应保持稳定的主开发分支提交可能出错的代码。而且，在现实中，即使简单的改变也能引入严重的问题。

常见的解决方案是使用专用的构建服务器，每当代码库发生更改时就自动运行所有必需的应用程序测试。有许多工具可以简化此过程，并且可以轻松地与版本控制托管服务（如

GitHub 或 Bitbucket）和自建服务（如 GitLab）集成。使用这样的工具的好处是，开发者可以仅在本地运行所选择的测试子集（取决于他，与他当前的工作相关），并且为构建服务器留下潜在的整套集成测试的耗时。这真的加速了开发，并且降低了新特性将破坏主代码分支中现有稳定代码的风险。

使用专用构建服务器的另一个优点是，测试可以在更接近生产的环境中运行。开发人员还应该尽可能地使用与生产相匹配的环境，并且有很好的工具（例如 Vagrant）；但是，很难在任何组织中实施这一点。你可以在一个专用的构建服务器上或者甚至在构建服务器集群上轻松地完成。许多 CI 工具通过利用各种虚拟化工具来减少问题，这些工具有助于确保测试始终在相同且全新的测试环境中运行。

如果你创建必须以二进制形式把桌面或移动应用程序分发给用户，那么拥有构建服务器也是必须的。显然，可以在同一个环境中总是执行同样的构建过程。几乎每个 CI 系统都考虑到在测试/构建完成后，应用程序通常需要以二进制形式下载的事实。这种构建结果通常被称为**构件**（build artifacts）。

因为 CI 工具起源于大多数应用程序是用编译型语言编写的时候，所以它们大多使用术语 "构建" 来描述它们的主要活动。对于诸如 C 或 C ++ 之类的语言，这是显而易见的，因为如果不构建（编译），应用程序不能运行和测试。对于 Python，这样做没有一点意义，因为大多数程序以源形式分发，并且可以在没有任何额外构建步骤的情况下运行。因此，在我们的语言范围内，构建和测试术语在谈论持续集成时通常可以互换使用。

1. 测试每一个提交

持续集成的最佳方法是在推送到中央仓库的每个更改上执行整个测试套件。即使一个程序员在一个分支中推送了一系列的多个提交，通常也有必要分别测试每个更改。如果你决定只在一个版本库推送中测试最新的变更集，那么很难找到从中引入问题的回归问题的来源。

当然，许多 DVCS（如 Git 或 Mercurial）允许你通过提供等分历史修改记录的命令来限定搜索回归源的时间，但在实践中，作为连续集成过程的一部分自动执行这些命令会更加方便。

当然，有一个问题，项目有个非常耗时的测试套件，可能需要几十分钟甚至几个小时才能完成。在给定的时间段内，一个服务器可能无法对每个提交执行所有构建。这将使等待结果更长。事实上，长时间运行测试本身就是一个问题，这将在后面的 "问题 2——过长的构建时间" 部分中描述。现在，你应该知道你应该总是努力测试每个推送到仓库的提交。如果你没有权限在单个服务器上执行此操作，请设置整个构建集群。如果你使用付费服务，则需要为更多的并行构建支付更高的价格。硬件比较便宜，但是你的开发人员的时间却不是。最终，通过更快的并行构建和更昂贵的 CI 计划，比你跳过选择更改的测试，你可以节省更多的费用。

2．使用 CI 测试合并

现实中，情况通常很复杂。如果特性分支上的代码通过所有测试，但并不意味着在合并到稳定的主流分支时构建不会失败。在 Git 工作流和 GitHub 工作流部分中提到的流行分支策略都假设合并到主分支的代码总是被测试和部署。但是如果你还没有执行合并，你怎么能确保满足这个假设？由于它比较强调发布分支，这是 Git 工作流中一个次要的问题（如果良好地实施并精确地使用）。但是对于简单的 GitHub 工作流来说，这是一个真正的问题，合并到 master 通常与冲突相关，并且很可能在测试中引入回归。即使对于 Git 工作流，这是一个严重的问题。这是一个复杂的分支模型，所以可以肯定的事是，人们会在使用它时犯错误。所以，如果你不采取特殊的预防措施，你永远不能确保主代码在合并后通过测试。

这个问题的解决方案之一是把合并特性分支到的稳定主分支的责任委托给 CI 系统。在许多 CI 工具中，你可以轻松地按需设置构建作业，这个作业可以在本地将特定的特性分支合并到稳定分支，并将其推送到中央仓库（仅当它通过所有测试时）。如果构建失败，则这样的合并将被恢复，使得稳定分支不被触及。当然，这种方法在快节奏项目中变得更加复杂，其中许多特性分支是同时开发的，因为存在不能由任何 CI 系统自动解决的高冲突风险。当然，这个问题也有解决方案，例如 Git 中的变基（rebase）。

如果你正在考虑进一步实施持续交付过程，这种将任何内容合并到版本控制系统中的稳定分支的方法实际上是必须的。如果你的工作流中有一个严格的规则，证明稳定分支中的所有内容都是可发布的，那么也需要这样做。

3．矩阵测试

如果你的代码需要在不同的环境中测试，矩阵测试（matrix testing）是一个非常有用的工具。根据你的项目需求，CI 解决方案中可能或多或少地需要支持这样的功能。

解释矩阵测试的最简单的方法是以一些开源的 Python 包为例。例如，Django 是一个对 Python 语言版本的支持集合有着对严格规定的项目。1.9.3 版本列出了 Python 2.7，Python 3.4 和 Python 3.5，这是运行 Django 代码所必须的。这意味着每当 Django 核心开发人员对项目进行更改时，必须在这 3 个 Python 版本上执行完整的测试套件，以支持此声明。如果单个测试在一个环境中失败，整个构建必须标记为失败，因为向后兼容性约束可能被破坏。对于这种简单的情况，你不需要 CI 的任何支持。有一个强大的工具 Tox（参考 https://tox.readthedocs.org/），除了其他功能，还允许你在不同 Python 版本的独立虚拟环境中轻松地运行测试套件。这个实用程序也可以很容易地用于本地开发。

但这只是最简单的例子。通常情况下，必须在完全不同参数的多个环境中测试应用程序。举几个例子如下。

- 不同操作系统。
- 不同数据库。
- 不同版本的支持服务。
- 不同类型的文件系统。

全套组合形成一个多维环境参数的矩阵，这就是为什么这种设置被称为矩阵测试。当你需要这样的深度测试工作流时，很可能需要一些集成支持，以便在你的 CI 解决方案中进行矩阵测试。使用大量可能的组合，你还需要一个高度可并行化的构建过程，因为在每个矩阵上的运行都需要在构建服务器进行大量的工作。在某些情况下，如果你的测试矩阵有太多的维度，你将被迫做一些权衡。

8.2.2　持续交付

持续交付（continuous delivery）是持续集成理念的简单延伸。这种软件工程方法旨在确保应用程序可以随时可靠地发布。持续交付的目标是在短时间内发布软件。它通常允许在生产中对应用程序进行更改，从而降低发布软件的成本和风险。

构建成功的持续交付流程的主要先决条件如下。

- 可靠的持续集成过程。
- 部署到生产环境的自动过程（如果项目具有生产环境的概念）。
- 定义良好的版本控制系统工作流程和分支策略，这可以让你轻松定义什么软件版本代表可发布的代码。

在许多项目中，自动化测试不足以可靠地断定给定版本的软件是否真的准备好发布。在这种情况下，额外的手动用户验收测试通常由熟练的 QA 工作人员执行。根据你的项目管理方法，这可能还需要客户的一些批准。如果一些验收测试必须由人手动执行，这并不意味着你不能使用 Git 工作流，GitHub 工作流，或类似的分支策略。这只会更改稳定和发布分支的语义，从准备好部署到准备好用户验收测试和批准。

此外，前一段并不改变代码部署应始终自动化的事实。我们已经在第 6 章中讨论了自动化的一些工具和好处。如上所述，它将始终降低新版本的成本和风险。此外，大多数可用的 CI 工具允许你设置特殊的构建目标，而不是测试，将为你执行自动部署。在大多数持续交付过程中，当确定有必须的批准并且所有验收测试都成功结束时，这通常是由授权的员工手动（按需）触发。

8.2.3　持续部署

持续部署（continuous deployment）是一个比持续交付更高级别的过程。这是一个完美的方法，其中所有验收测试是自动化的，不需要客户的手动批准。简而言之，一旦代码被合并到稳定分支（通常是 master），它就被自动部署到生产环境中。

这种方法似乎非常好并且非常强大，但不常用，因为很难找到一个项目，在新版本发布之前，不需要手动 QA 测试和某人的批准。无论如何，它绝对是可行的，一些公司声称它们就是这样工作的。

为了实现持续部署，你需要与持续交付流程有相同的基本先决条件。另外，通常需要一种更加仔细地合并到稳定分支中的方法。在持续集成中被合并到主分支中的代码通常立即部署到生产环境。因此，将合并任务切换到 CI 系统是合理的，正如使用 CI 测试合并部分所述。

8.2.4　常用的持续集成工具

当今，CI 工具有很多种选择。它们在易用性和可用功能上差别很大，几乎每个工具都有一些独特的其他工具缺乏的功能。因此，很难给出一个好的一般性建议，因为每个项目都有完全不同的需求和不同的开发工作流程。当然，有一些伟大的免费或者开源项目，即使付费的托管服务也值得研究。这是因为 Jenkins 或 Buildbot 这些开源软件，它们可以免费安装使用，人们才错误的认为它们可以免费使用。硬件和维护都增加了拥有自己的 CI 系统的成本。在某些情况下，支付这样的服务可能不那么昂贵，而不是支付额外的基础设施和花费时间来解决开源 CI 软件中的任何问题。不过，你需要确保将代码发送到任何第三方服务符合公司的安全策略。

在这里，我们将回顾一些流行的免费开源工具，以及付费的托管服务。我真的不想宣传任何供应商，所以我们将只讨论那些可用的没有任何费用的开源项目，以证明这个相当主观的选择。没有给出最佳建议，但我们将指出任何解决方案的好和坏两方面。如果你仍然有疑问，下一节将描述常见的持续集成的陷阱，应该有助于你做出正确的决定。

1．Jenkins

Jenkins 似乎是最流行的持续集成工具，如图 8-7 所示。它也是这个领域最古老的开源项目之一，与 Hudson 配对（这两个项目的开发是分开的，Jenkins 是 Hudson 的一个派生）。

Jenkins 是用 Java 编写的，最初设计主要用于构建用 Java 语言编写的项目。这意味着对于 Java 开发人员来说，它是一个完美的 CI 系统，但是如果你想在其他技术栈中使用它，你需要做一些额外的工作。

Jenkins 的一个很大的优点是其已经实现了非常广泛的功能列表。最重要的是，从 Python 程序员的角度来看，是理解测试结果的能力。Jenkins 不是提供关于构建成功的纯二进制信息，而是能够以表和图形的形式呈现在运行期间执行的所有测试的结果，如图 8-8 所示。这当然不是自动工作的，你需要在构建期间提供特定格式（默认情况下，Jenkins 理解 JUnit 文件）的结果。幸运的是，许多 Python 测试框架能够以机器可读的格式导出结果。

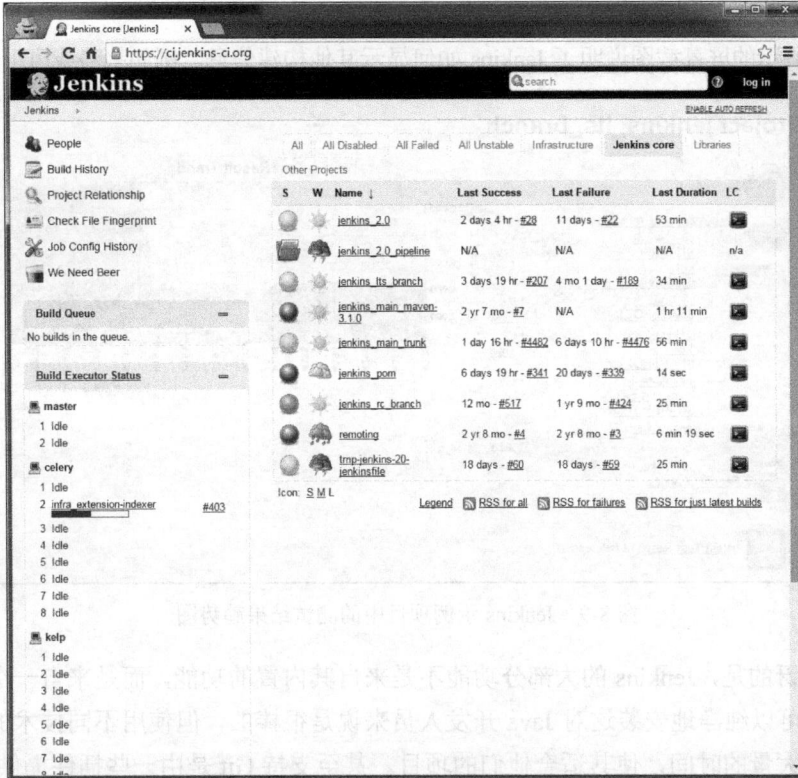

图 8-7　Jenkins 主界面的预览

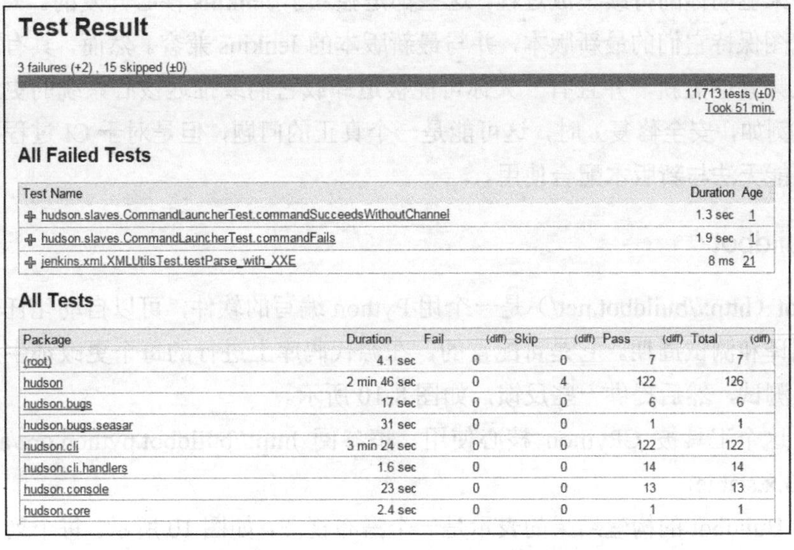

图 8-8　Jenkins 中的单元测试结果的展示

以下是 Jenkins 在 Web UI 中的单元测试结果的示例演示。

图 8-9 所示的屏幕截图说明了 Jenkins 如何显示其他构建信息，例如趋势或可下载的构件：

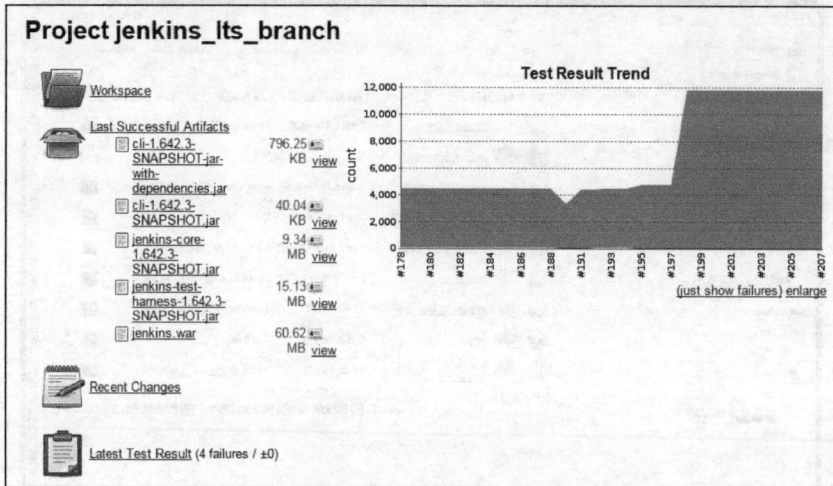

图 8-9　Jenkins 示例项目中的测试结果趋势图

令人惊讶的是，Jenkins 的大部分功能不是来自其内置的功能，而是来自一个巨大的免费插件库。可以纯净地安装这对 Java 开发人员来说是很棒的，但使用不同技术的程序员可能需要花费大量的时间，使其适合他们的项目。甚至支持 Git 是由一些插件提供的。

Jenkins 有着良好可扩展性，这真的很棒，但这也有一些严重的缺点。你最终将依赖已安装的插件来驱动你的持续集成过程，这些都是独立于 Jenkins 核心开发的。大多数流行插件的作者试图保持它们的最新版本，并与最新版本的 Jenkins 兼容。然而，具有较小社区的扩展不能太频繁地更新，并且有一天你可能被迫卸载它们或推迟核心系统的更新。当紧急需要更新（例如，安全修复）时，这可能是一个真正的问题，但是对于 CI 过程至关重要的一些插件可能无法与新版本配合使用。

2. Buildbot

Buildbot（http://buildbot.net/）是一个用 Python 编写的软件，可以自动化任何类型的软件项目的编译和测试周期。它是可配置的，在源代码库上进行的每个更改都生成一些构建并启动一些测试，然后提供一些反馈，如图 8-10 所示。

例如，这个工具被 CPython 核心使用，请参阅 http://buildbot.python.org/all/waterfall?&category=3.x.stable。

默认的 Buildbot 的构建结果的表示是一个瀑布视图，如图 10 所示。每个列对应于一个由步骤（step）组成的构建（build），并与一些从构建器（build slaves）关联。整个系统由主构建器（build master）驱动。

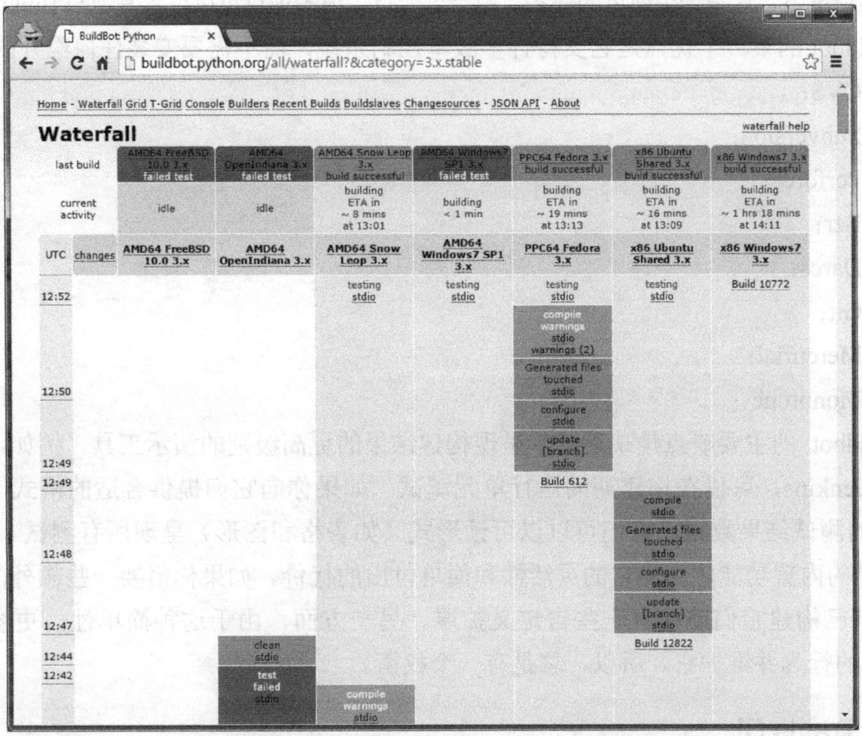

图 8-10　CPython 3.x 分支的 Buildbot 的瀑布视图

- 主构建器控集中和驱动一切。
- 一次构建是一系列构建应用程序的步骤和其上运行的测试。
- 一个步骤是一个原子命令，例如：
  - 检查项目的文件。
  - 构建应用程序。
  - 运行测试。

构建器是一个负责运行构建的机器。它可以位于任何地方，只要它可以达到主构建器。由于这种架构，Buildbot 的扩展非常好。所有的繁重工作都是从构建器完成，你可以根据需要使用足够多的从构建器。

非常简单和明确的设计使 Buildbot 非常灵活。每个构建步骤只是一个命令。Buildbot 是用 Python 编写的，但它完全是语言不可知的。所以构建步骤绝对可以是任何东西。进程退出代码用于决定步骤是否以成功结束，并且默认情况下捕获步骤命令的所有标准输出。大多数测试工具和编译器遵循良好的设计实践，并且它们通过适当的退出代码指示故障，并在 sdout 或 stderr 输出流上返回可读的错误/警告消息。如果它不是这样，你通常可以轻松地用 Bash 脚本包装它们。在大多数情况下，这是一个简单的任务。由于这一点，很多项目可以很容易地与 Buildbot 集成。

Buildbot 的下一个优点是它支持许多版本控制系统，而不需要安装任何额外的插件：

- CVS；
- Subversion；
- Perforce；
- Bzr；
- Darcs；
- Git；
- Mercurial；
- Monotone。

Buildbot 的主要缺点是缺乏用于呈现构建结果的更高级别的演示工具。例如，其他项目，如 Jenkins，可以在构建期间运行单元测试。如果你向它们提供合适的格式（通常是 XML）的测试结果数据，它们可以以可读形式（如表格和图形）呈现所有测试。Buildbot 没有这样的内置功能，这是它的灵活性和简单付出的代价。如果你需要一些额外的功能，你需要自己构建它们或搜索一些自定义扩展。另一方面，由于这种简单性，更容易推理 Buildbot 的行为并维护它。所以，总是有一个权衡。

3．Travis CI

Travis CI（https://travis-ci.org/）是以软件即服务形式出售的持续集成系统，如图 8-11 所示。企业需要付费使用此服务，但是 GitHub 上托管的开源项目可以完全免费使用。

当然，正是它的定价计划中的免费部分，使其非常受欢迎。目前，它是 GitHub 上托管的项目中最受欢迎的 CI 解决方案之一。但是相比那些比较古老的项目，如 Buildbot 或 Jenkins，它最大的优势是存储构建配置的方式。所有构建定义都放在项目仓库的根目录中的 .travis.yml 文件中。Travis 只能和 GitHub 一起使用，所以如果你已经启用了这样的集成，只需要有一个 .travis.yml 文件，你的项目的每一次提交都将被测试。

Travis 的另一个主要的优点是它强调在干净的环境中运行构建。每个构建都在一个全新的虚拟机中执行，因此不会有影响构建结果的持久状态的风险。Travis 使用了相当大的虚拟机映像，所以你可以有很多开源软件和编程环境，而不需要额外的安装。在此隔离环境中，你具有完全的管理权限，因此你可以下载和安装执行构建所需的任何内容，.travis.yml 文件的语法使这些事情变得很容易。不幸的是，对于作为测试环境的操作系统，你没有太多选择。Travis 不允许提供你自己的虚拟机映像，所以你必须依赖它提供的非常有限的选项。通常没有选择，所有的构建必须在 Ubuntu 或 Mac OS X（仍然在编写本书时的实验）的一些版本中进行。有时，有一个选项可以选择一些旧版本的系统或新的测试环境的预览版，但这种可能性总是临时的。总是有一种方法绕过这个。你可以在 Travis 提供的虚拟机中运行另一个虚拟机。这允许你在项目源中很容易地编码虚拟机配置（如 Vagrant 或 Docker）。但这会给你的构建增加更多的时间，所以它不是你会采取的最好的方法。如果你需要在不同的操作系统下执行测试，以这种方式堆叠虚拟机可能不是最好和最有效的方法。如果这是一个重要的功能，那么这说明，对你来说，Travis 不是一个合适的服务。

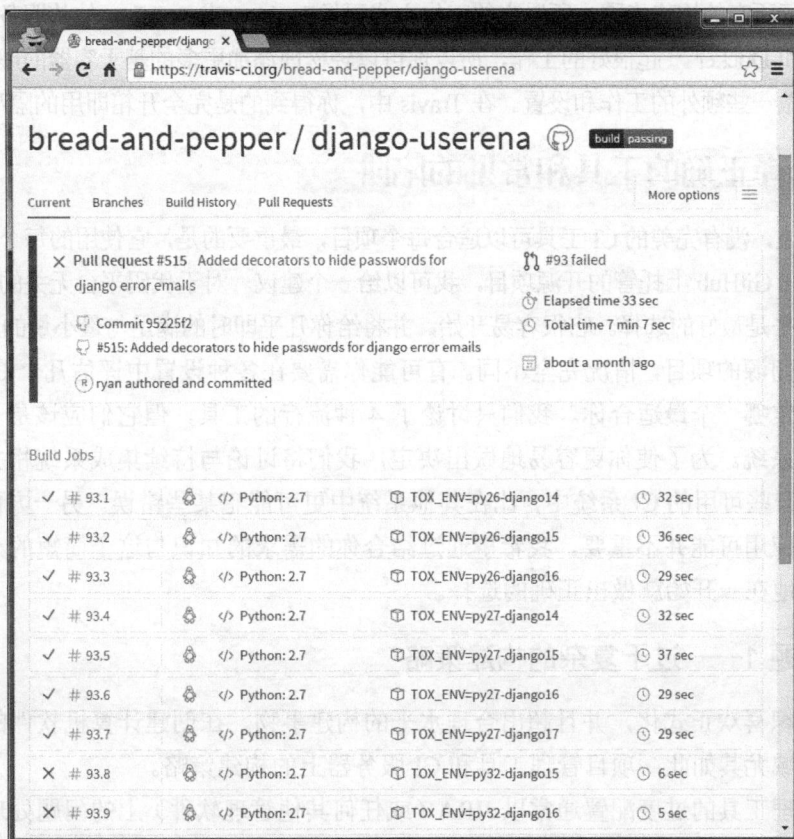

图 8-11　django-userena 项目的 Travis CI 页面显示在构建矩阵中的失败构建

　　Travis 的最大缺点是它完全锁定到 GitHub。如果你想在你的开源项目中使用它，那么这不是一个大问题。对于企业和封闭源项目，这是一个难以解决的问题。

4．GitLab CI

　　GitLab CI 是庞大的 GitLab 项目的一部分。它可用作付费服务（企业版），同时也是一个开源项目，你可以在自己的基础架构上托管（社区版）。开源版本缺少一些付费服务功能，但在大多数情况下，公司可以从软件管理版本控制仓库和持续集成中获取类似的服务。

GitLab CI 在功能设置上非常类似于 Travis。它使用非常类似与 YAML 语法的方式进行配置，这些配置存储在 .gitlab-ci.yml 文件中的。最大的区别是，GitLab 企业版定价模式不为你提供开源项目的免费帐户。社区版本是开源的，但是你需要有一些自己的基础设施才能运行它。

与 Travis 相比，GitLab 具有对执行环境有更多控制的明显优势。不幸的是，在环境隔离领域，GitLab 中的默认构建运行器有点处于劣势。这个过程称为 Gitlab 运行器，它在它运行的同一环境中执行所有的构建步骤，所以它的工作方式更像 Jenkins 或 Buildbot 的从服务器。幸运的是，它可以和 Docker 一起很好的工作，所以你可以轻松地添加更多的基于容器的虚拟化隔离，但这将需要做一些额外的工作和设置。在 Travis 中，你得到的是完全开箱即用的隔离。

8.2.5　选择正确的工具和常见的陷阱

如前所述，没有完美的 CI 工具可以适合每个项目，最重要的是，它使用的每个组织和工作流程。针对在 GitHub 上托管的开源项目，我可以给一个建议。对于代码平台无关的小型项目，**Travis CI** 似乎是最好的选择。它很容易开始，并将给你几乎即时的满足与最小量的工作。

对于封闭源的项目，情况完全不同。有可能你需要在各种设置中评估几个 CI 系统，直到你能够决定哪一个最适合你。我们只讨论了 4 种流行的工具，但它们应该是一组相当具有代表性的系统。为了使你更容易地做出决定，我们将讨论与持续集成系统相关的一些常见问题。在一些可用的 CI 系统中，比在其他系统中更可能犯某些错误。另一方面，一些问题对于所有应用可能并不重要。我希望通过结合你的需求的知识与这个简短的小结，可以让你更容易地在一开始就做出正确的选择。

1．问题 1——过于复杂的构建策略

一些组织喜欢正式化，并且超出合理水平的构建事物。在创建计算机软件的公司中，这在两个领域尤其如此：项目管理工具和 CI 服务器上的构建策略。

项目管理工具的过度配置通常以 JIRA（或任何其他管理软件）上的问题处理工作流结束，这样的复杂性使得它们在表示为图形时永远不适合单个项目。如果你的经理热衷于这样的配置/控制，你可以跟他谈话，或者用另一个经理替换他（阅读：退出你当前的工作）。不幸的是，这并不能保证在这方面会有任何改进。

但是谈到 CI，我们可以做更多。持续集成工具通常由我们开发人员维护和配置。这些是我们的工具，应该改善我们的工作。如果有人忍不住想去切换每个开关和转动每个旋钮，那么他应该远离 CI 系统的配置，特别是如果他的主要工作是谈一整天或者做决定。

实际上没有必要使复杂的策略来决定应该测试哪个提交或分支。不需要限制测试哪个特定的标签。无需为了执行更大的构建而对提交进行排队。无需通过自定义提交消息禁用

构建。你的持续集成过程应该很简单。测试一切！总是测试！就这样！如果没有足够的硬件资源来测试每个提交，那么添加更多的硬件。记住，程序员的时间比硅芯片要贵。

2．问题 2——过长的构建时间

漫长的构建时间会扼杀任何开发人员的效率。如果你需要等待几个小时，知道你的工作是否正确，那么你将没有办法保持高效。当然，当你的特性被测试时，有些工具会有所帮助。无论如何，作为人类，多任务是非常令人讨厌的。在不同问题之间切换需要时间，并且最终，将我们的编程效率降低到零。一次处理多个问题时，将很难保持专注。

解决方案非常简单：不惜任何代价，保持快速构建。首先，尝试找到瓶颈并优化它们。如果构建服务器的性能是问题，那么尝试水平扩展。如果这没有帮助，则将每个构建分成较小的部分并且进行并行化。

有很多解决方案可以加快缓慢的构建测试，但有时没有办法解决这个问题。例如，如果你有自动的浏览器测试或者需要对外部服务执行长时间的运行调用，那么很难逾越一些硬性限制而提高性能。例如，当你的 CI 中的自动验收测试的速度成为问题时，那么你可以适当放宽测试一切，总是测试的规则。程序员最重要的是单元测试和静态分析。因此，根据你的工作流程，缓慢的浏览器测试有时可以推迟到发布正在准备的时候。

缓慢构建运行的另一个解决方案是重新思考应用程序的整体架构设计。如果测试应用程序需要很多时间，通常意味着，它应该分成几个独立的组件，可以单独开发和测试。将软件编写为巨大的单块是最容易失败的。通常在任何软件工程过程中，软件都会因为没有正确模块化而中断。

3．问题 3——外部作业定义

一些持续集成系统（尤其是 Jenkins）允许你通过网络页面设置大部分构建配置和测试过程，而无需接触代码仓库。但是，你应该避免将任何构建步骤/命令的入口点到放到外部系统。这是 CI 中的一种反模式，只能引起麻烦。

作为引入全局外部构建定义的问题的一个例子，让我们假设我们有一些开源项目。最初的开发是忙碌的，我们不关心任何风格的规范。我们的项目是成功的，所以开发需要另一个主要版本。一段时间后，我们从 0.x 版本转移到 1.0，并决定重新格式化所有的代码，以符合 PEP 8 准则。这是一个很好的方法，静态分析检查可以作为 CI 构建的一部分进行，所以我们决定将 pep8 工具的执行添加到构建定义。如果我们只有一个全局外部构建配置，那么如果需要对旧版本的代码进行某些改进，就会出现问题。例如说，有一个关键的安全问题，需要在应用程序的两个分支：0.x 和 1.y 修复。我们知道 1.0 以下的任何版本都不符合风格指南，并且新引入的针对 PEP 8 的检查将会将构建标记为失败。

问题的解决方案是保持你的构建过程的定义尽可能接近源。对于某些 CI 系统（Travis

CI 和 GitLab CI），默认情况下你将获得该工作流。使用其他解决方案（Jenkins 和 Buildbot），你需要额外注意，以确保大多数构建过程包含在代码中，而不是某些外部工具配置。幸运的是，你有很多选择，允许这种自动化。

- Bash 脚本。
- Makefiles。
- Python 代码。

4．问题 4——缺乏隔离

我们已经多次讨论了隔离在 Python 编程中的重要性。我们知道，在包级别上隔离 Python 执行环境的最佳方法是使用 virtualenv 或者 python -m venv 的虚拟环境。不幸的是，当测试代码用于持续集成过程的目的时，通常是不够的。测试环境应尽可能接近生产环境，如果没有额外的系统级虚拟化，这是很难实现的。

当你在构建应用程序时无法确保正确的系统级隔离时，可能遇到的主要问题有：

- 持久化在文件系统或后台服务（缓存，数据库等）的构建之间的状态。
- 多个构建或通过环境，文件系统或后台服务相互交互的测试。
- 由于生产环境的操作系统的特性而无法在构建服务器上捕获的问题。

如果你需要执行同一应用程序的并行构建或甚至并行化单个构建，上述问题特别麻烦。

一些 Python 框架（主要是 Django）为数据库提供一些额外的隔离级别，以确保在运行测试之前清理存储。还有一个针对 py.test 相当有用的扩展叫作 pytest-dbfixtures（参考 https://github.com/ClearcodeHQ/pytest-dbfixtures），让你更可靠地实现。无论如何，这样的解决方案为你的构建添加了更多的复杂性，而不是减少。在每次构建（以 Travis CI 的作法）中始终清除虚拟机似乎是一个更优雅和更简单的方法。

8.3　小结

我们在本章中学习了以下内容。

- 集中式和分布式版本控制系统之间有什么区别。
- 相对于集中式版本控制系统，为什么你更应该选择分布式版本控制系统。
- 在 DVCS 中，为什么 Git 应该是你的第一选择。
- Git 的常见工作流和分支策略是什么。
- 什么是持续集成/交付/部署，以及哪些流行工具允许你实现这些流程。

下一章将解释如何清晰地文档化你的代码。

第 9 章
文档化你的项目

文档是经常被开发人员忽略的工作，有时也会被管理者忽略。这往往是由于在项目生命周期结束的后期缺乏时间，以及人们认为他们不擅长写作。其中一些人确实写不好，但他们中的大多数能够完成一个良好的文档。

在任何情况下，匆忙编写文档的结果是文档会变得一团糟。大多时候，开发人员讨厌做这种工作。当现有文档需要更新时，情况会更糟。因为经理不知道如何处理更新，许多项目只是提供简陋而又过时的文档。

但是在项目开始时设置一个文档过程，并且将文档看作是代码模块，这会使得文档的编写更加顺利。当遵循几条规则时，写作甚至会很有趣。

本章提供了一些开始文档化项目的提示。

- 7 项技术写作规则，这是最佳实践的概述。
- reStructuredText 入门，它是在大多数 Python 项目中使用的纯文本标记语法。
- 建立良好的项目文档的编写指南。

9.1　7 项技术写作规则

编写良好的文档在许多方面比编写代码更容易。大多数开发人员认为这很难，但通过遵循一组简单的规则，它会变得非常容易。

我们不是在这里谈论写一本诗集，而是一个全面的文本，可以用来理解一个设计、一个 API 或任何构成的代码库。

每个开发人员都能够输出这样的材料，本节提供了 7 个规则，可以应用在所有情况下。

- **两步写作**：专注于想法，然后审查和塑造你的文本。
- **定位读者**：谁会读？
- **使用简单的风格**：保持直接和简单。使用好的语法。
- **限制信息范围**：一次引入一个概念。

- **使用现实中的代码示例**：应避免使用"Foos"和"bars"。
- **使用轻量且充分的方法**：你不是在写一本书！
- **使用模板**：帮助读者习惯。

这些规则主要来自 AndreasRüping 编写的书 *Agile Documentation:A Pattern Guide to Producing Lightweight Documents for Software Projects*，其重点是在软件项目中输出最好的文档。

9.1.1　两步写作

Peter Elbow，在 *Writing With Power:Technigues for Mastering the Writing Process* 一书中，解释说，几乎任何人不可能在第一次就写出完美的文本。问题是许多开发人员在编写文档时尝试直接写出一些完美的文本。他们在这个练习中取得成功的唯一方法是每写两句就停止写作，然后阅读它们并做一些修正。这意味着他们将重点放在文本的内容和风格上。

这对于大脑来说太难了，结果往往不如预期的那么好。在完全想清楚它的含义之前，大量的时间和精力花在修正文本的风格和形状。

另一种方法是删除文本的风格和组织，并专注于其内容。所有的想法都写在纸上，不管它们是怎么写的。开发者开始写一个持续的流，当他或她犯语法错误，或任何东西，只要不是关于内容的，就不会暂停。例如，如果句子几乎不能理解，只要这些想法被写下来就没有关系。他或她只是用粗糙的组织写下他想说的话。

通过这种方式，开发者专注于他或她想说什么，并且可能会从他或她的头脑中获得更多的内容，而不是他或她最初的想法。

做自由写作时的另一个副作用是，与主题没有直接关系的其他想法很容易在头脑中一闪而过。一个好的做法是当他们出现时将它们写在第二张纸或屏幕上，这样它们就不会丢失，然后回到当前的写作。

第二步包括回读整个文本并对其进行修正，以便每个人都能理解。修正文本意味着增强其风格，纠正其错误，重新组织它，并删除任何冗余的信息。

当专门用于编写文档的时间有限时，一个好的做法是将此时间分成两半——一半用于写作，另一半用于清理和组织文本。

> **特别提示**
> 专注于内容，然后是风格和简洁。

9.1.2　定位读者

当写作内容时，有一个简单的问题，作者应该考虑：谁会读？

这并不总是很明显，因为一个技术文本解释了一个软件如何工作，并且通常为每个可能获取和使用代码的人而写。读者可能是正在寻找问题的合适技术解决方案的研究者或者是需要利用其实现特性的开发者。架构师也可以从架构的角度来看它是否符合他或她的需求。

好的文档应该遵循一个简单的规则——每个文本都只有一种类型的读者。

这个哲学使写作更容易。作者准确地知道他或她正在面对什么样的读者。他或她可以提供简明和预先准备的文件，这些文件不是用于所有类型的读者。

一个好的做法是提供一个简短的介绍性文本，在一个句子中解释文档是什么，并指导读者去读适当的部分。

Atomisator 是一个产品，它提取 RSS 源并将其保存在数据库中，并带有筛选功能。

- 如果你是开发人员，你可能需要查看 API 描述（api.txt）。
- 如果你是管理人员，你可以阅读功能列表和常见问题（features.txt）。
- 如果你是一个架构师，你可以阅读架构和基础设施的说明（arch.txt）。
- 通过这种方式考虑你的读者，你才可能输出更好的文档。

> **特别提示**
> 在开始写作之前了解你的读者。

9.1.3 使用简单的风格

Seth Godin 是营销主题中最畅销的图书作者之一。你可能需要阅读 *Unleashing the Ideavirus*，你可以在互联网上免费获得（请参阅 http://www.sethgodin.com/ideavirus/downloads/Ideavirus ReadandShare.pdf）。

前一段时间，他在他的博客上做了一个分析，试图了解为什么他的书卖得这么好。他列出了营销领域的所有最好的卖家，并比较每个人的每句话的平均词数。

他意识到他的书中每句话的词数最少（13 个词）。这个简单的事实，Seth 解释道，这证明读者喜欢短而简单的句子，而不是长而漂亮的句子。

通过保持句子短而简单，你的作品将消耗更少的脑力，内容被提取，处理，然后了解。编写技术文档旨在为读者提供一个软件指南。这不是一个小说故事，应该更像微波炉的通知那样简短，而不是像最新的斯蒂芬·金的小说。

请记住几个提示。

- 使用简单的句子。它们不应超过两行。
- 每一段最多应由 3 或 4 个句子组成，表达一个主要思想。让你的文本互相呼应。
- 不要重复太多。避免新闻风格，其中的想法一再重复，以确保他们的理解。
- 不要使用几种时态。大多数时候，现在时态是足够的。
- 如果你不是一个真正优秀的作家，不要在文本中讲笑话。在技术文本中滑稽是很难的，很少有作家掌握它。如果你真的想保持一些幽默，把它们放在代码示例中，你就没事了。

特别提示

你不是在写小说，所以尽可能地保持风格简单。

9.1.4 限制信息范围

不好的软件文档有个简单的迹象——你正在寻找一些你知道存在于某处但你找不到的信息。花了一些时间阅读目录后，你开始尝试通过几个字的组合查询文件，但还是不能得到你正在寻找的信息。

当作者没有在主题中组织他们的文本时，就会发生这种情况。他们可能提供大量的信息，但它只是以单一或非逻辑的方式聚集在一起。例如，如果读者正在寻找你的应用程序的大图片，他或她就不应该阅读 API 文档——这是一个低级的错误。

为了避免这种影响，段落应该被聚集在给定章节的有意义的标题下，全局文档标题应该用短语来组织内容。

一个目录可以是由所有章节的标题组成。

撰写标题的一个简单做法是问自己："我在 Google 中输入什么短语来找到此部分？"。

9.1.5 使用现实中的代码示例

Foo 和 bar 是坏成员。当读者试图通过一个使用示例来理解一段代码如何运行时，不切实际的示例会让代码难以理解。

为什么不使用现实中的例子？通常的做法是确保每个代码示例都可以剪切并粘贴到一个真正的程序中。

为了展示不良使用的例子，让我们假设我们想要展示如何使用 parse() 函数：

```
>>> from atomisator.parser import parse
>>> # 让我们使用它:
>>> stuff = parse('some-feed.xml')
>>> next(stuff)
{'title': 'foo', 'content': 'blabla'}
```

一个更好的例子是解析器知道如何返回一个带有 parse 函数的 feed 内容，可用作顶层函数：

```
>>> from atomisator.parser import parse
>>> # 让我们使用它:
>>> my_feed = parse('http://tarekziade.wordpress.com/feed')
```

```
>>> next(my_feed)
{'title': 'eight tips to start with python', 'content': 'The first tip
is..., ...'}
```

这种轻微的差别可能听起来有点过分，但实际上它使你的文档更有用。读者可以将这些行复制到 shell 中，理解将一个 URL 解析为一个参数，并返回一个包含博客条目的迭代器。

当然，给出一个现实的例子并不总是可能或可行的。这对于非常通用的代码尤其如此。即使这本书也有很少出现的含糊不清的 foo 和 bar 字符串，在一些名称上下文不重要的地方。总之，你应该总是努力把这种不切实际的例子的数量减少到最小。

> **特别提示**
> 代码示例应该可直接在实际程序中复用。

9.1.6　使用轻量且充分的方法

在大多数敏捷方法中，文档不是首要的。相比细节文档，使软件正常工作是最重要的事情。因此，Scott Ambler 在他的书 *Agile Modeling:Effective Practices for eXtreme Programming and the Unified Process* 中解释了一个好的做法是定义真正的文档需求，而不是创建一个详尽的文档集。

例如，让我们看一个简单项目 ianitor 的示例文档——它在 GitHub https://github.com/ClearcodeHQ/ianitor 上。它是一个帮助在 Consul 服务发现集群中注册进程的工具，因此它主要面向系统管理员。如果你看看它的文档，你会发现这只是一个单一的文档（README.md 文件）。它只解释了它是如何工作和如何使用它。从管理员的角度来看，这是足够的。他们只需要知道如何配置和运行工具，没有其他人希望使用 ianitor。本文档通过回答这样一个问题"我如何在我的服务器上使用 ianitor？"来限制其范围。

9.1.7　使用模板

维基百科上的每一页的布局都是相似的。一侧有用于总结日期或事实的文本框。在文档的开头总是有一个目录，这个目录包含指向同一页面中的标题的链接。在结尾处总是有一个参考部分。

用户习惯了它。例如，他们知道他们可以快速查看目录，如果他们没有找到他们正在寻找的信息，他们将直接访问参考部分，以查看他们是否可以找到关于该主题的另一个网站。这适用于维基百科上的任何页面。学习维基百科的方式可以让你更高效。

因此，使用模板强制文档的通用模式，可以使人们更有效地使用它们。他们习惯了结构，知道如何快速阅读它。

为每种文档提供模板还为作者提供了一个快速开始的脚手架。

9.2　reStructuredText 入门

reStructuredText 也被称为 reST（参考 http://docutils.sourceforge.net/rst.html）。它是一种在 Python 社区中广泛用于文档化软件包的纯文本标记语言。reST 的优势在于，文本仍然可读，因为标记语法不会像 LaTeX 那样混淆文本。

这里有一个文档示例，如下所示：

```
=====
Title
=====



Section 1
=========
This *word* has emphasis.


Section 2
=========


Subsection
::::::::::

Text.
```

reST 包含在 docutils 中，这个包提供了一套脚本来将 reST 文件转换为各种格式，如 HTML，LaTeX，XML 或甚至 S5，Eric Meyer 的幻灯片对它进行了系统地显示（参考 http://meyerweb.com/eric/tools/s5）。

作者可以专注于内容，然后根据需要来决定如何渲染它。例如，Python 本身被记录在 reST 中，然后被渲染成 HTML 用来构建网站 http://docs.python.org，也可以渲染成很多其他格式。

开始编写 reST 文档需要知道的最小元素集合如下。

- 章节结构（Section structure）。
- 列表（Lists）。

- 行内标记（Inline markup）。
- 文字块（Literal block）。
- 链接（Links）。

这一节是对语法的一个快速概述。包含更多信息的快速参考，这是开始使用 reST 的好地方。

通过安装 docutils 来安装 reStructuredText：

```
$ pip install docutils
```

例如，docutils 包提供的 rst2html 脚本将给定的 reST 文件的输出为 HTML：

```
$ more text.txt
Title
=====

content.


$ rst2html.py text.txt
<?xml version="1.0" encoding="utf-8" ?>
...
<html ...>
<head>
...
</head>
<body>
<div class="document" id="title">
<h1 class="title">Title</h1>
<p>content.</p>
</div>
</body>
</html>
```

9.2.1 章节结构

文档的标题及其部分使用非字母数字的字符下划线。它们可以是上划线和下划线，并且通常的做法是，在标题中使用这种双标记，在章节中使用一个简单的下划线。

最常用的字符下划线的标题是以下列顺序进行排序：=、-、_、:、#、+、^。

当一个字符用于章节时，它与其级别相关联，并且必须在整个文档中始终使用。

考虑下面的代码（运行结果参见图 9-1），例如：

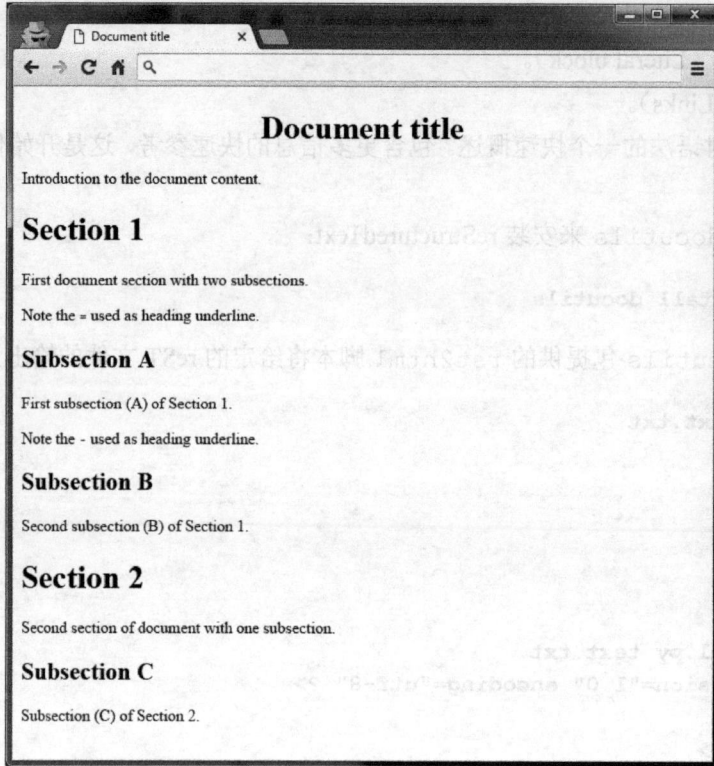

图 9-1 将 reStructuredText 转换为 HTML 并在浏览器中渲染

```
==============
Document title
==============


Introduction to the document content.

Section 1
=========


First document section with two subsections.

Note the "=" used as heading underline.

Subsection A
------------


First subsection (A) of Section 1.
```

```
Note the "-" used as heading underline.

Subsection B
------------
Second subsection (B) of Section 1.


Section 2
=========
Second section of document with one subsection.

Subsection C
------------
Subsection (C) of Section 2.
```

9.2.2 列表

reST 提供了易读的自动枚举特性的列表语法（运行结果参见图 9-2），主要有：无序列表，枚举列表和自定义列表，如下所示。

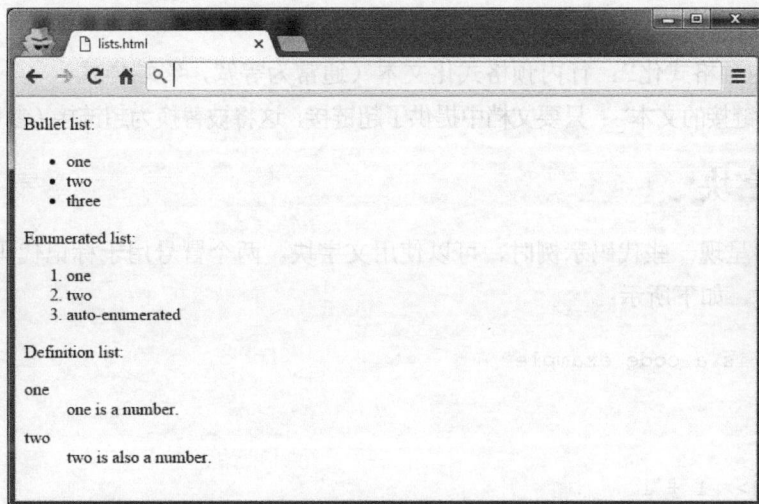

图 9-2　同类型的列表渲染成 HTML

```
Bullet list:

- one
- two
- three
```

```
Enumerated list:

1. one
2. two
#. auto-enumerated


Definition list:

one
    one is a number.

two
    two is also a number.
```

9.2.3　行内标记

文本可以使用行内标记来设置样式。

- *强调*：斜体。
- **加粗强调**：粗体。
- ``行内预格式化``：行内预格式化文本（通常为等宽，终端样式）。
- `带有链接的文本`_：只要文档中提供了超链接，这将被替换为超链接（参见链接部分）。

9.2.4　文字块

当你需要呈现一些代码示例时，可以使用文字块。两个冒号用于标记代码块，代码块需要进行缩进，如下所示：

```
This is a code example

::

    >>> 1 + 1
    2

Let's continue our text
```

特别提示

不要忘记在::和代码块之后添加一个空行，否则不会被渲染。

请注意，冒号字符可以放在文本行中。在这种情况下，它将被渲染为单个冒号（运行结果参见图 9-3）：

```
This is a code example::

    >>> 1 + 1
    2

Let's continue our text
```

如果不想保留单个冒号，可以在前面的文本和::之间插入一个空格。在这种情况下，::将被解释并且完全删除。

图 9-3 reST 中的代码示例渲染成 HTML

9.2.5 链接

只要在当前文档中提供了链接，就可以通过以两个点开头的特殊行将文本更改外部链接，如下所示：

```
Try 'Plone CMS'_, it is great ! It is based on Zope_.

.. _'Plone CMS': http://plone.org
.. _Zope: http://zope.org
```

通常的做法是将外部链接分组放到文档的末尾。当要链接的文本包含空格时，它必须用`（反引号）字符包围。

也可以通过在文本中添加标记来使用内部链接，如下所示：

```
This is a code example

.. _example:

::
```

```
>>> 1 + 1
2
```

```
Let's continue our text, or maybe go back to
the example_.
```

章节也可以使用内部链接，如下所示：

```
===============
Document title
===============

Introduction to the document content.

Section 1
=========

First document section.

Section 2
=========

-> go back to 'Section 1'_
```

9.3　构建文档

指导读者和作者的一个更简单的方法是向每个人提供帮助和指导，正如我们在本章前面的章节中所学到的。

从作者的角度来看，这可以通过一组可重用的模板以及描述如何以及何时在项目中使用它们的指南来完成。它被称为**文档集**（documentation portfolio）。

从读者的角度来看，重要的是能够无痛地浏览文档，并习惯于有效地查找信息。它是通过构建**文档格局**（document landscape）来完成的。

构建文档集

软件项目可以有许多种类的文档，从直接引用代码的底层文档，到提供应用程序的高层次视图的设计文档。

例如，Scott Ambler 在他的书 *Agile Modeling: Effective Practices for eXtreme Programming and the Unified Process* 中定义了广泛的文档类型列表。他从早期规范到操作文档构建了一个文档集。甚至包括项目管理文档，因此整个文档需求都是使用一组标准化的模板构建。

由于完整的文档集与用于构建软件的方法密切相关，本章将仅关注你可以根据特定需求完成的公共子集。构建高效的文档集需要很长时间，因为它可以体现你的工作习惯。

软件项目中的一组常见文档可以分为3类。

- **设计**：包括提供架构信息和底层设计信息的所有文档，例如类图或数据库图。
- **用法**：包括有关如何使用软件的所有文档；可以是以一本手册和教程或模块级帮助的形式。
- **操作**：这提供了有关如何部署，升级或操作软件的指南。

1. 设计

创建此类文档的重点是确保目标读者是完全知道的，内容范围有限的。因此，为作者提供一点建议就是设计文档的通用模板尽量保持轻量级的结构。

这样的结构可能包括：

- 标题；
- 作者；
- 标签（关键字）；
- 说明（摘要）；
- 目标（谁应该读这篇文章？）；
- 内容（带图）；
- 参考的其他文件。

打印时，内容最多应为3页或4页，以确保限制范围。如果它变大，应该分成几个文档或概述。

该模板还提供了作者的名字和一个标签列表来管理它的演变和简化分类。这将在本章后面讨论。

reST 中的示例设计文档模板如下所示：

```
==========================================
Design document title
==========================================

:Author: Document Author
:Tags: document tags separated with spaces

:abstract:

    Write here a small abstract about your design document.
.. contents ::
```

```
Audience
========

Explain here who is the target readership.


Content
=======

Write your document here. Do not hesitate to split it in several
sections.


References
==========

Put here references, and links to other documents.
```

2. 使用

使用文档描述软件的特定部分是如何使用的。本文档可以描述底层部分，如函数的工作原理，也可以描述高层部分，如调用程序的命令行参数。这是框架应用程序中的文档的最重要的部分，因为目标读者主要是将要重用代码的开发人员。

3 种主要的文件如下。

- **技巧**：这是一个简短的文档，解释如何做某事。这种文件瞄准一个读者，并专注于一个特定的主题。
- **教程**：这是一个逐步的文档，说明如何使用软件的功能。本文档可以引用配方文档，每个实例仅供一个读者使用。
- **模块助手**：这是一个底层文档，用于说明模块包含的内容。当你通过模块调用内置的帮助时，可以显示此文档。

（1）技巧

一个技巧（recipe）文档解答一个非常具体的问题，并提供一个解决方案来解决问题。例如，ActiveState 在线提供了一个庞大 Python 技巧仓库，开发人员可以在其中描述如何使用 Python 做事情（参考 http://code.activestate.com/recipes/langs/python/）。与单个区域/项目相关的这样一组技巧通常被称为攻略（cookbook）。

这些技巧必须简短，并且结构如下。

- 标题。
- 提交者。

- 最近更新时间。
- 版本。
- 类别。
- 说明。
- 源（源代码）。
- 讨论（解释代码的文字）。
- 评论（来自网络）。

通常，它们很长，超出一屏，但是却没有深入细节。这种结构完全符合软件的需要，可以在通用结构中再进行调整，向其中添加目标读者，并且用标签替换类别：

- 标题（短句）。
- 作者。
- 标签（关键字）。
- 谁应该读这个？
- 先决条件（例如要读取的其他文档）。
- 问题（简短说明）。
- 解决方案（主文本，一个或两个屏幕）。
- 参考文献（指向其他文档的链接）。

上面没有日期和版本，因为像管理项目中的源代码一样管理项目文档。这意味着处理文档的最好方法是通过版本控制系统进行管理。在大多数情况下，这与用于项目代码的代码仓库完全相同。

一个简单的可重用的技巧模板如下：

```
===========
Recipe name
===========


:Author: Recipe Author
:Tags: document tags separated with spaces

:abstract:

    Write here a small abstract about your design document.

.. contents ::


Audience
```

```
=========

Explain here who is the target readership.


Prerequisites
=============

Write the list of prerequisites for implementing this recipe. This
can be additional documents, software, specific libraries, environment
settings or just anything that is required beyond the obvious language
interpreter.


Problem
=======

Explain the problem that this recipe is trying to solve.


Solution
========

Give solution to problem explained earlier. This is the core of a
recipe.


References
==========

Put here references, and links to other documents.
```

（2）教程

教程和技巧相比有着不同的目的。它不打算解决孤立的问题，而是描述如何逐步使用应用程序的功能。这可能比技巧更长，并且可能涉及应用程序的许多部分。例如，Django 在其网站上提供了一个教程列表。*Writing your first Django App, part1*（参考 https://docs.djangoproject.com/en/1.9/intro/tutorial01/）解释如何使用 Django 构建应用程序。

这种文件的结构如下所示。

- 标题（短句）。
- 作者。
- 标签（文字）。

- 说明（摘要）。
- 谁应该读这个？
- 先决条件（例如要读取的其他文档）。
- 教程（正文）。
- 参考文献（指向其他文档的链接）。

（3）模块助手

模块助手模板是可以添加到我们的集合中的最后一个模板。模块助手指的是一个单独的模块，它主要提供内容的描述以及使用示例。

一些工具可以通过使用 pydoc 提取 docstrings 和计算模块助手来自动构建这样的文档，例如 Epydoc（参考 http://epydoc.sourceforge.net）。因此，可以基于内省 API 生成大量的文档。通常在 Python 框架中会提供这种文档。例如，Plone 提供了一个 http://api.plone.org 服务器，以保持模块助手的最新集合。

这种方法的主要问题如下。

- 无法智能的选择感兴趣的模块生成文档。
- 代码可能会被文档混淆。

此外，模块文档提供的例子有时可能涉及模块的多个部分，并且它们很难在函数和类的 docstrings 之间进行拆分。模块的 docstring 的目的是可以在模块的顶部写入文本。但是这最终得到一个由一个文本块组成的混合文件，而不是一个代码块。当代码小于总长度的 50% 时，这是相当模糊的。如果你是作者，这当然没问题。但是当人们尝试读取代码（而不是文档）时，他们将不得不跳过 docstrings 部分。

另一种方法是将这些文本拆分到单独的文件中。然后通过手动的操作决定哪个 Python 模块具有模块助手文件。然后，文档可以从代码库中分离出来，并允许它们独立生存，我们将在下一部分中看到。Python 的文档就是这样处理的。

事实上，许多开发人员不认同文档和代码分离比 docstrings 更好。这种方案法意味着文档编写过程要完全纳入到开发周期中；否则文档就会很快过时。docstrings 方案通过让代码及其用法示例之间的保持来解决这个问题，但是不能将其带到更高级别——一个可以用作纯文本文件一部分的文档。

模块助手的模板非常简单，因为它在内容写入之前只包含一些元数据。目标读者没有定义，直到有希望使用此模块的开发人员。

- 标题（模块名称）。
- 作者。
- 标签（文字）。

- 内容。

特别提示

下一章将介绍使用 doctests 和模块助手的测试驱动开发。

3. 操作

操作文档用于描述如何操作软件，需要考虑以下几点。

- 安装和部署文档。
- 管理文件。
- 常见问题（FAQ）文档。
- 解释人们如何贡献，请求帮助或提供反馈的文档。

这些文档非常具体，但他们可以使用前面部分中定义的教程模板。

9.4　构建自己的文档集

我们之前讨论的模板只是一个可以用来文档化软件的基础。随着时间的推移，你最终将开发自己的模板和风格来制作文档。但始终记住让项目文档保持轻量且充分的方法：每个添加的文档应该有一个明确定义的目标读者，并应填补真正的需要。不增添实际价值的文档不应写入。

每个项目都是独一无二的，有不同的文档需求。例如，具有简单用法的小型终端工具只要有一个 README 文件作为其文档格局就绝对足够了。如果目标读者被精确地定义并且一致的分组（例如，系统管理员），则具有这样的最小单文档是完全正确的。

此外，不要太严格地应用提供的模板。示例提供的一些其他的元数据在大项目或严格规范化的团队中非常有用。例如，标签旨在改进大文档中的文本搜索，但由少量文档组成的文档格局中，它不会提供任何有价值的信息。

此外，包括文档作者并不总是一个好主意。这种方法在开源项目中可能尤其值得怀疑。在这样的项目中，你希望社区也贡献文档。在大多数情况下，无论何时有需要，这些文件都会不断更新。人们倾向于将文档作者也视为文档所有者。如果每个文档的作者总是指定的，这可能会阻止人们更新文档。通常，与明确提供的元数据注释相比，版本控制软件可以提供关于真实文档作者的更清楚和更透明的信息。真正推荐明确作者的情况是各种设计文档，特别是在设计过程严格正式化的项目中。最好的例子就是关于 Python 语言增强提案的一系列 PEP 文档。

9.4.1　构建格局

上一节中创建的文档集提供了文档级别的结构，但是没有提供一种方法来对其进行分组和整理，以构建读者将拥有的文档。这就是 Andreas Rüping 所说的文档格局，指的是读者在浏览文档时使用的思维导图。他得出的结论是，组织文件最好的方法就是建立一个逻辑树。

换句话说，由不同类型的文档组成的文档集需要存放在一个树形的目录结构中。这个地方对于作者在创建文档时以及在读者查找时都必须是显而易见的。

浏览文档时，每个级别的索引页面很有用处，可以帮助作者和读者。

构建文档格局有两个步骤。

● 为生产者（作家）建立一树形布局。

● 在生产者树形布局的顶部为消费者（读者）构建树形布局。

生产者和消费者之间的这种区分是重要的，因为他们在不同的地方并且以不同的格式访问文档。

1. 生产者的布局

从生产者的角度来看，每个文档都像 Python 模块一样被处理。它应该存储在版本控制系统中，并像代码一样工作。作家不关心他们的散文的最后的外观，它在哪里可用，他们只是想确保他们正在写一个文档，所以它是主题所涵盖的真正的事实的唯一来源。存储在文件夹树中的 reStructuredText 文件与软件代码一起在版本控制系统中可用，并且是为生产者构建文档景观的方便的解决方案。

按照惯例，docs 文件夹用作文档树的根：

```
$ cd my-project
$ find docs
docs
docs/source
docs/source/design
docs/source/operations
docs/source/usage
docs/source/usage/cookbook
docs/source/usage/modules
docs/source/usage/tutorial
```

请注意，树位于源码文件夹中，因为 docs 文件夹将用作根文件夹，用以在下一部分中设置特殊的工具。

从那里，可以在每个级别（除根之外）添加 index.txt 文件，它用以说明文件夹包含什么类型的文档或总结每个子文件夹包含什么文档。这些索引文件可以定义它们包含的文档的列表。例如，操作文件夹可以包含以下可用的操作文档的列表：

```
==========
Operations
==========


This section contains operations documents:

- How to install and run the project
- How to install and manage a database for the project
```

重要的是要知道，人们往往忘记更新这些文件的列表以及表格的内容。所以最好让它们自动更新。在下一小节中，我们将讨论一个工具，在许多其他功能中，也可以处理这种情况。

2. 消费者的布局

从消费者的角度来看，重要的是制定索引文件，并以易于阅读和看起来不错的格式呈现整个文档。网页是最好的选择，并且容易从 reStructuredText 文件中生成。

Sphinx（http://sphinx.pocoo.org）是一组脚本和 docutils 的扩展，可用于从我们的文本树中生成 HTML 结构。此工具用于（例如）构建 Python 文档，并且许多项目现在将其用于其文档。在其内置的功能中，它产生一个非常好的浏览系统，以及一个轻量并且够用的客户端 JavaScript 搜索引擎。它还使用 pygments 来渲染代码示例，这会输出非常好的语法高亮效果。

Sphinx 可以很容易地配置为前面定义的文档格局。同时，可以使用 pip 轻松地安装 Sphinx 包。

开始使用 Sphinx 的最简单的方法是使用 sphinx-quickstart 脚本。这个实用程序将通过 Makefile 生成一个脚本，可以用来在每次需要时生成 Web 文档。它会交互地询问一些问题，然后引导初始化整个文档源代码树和配置文件。一旦完成，只要你想要，你都可以很容易地调整它。让我们假设我们已经引导了整个 Sphinx 环境，我们希望看到它的 HTML 表示。这可以使用 make html 命令轻松完成，如下所示：

```
project/docs$ make html
sphinx-build -b html -d _build/doctrees . _build/html
Running Sphinx v1.3.6
making output directory...
loading pickled environment... not yet created
building [mo]: targets for 0 po files that are out of date
building [html]: targets for 1 source files that are out of date
updating environment: 1 added, 0 changed, 0 removed
reading sources... [100%] index
```

```
looking for now-outdated files... none found
pickling environment... done
checking consistency... done
preparing documents... done
writing output... [100%] index
generating indices... genindex
writing additional pages... search
copying static files... done
copying extra files... done
dumping search index in English (code: en) ... done
dumping object inventory... done
build succeeded.
Build finished. The HTML pages are in _build/html.
```

除了 HTML 版本的文档之外，该工具还能构建自动的页面，例如模块列表和索引。
Sphinx 提供了一些 docutils 扩展来驱动这些功能，如图 11-4 所示。主要有以下几个
步骤。

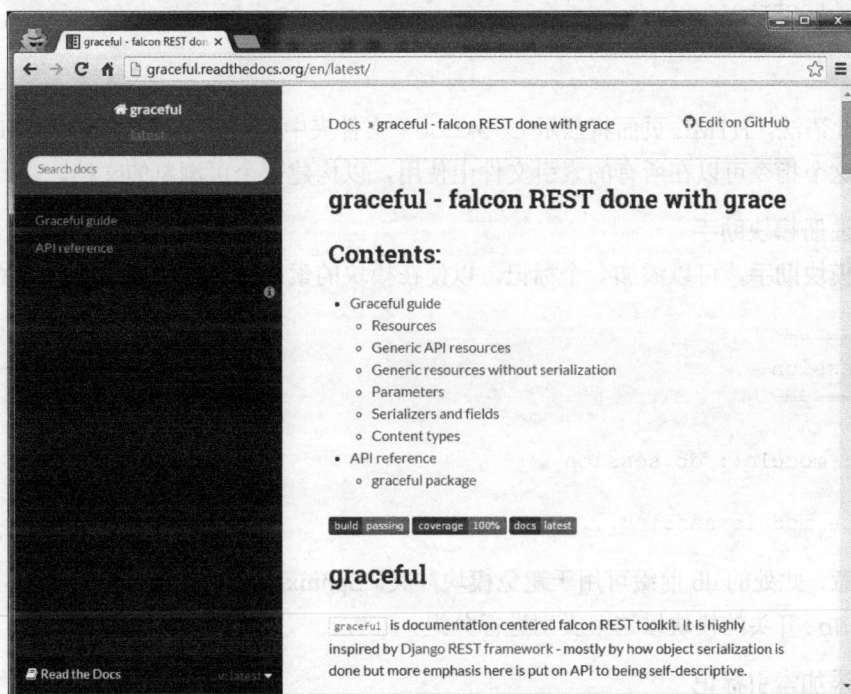

图 9-4 使用 Sphinx 构建文档的 HTML 版本的示例

- 构建目录的指令。
- 将文档注册为模块助手的标记。

- 在索引中添加元素的标记。

（1）在索引页上工作

Sphinx 提供了一个 `toctree` 指令，可以用来在文档中插入一个目录，其中包含指向其他文档的链接。每行必须是具有相对路径的文件，从当前文档开始。全局风格的名称可以通过与表达式匹配添加多个文件。

例如，我们以前在生产者环境中定义的 `cookbook` 文件夹中的索引文件可能如下所示：

```
========
Cookbook
========


Welcome to the Cookbook.

Available recipes:

.. toctree::
   :glob:
   *
```

使用此语法，HTML 页面将显示 cookbook 文件夹中可用的所有 **reStructuredText** 文档的列表。这个指令可以在所有的索引文件中使用，以构建一个可浏览的文档。

（2）注册模块助手

对于模块助手，可以添加一个标记，以便在模块的索引页中自动列出，如下所示：

```
=======
session
=======


.. module:: db.session

The module session...
```

请注意，此处的 `db` 前缀可用于避免模块冲突。**Sphinx** 将使用它作为一个模块类别，并将所有以 `db.` 开头的模块以这个类别进行分组。

（3）添加索引标记

另一个选项可用于将文档链接到的条目填充到索引页，如下所示：

```
=======
session
=======
```

```
.. module:: db.session

.. index::
   Database Access
   Session

The module session...
```

这将会在索引页中添加两个新条目，即 `Database Access` 和 `Session`。

（4）交叉引用

最后，Sphinx 提供了一个行内标记来设置交叉引用。例如，到模块的链接可以这样做：

```
:mod:`db.session`
```

这里，`:mod:`是模块标记的前缀，`` `db.session` ``是要链接到的模块的名称（如先前注册的）；请记住`:mod:`以及前面的元素是由 Sphinx 在 **reSTructuredText** 中引入的具体指令。

> **特别提示**
>
> Sphinx 提供了更多的功能，你可以在其网站上发现。例如，autodoc 功能是自动提取你的 doctest 以构建文档的一个很好的选项。参考 http://sphinx.pocoo.org。

9.4.2 文档构建与持续集成

从消费者的角度看，Sphinx 真的提高了文档的可读性和用户体验。如前所述，当一部分以 docstrings 或模块助手的形式的文档与代码紧密耦合时，文档就显得特别有用。虽然这种方法确保文档的源版本与其文档中的代码相匹配，但并不能保证文档读者能够访问最新的编译版本。

如果文档的目标读者不够熟练地使用命令行工具，并且不知道如何将其构建为可浏览和可读的形式，则仅具有最小的源表示也是不够的。当提交/推送任何更改到代码仓库时，自动将你的文档构建为友好的用户界面，就显得非常重要。

托管使用 Sphinx 构建的文档的最佳方式是生成 HTML 构建，并将其作为你选择的 Web 服务器的静态资源。Sphinx 提供了合适的 `Makefile` 使用 `make html` 命令来构建 HTML 文件。因为 `make` 是一个非常常见的实用程序，应该很容易将这个过程与第 8 章中讨论的任何持续集成系统集成。

如果你用 Sphinx 文档化一个开源项目，那么使用 **Read the Docs**（https://readthedocs.org/）会让你的开发更加轻松。它是一个免费的服务，用于托管使用 Sphinx 的开源 Python 项目的文档。配置可以轻而易举的完成，它很容易与两个流行的代码托管服务：GitHub 和 Bitbucket 集成。在实践中，如果你的账户已正确连接并正确设置了代码仓库，则只需单击几下即可启用 *Read the Docs* 上的文档托管功能。

9.5   小结

本章详细解释了以下几个问题。

● 如何使用几个规则来有效地写作。

● 如何使用 reStructuredText，Python 程序员的 LaTeX。

● 如何构建文档集和文档格局。

● 如何使用 Sphinx 生成有用的 Web 文档。

文档化项目最难的事情是保持准确和最新。让文档成为代码仓库的一部分使得它变得容易得多。从那里，每当开发人员更改模块时，他或她也应该更改相应的文档。

这在大项目中可能相当困难，而在模块的头部中添加相关文档的列表可以在这种情况下会有所帮助。

确保文档始终准确的补充方法是通过 doctests 将文档与测试相结合。这将在下一章中介绍，其中介绍了测试驱动开发的原则，以及文档驱动开发。

第 10 章
测试驱动开发

测试驱动开发（Test-Driven Development，TDD）是一种生产高质量软件的简单技术。它在 Python 社区中被广泛使用，并且在其他社区也非常受欢迎。

由于 Python 语言的动态性质，测试在 Python 中尤其重要。它缺少静态类型，所以不到每行代码执行的那一刻，很多错误都无法发现。但问题不仅是 Python 中的类型如何工作。记住，大多数的 bug 与错误的语法使用无关，而是与逻辑错误和细微的误解有关，它们可能导致重大的失败。

本章分为两部分：
- 我不测试，主张 TDD，并快速地描述如何使用标准库进行。
- 我做测试，这是为那些做测试且希望充分利用测试的开发人员准备的。

10.1   我不测试

如果你已经对 TDD 深信不疑，你应该转到下一部分。它将专注于高级技术和工具，使用这些工具和技术可以更轻松地进行测试。这部分主要是为那些没有使用这种方法的开发人员准备的，并尝试倡导他们使用。

10.1.1   测试开发的原则

最简单形式的测试驱动开发的过程，包括 3 个步骤。
- 为未实现的新功能或者改进编写自动化测试。
- 提供通过所有定义的测试的最小代码量。
- 重构代码以满足所需的质量标准。

记住这个开发周期的最重要事情是，测试应该在实现之前编写。对于没有经验的开发人员来说，这不是一件容易的任务，但它是唯一的方法，它保证你要编写的代码是可测试的。

例如，要求开发人员编写一个检查给定数字是否为质数的函数，写一些关于如何使用它的示例以及预期结果如下：

```
assert is_prime(5)
assert is_prime(7)
assert not is_prime(8)
```

实现该功能的开发人员不需要是负责提供测试的唯一人员。这些示例也可以由另一个人提供。例如，网络协议或密码算法的官方规范经常提供旨在验证实现的正确性的测试向量。这些是测试用例的完美基础。

该功能可以实现，直到通过前面的测试用例，如下所示：

```
def is_prime(number):
    for element in range(2, number):
        if number % element == 0:
            return False
    return True
```

一个新的用例会导致一个 bug 或意外的结果，需要对程序进一步修改，如下所示：

```
>>> assert not is_prime(1)
Traceback (most recent call last):
  File "<stdin>", line 1, in <module>
AssertionError
```

对代码进行相应地修改，直到新测试通过，如下所示：

```
def is_prime(number):
    if number in (0, 1):
        return False

    for element in range(2, number):
        if number % element == 0:
            return False

    return True
```

更多的测试用例表明，当前的实现仍然不完备，如下所示：

```
>>> assert not is_prime(-3)
Traceback (most recent call last):
  File "<stdin>", line 1, in <module>
AssertionError
```

更新过的代码如下：

```
def is_prime(number):
    if number < 0 or number in (0, 1):
        return False

    for element in range(2, number):
        if number % element == 0:
            return False

    return True
```

从那里，所有测试可以收集到一个测试函数中，每次代码演变时运行，如下所示：

```
def test_is_prime():
    assert is_prime(5)
    assert is_prime(7)

    assert not is_prime(8)
    assert not is_prime(0)
    assert not is_prime(1)

    assert not is_prime(-1)
    assert not is_prime(-3)
    assert not is_prime(-6)
```

每次我们提出一个新的需求，test_is_prime()函数应该首先更新以定义is_prime()函数的预期行为。然后，运行测试以检查实现是否得到预期的结果。只有在测试已知失败的情况下，才需要更新已测试函数的代码。

测试驱动开发提供了很多好处。

● 它有助于防止软件回归。

● 提高软件质量。

● 它提供了一种底层的代码行为文档。

● 它允许你在较短的开发周期中更快地写出健壮的代码。

处理测试的最佳约定是将它们放在一个模块或包（通常命名为tests）中，并使用一个简单的shell命令运行整个套件。幸运的是，没有必要自己构建整个测试工具链。Python标准库和Python包索引都有大量的测试框架和实用程序，你可以很方便地构建，发现和运行测试。我们将在本章后面讨论这些包和模块中的最最值得一提的例子。

1．防止软件回归

我们都会在我们的开发者生活中面临软件回归的问题。软件回归是由变化引入的一个新的 bug。这体现为一些功能和特性在以前版本的软件中正常工作，而在项目开发中的某个时间点上，它们被破坏了并且无法正常工作。

回归的主要原因是软件的高度复杂性。在某些时候，无法预测代码库中的单个更改可能导致什么问题。更改一些代码可能会破坏一些其他的功能，有时会导致恶性副作用，例如悄悄损坏数据。高复杂性不仅是巨大代码库的问题。当然，代码量和其复杂性之间存在明显的相关性，但是即使是小项目（几百/几千行代码）也可能具有这样复杂的架构，难以预测相对小的变化的所有后果。

为了避免回归，应该在每次发生变化时，对软件提供的整套功能进行测试。没有这个，你无法可靠地区别软件中一直存在的 bug 之间的区别，有的是新引入的，有的部分在前一段时间还正常工作。

给几个开发人员开放代码库权限将会放大问题，因为不是每个人都会完全清楚所有的开发活动。虽然版本控制系统可以防止冲突，但它并不能防止所有不必要的交互。

TDD 有助于减少软件回归。整个软件可以在每次更改后自动测试。只要每个功能都有适当的测试集，它就会工作。当 TDD 正确完成时，测试库与代码库一起增长。

由于一个完整的测试活动可能持续相当长的时间，一个好的做法是将其委托给一些可以在后台工作的持续集成系统。我们在第 8 章中已经讨论过这样的解决方案。然而，测试的本地重启应该由开发人员手动执行，至少对于相关的模块。仅依赖于持续集成将对开发人员的生产力产生负面影响。程序员应该能够在其环境中轻松地运行选择的测试。这就是为什么你应该仔细为项目选择测试工具。

2．提高代码质量

当写一个新的模块，类或函数时，开发人员专注于如何编写它以及如何写出他或她的最好的代码。但是当他或她专注于算法时，他或她可能会失去用户的关注点：他或她的功能如何使用和何时使用？参数是否简单并且逻辑可用？API 的名称是否正确？

这些可以通过使用前面章节中描述的提示来完成，例如第 4 章。但是唯一有效的做法是编写使用示例。此时此刻，开发人员就会意识到他或她写的代码是否合理且易于使用。通常，第一次重构发生在模块、类或函数完成之后。

编写代码的测试用例，有助于从用户的角度思考问题。因此，开发人员在使用 TDD 时通常会写出更好的代码。庞大的功能和整体类通常难以测试。在测试中写的代码往往被设计得更干净和模块化。

3．提供最好的开发文档

测试是开发人员了解软件工作原理的最佳场所。它们是使用的实例，代码就是主要为它而建。阅读它们可以快速深入地了解代码的工作原理。有时一个测试用例胜过千言万语。

事实上，这些测试应该始终与代码库一样保持更新，使它们成为一个软件可以拥有的最好的开发人员文档。测试不会像文档那样失效，它们只会失败。

4．更快地编写健壮的代码

无测试的写代码会导致长时间的调试会话。一个模块中的 bug 的结果可能表现在软件中的一个完全不同的部分。因为你不知道去责怪谁，你花费过多的时间调试。当测试失败时，最好一次解决一个小错误，因为你会有一个更好的线索，这是真正的问题的所在地方。测试通常比调试更有趣，因为它是编码。

如果你测量修复代码所花费的时间以及编写它所花费的时间，这通常会比 TDD 方法花费的时间更长。当你开始一段新的代码时，不太明显。这是因为与写第一段代码所用的时间相比，设置测试环境和编写前几个测试所花费的时间非常长。

但有一些测试环境真的很难设置。例如，当你的代码与 LDAP 或 SQL 服务器交互时，编写测试根本不明显，这在本章有介绍。

10.1.2　什么样的测试

有几种测试可以在任何软件上进行。主要有**验收测试（或功能测试）**和**单元测试**，这些是大多数人在讨论软件测试话题时会想到的测试。但是有一些其他类型的测试，你可以在你的项目中使用。我们将在本节稍后的部分简单地讨论其中的一些。

1．验收测试

验收测试（acceptance tests）专注于一个功能，并像黑盒一样处理软件。它只是确保软件真的做了它应该做的，使用与用户相同的媒体并控制输出。这些测试通常是在开发周期中写出来的，以验证应用程序是否满足需求。它们通常作为软件的检查清单运行。通常，这些测试不是通过 TDD 完成的，而是由项目经理、QA 工作人员甚至客户构建的。在这种情况下，他们通常被称为用户验收测试。

不过，它们使用 TDD 原则。可以在开发功能之前提供测试。开发人员得到一堆验收测试，通常由功能规范制定，他们的工作是确保代码通过所有的测试。

用于编写这些测试的工具取决于软件提供的用户界面。Python 开发人员使用的一些流行工具有：

应用程序类型	工具
Web 应用	Selenium（用于使用 JavaScirpt 的 WEB UI）
Web 应用	zope.testbrowser（不测试 JS）
WSGI 应用	paste.test.fixture（不测试 JS）
Gnome 桌面应用	dogtail
Win32 桌面应用	pywinauto

特别提示

对于功能测试工具的列表，Grig Gheorghiu 维护一个维基百科页面，详见 https://wiki.python.org/moin/PythonTestingTools Taxonomy。

2．单元测试

单元测试（unit tests）是完全适合测试驱动开发的底层测试。顾名思义，它们专注于测试软件单元。软件单元可以被理解为应用程序代码的最小可测试部分。根据应用程序，软件单元的大小可能从整个模块到单个方法或函数而不同，但通常单元测试是针对可能的最小代码片段而编写。单元测试通常将被测单元（模块、类、功能等）与应用程序的其余部分和其他单元隔离开来。当需要外部依赖时，例如 Web API 或数据库，它们通常被仿真对象或模拟对象所替换。

3．功能测试

功能测试（functional tests）专注于整个特性和功能，而不是小代码单元。它们的目的类似于验收测试。主要区别是功能测试不一定需要使用与用户相同的接口。例如，当测试 Web 应用程序时，一些用户交互（或其后果）可以通过合成 HTTP 请求或直接访问数据库来模拟，而不是模拟真实的页面加载和鼠标单击。

相比使用用户验收测试中使用的工具进行测试，这种方法通常更容易且更快。有限功能测试的缺点是，它们往往不能充分覆盖应用程序，这些应用程序通常有着不同的抽象层以及不同的组件。关注这些会合点的测试通常称为集成测试。

4．集成测试

集成测试（integration tests）比单元测试代表更高的测试级别。它们测试代码的绝大部分，并专注于许多应用程序层或者组件相互交互的情况。集成测试的形式和范围因项目的架构和复杂性而异。例如，在小型并且整体式的项目中，这可以像运行更复杂的功能测试一样简单，并允许它们与真正的后台服务（数据库、缓存等）交互，而不是模拟或仿真它们。对于从多个服务构建的复杂场景或产品，真正的集成测试可能非常广泛，甚至需要在反映生产的大型分布式环境中运行整个项目。

集成测试通常与功能测试非常相似，它们之间的边界非常模糊。很常见的是，集成测试也在逻辑上测试单独的功能和特性。

5．负载和性能测试

负载测试和性能测试（Load and performance testing）提供了关于代码效率而不是其正确性的客观信息。负载测试和性能测试的术语可以互换使用，但实际上第一个是指性能的有限方面。负载测试的重点是测量代码在某些人为需求（负载）下的行为。这是一种非常流行的测试 Web 应用程序的方式，其中负载被理解为来自真实用户或程序化客户端的 Web 流量。重要的是要注意，负载测试往往覆盖整个应用程序的请求，因此非常类似于集成和功能测试。确保被测试的应用程序的组件完全通过验证，可以正常工作是很重要的。性能测试通常是指测量代码性能的所有测试，甚至可以针对很小的代码单元。因此，负载测试只是性能测试的一个特定子类型。

它们是特殊类型的测试，因为它们不提供二进制结果（失败/成功），而只提供一些性能质量测量。这意味着，需要对单个结果进行解释，且/或与不同测试运行的结果进行比较。在某些情况下，项目需求可能会对代码设置一些困难的时间或资源限制，但这并不会改变这些类型的测试方法中始终存在某些任意解释的事实。

负载性能测试是开发需要满足一些服务级别协议的任何软件的一个很好的工具，因为它有助于降低危及关键代码路径性能的风险。无论如何，它不应该被过度使用。

6．代码质量测试

代码质量没有一个明确说明代码的好坏的衡量标准。不幸的是，代码质量的抽象概念不能用数字的形式来衡量和表示。但是，我们可以测量已知的与代码质量高度相关的软件的各种指标。举几个例子，如下所示。

- 代码风格违例的数量。
- 文档数量。
- 复杂性指标，例如 McCabe 的圈复杂度。
- 静态代码分析警告的数量。

许多项目在其持续集成的工作流程中使用代码质量测试。好的并且流行的方法是至少测试基本指标（静态代码分析和代码风格违例），不允许将任何拉低指标的代码合并到主干。

10.1.3　Python 标准测试工具

Python 在标准库中提供了两个主要模块来编写测试。

- unittest（https://docs.python.org/3/library/unittest.html）：这是标准库也是最常见的 Python 单元测试框架，它基于 Java 的 JUnit 框架，最初由 Steve Purcell 编写（以前称为 PyUnit）。
- doctest（https://docs.python.org/3/library/doctest.html）：这是一个有读写能力的编程测试工具，它带有交互式使用示例。

1.　unittest

unittest 基本上提供了 Java 中的 Junit 框架的功能。它提供了一个名为 TestCase 的基类，它有一组广泛的方法来验证函数调用和语句的输出。

该模块是为编写单元测试而创建的，但是只要测试使用用户接口，验收测试也可以用它来编写。例如，一些测试框架提供帮助，在 unittest 之上驱动工具，如 Selenium。

使用 unittest 为一个模块编写一个简单的单元测试，这是通过继承 TestCase 类并且使用 test 前缀来编写方法来完成的。测试驱动开发原则部分的最后一个例子，如下所示：

```python
import unittest

from primes import is_prime


class MyTests(unittest.TestCase):
    def test_is_prime(self):
        self.assertTrue(is_prime(5))
        self.assertTrue(is_prime(7))

        self.assertFalse(is_prime(8))
        self.assertFalse(is_prime(0))
        self.assertFalse(is_prime(1))

        self.assertFalse(is_prime(-1))
        self.assertFalse(is_prime(-3))
        self.assertFalse(is_prime(-6))


if __name__ == "__main__":
```

```
        unittest.main()
```

unittest.main() 函数是一个通用程序，它允许将整个模块作为一个测试套件执行，如下所示：

```
$ python test_is_prime.py -v
test_is_prime (__main__.MyTests) ... ok

----------------------------------------------------------------------
Ran 1 test in 0.000s

OK
```

unittest.main() 函数扫描当前模块的上下文，并查找 TestCase 类的子类。它实例化这些子类，然后运行所有以 test 作为前缀开头的方法。

一个好的测试套件遵循通用和一致的命名约定。例如，如果 primes.py 模块中包含 is_prime 函数，则测试类可以命名为 PrimesTests 并放入 test_primes.py 文件中，如下所示：

```
    import unittest

    from primes import is_prime


    class PrimesTests(unittest.TestCase):
        def test_is_prime(self):
            self.assertTrue(is_prime(5))
            self.assertTrue(is_prime(7))

            self.assertFalse(is_prime(8))
            self.assertFalse(is_prime(0))
            self.assertFalse(is_prime(1))

            self.assertFalse(is_prime(-1))
            self.assertFalse(is_prime(-3))
            self.assertFalse(is_prime(-6))


    if __name__ == '__main__':
        unittest.main()
```

从那里，每次在 utils 模块中进行开发，就在 test_primes 模块中编写更多的测试。为了运行测试，test_primes 模块需要在上下文中获得 primes 模块。这可以通过将两个模块放在同一个包中，通过将测试模块显式地添加到 Python 路径来实现。在实践中，setuptools 的 develop 命令在这里非常有用。

对整个应用程序运行测试的前提是你拥有一个脚本，它可以在所有测试模块中构建**测试活动**（test campaign）。unittest 提供了一个 TestSuite 类，可以聚合测试并将它们作为测试活动运行，只要它们都是 TestCase 或 TestSuite 的实例。

在以往的 Python 中，有这样一个约定，测试模块提供一个 test_suite 函数，该函数返回一个 TestSuite 实例，当模块被命令提示符调用或被测试运行器使用时，在 __main__ 部分会调用它，如下所示：

```python
import unittest

from primes import is_prime


class PrimesTests(unittest.TestCase):
    def test_is_prime(self):
        self.assertTrue(is_prime(5))

        self.assertTrue(is_prime(7))

        self.assertFalse(is_prime(8))
        self.assertFalse(is_prime(0))
        self.assertFalse(is_prime(1))

        self.assertFalse(is_prime(-1))
        self.assertFalse(is_prime(-3))
        self.assertFalse(is_prime(-6))


class OtherTests(unittest.TestCase):
    def test_true(self):
        self.assertTrue(True)


def test_suite():
    """构建测试套件"""
    suite = unittest.TestSuite()
    suite.addTests(unittest.makeSuite(PrimesTests))
    suite.addTests(unittest.makeSuite(OtherTests))

    return suite
```

```
if __name__ == '__main__':
    unittest.main(defaultTest='test_suite')
```

在 shell 中运行此模块将打印测试活动输出，如下所示：

```
$ python test_primes.py -v
test_is_prime (__main__.PrimesTests) ... ok
test_true (__main__.OtherTests) ... ok

----------------------------------------------------------------------
Ran 2 tests in 0.001s

OK
```

在旧版本的 Python 中，unittest 模块没有正确的测试发现实用程序，就需要使用前面的方法。通常，所有测试的运行都是通过一个全局脚本来完成的，该脚本浏览代码树寻找测试并运行它们。这个过程被称为**测试发现**（test discovery），将在本章后面继续讨论。现在，你应该只知道 unittest 提供了一个简单的命令，可以从模块和包中发现带有 test 前缀的所有测试，如下所示：

```
$ python -m unittest -v
test_is_prime (test_primes.PrimesTests) ... ok
test_true (test_primes.OtherTests) ... ok

----------------------------------------------------------------------
Ran 2 tests in 0.001s

OK
```

如果使用上述命令，则不需要手动定义 __main__ 部分并调用 unittest.main() 函数。

2. doctest

doctest 是一个模块，它通过从 docstrings 或文本文件中提取片段以交互式提示会话的形式，重放它们以检查示例输出是否与实际输出相同。

例如，具有以下内容的文本文件可以作为测试运行：

```
Check addition of integers works as expected::

    >>> 1 + 1
    2
```

让我们假设这个文档文件存储在以 `test.rst` 命名的文件中。doctest 模块提供了一些功能，可以从以下这些文档中提取和运行测试：

```
>>> import doctest
>>> doctest.testfile('test.rst', verbose=True)
Trying:
    1 + 1
Expecting:
    2
ok
1 items passed all tests:
   1 tests in test.rst
1 tests in 1 items.
1 passed and 0 failed.
Test passed.
TestResults(failed=0, attempted=1)
```

使用 doctest 有很多优点。

● 包可以通过实例文档化和测试。

● 文档示例始终是最新的。

● 在 doctests 中使用示例编写包有助于维护用户的观点。

然而，文档测试并不能替代单元测试，它们仅应用于在文档中提供可读的示例。换句话说，当测试涉及底层的事情或着需要复杂的会使文档混淆的测试固件（test fixtures）时，就不应该使用它们了。

一些 Python 框架（如 Zope）广泛使用文档测试，有时它们会被新手批判。有些 doctests 真的很难阅读和理解，因为示例打破了技术写作的规则之一：它们不能被放到命令行里直接运行，它们需要广泛的知识。因此，本应该有助于新手的文档真的很难阅读，因为代码示例是通过 TDD 构建的文档测试，是基于复杂的测试固件或者特定的测试 API。

> **特别提示**
>
> 如第 9 章文档化你的项目中所述，当你使用作为软件包文档的一部分的 doctest 时，应遵循技术写作的 7 条规则。

在这个阶段，你应该很好的了解了 TDD 会给你带来什么。如果你仍然不相信，你应该尝试写几个模块。使用 TDD 编写一个包，并测量花费在构建、调试和重构上的时间。你应该会快速发现它是如此的优秀。

10.2 我做测试

如果你已经读完*我不测试*部分，现在确信做测试驱动开发，那么祝贺！你已经学习了测试驱动开发的基础知识，但在你能够有效地使用这种方法之前，还有一些你应该学习的东西。

本节介绍开发人员在编写测试时遇到的一些问题以及解决这些问题的方法。同时还对 Python 社区中可用的流行测试运行器和工具做了快速回顾。

10.2.1 unittest 陷阱

unittest 模块在 Python 2.1 中引入，自那以后开发人员大量使用它。但是在社区中，一些对单元测试的弱点和限制感到失望的人，创建了一些替代的测试框架。

这是一些常见批评。

- **框架有些臃肿，难以使用**，原因如下。
  - 你必须在 TestCase 的子类中编写所有的测试。
  - 你必须在方法名前加上 test。
  - 我们鼓励使用 TestCase 中提供的断言方法，而不是单纯的断言语句，而现有的方法可能不能覆盖所有的用例。
- 框架很难扩展，因为它需要大量的子类化其基类或者技巧，如装饰器。
- 测试固件有时很难组织，因为 setUp 和 tearDown 被绑定到 TestCase 级别，虽然它们在每次测试只运行一次。换句话说，如果测试固件涉及许多测试模块，则组织其创建和清理并不容易。
- 在 Python 软件上运行测试活动并不容易。默认测试运行器（python -m unittest）确实提供了一些测试发现功能，但不提供足够的过滤功能。在实践中，必须编写额外的脚本来收集测试，聚合它们，然后以适当的方式运行它们。

需要一种更轻量级的方法来编写测试，而不需要一个看起来太像其 Java 兄弟，JUnit 的刻板的框架。由于 Python 不需要使用 100%的基于类的环境，因此最好提供一个不基于子类化的更 Python 化的测试框架。

常见的方法如下。

- 提供一种简单的方法来标记任何作为测试的函数或类。
- 通过插件系统扩展框架。
- 为所有测试级别提供完整的测试固件环境。整个活动，在测试级别上以模块进行分组。
- 为基于测试发现的测试运行器提供具有丰富的选项。

10.2.2 unittest 的替代品

一些第三方工具尝试通过以单元测试扩展的形式提供额外的特性来解决刚刚提到的问题。Python 维基百科页面上提供了很多测试实用程序和框架列表（参考 https://wiki.python.org/moin/ PythonTestingToolsTaxonomy），但只有两个项目特别受欢迎。

- nose：请参阅 http://nose.readthedocs.org。
- py.test：请参阅 http://pytest.org。

1. nose

nose 主要是一个具有强大的发现功能的测试运行器。它有丰富的选项，允许在 Python 应用程序中运行所有类型的测试活动。

它不是标准库的一部分，但在 PyPI 上可用，可以很容易地用 pip 安装：

```
pip install nose
```

（1）测试运行器

安装 nose 后，在命令提示符下使用一个名为 nosetests 的新命令。
可以直接使用以下命令运行本章第一部分介绍的测试：

```
nosetests -v
test_true (test_primes.OtherTests) ... ok
test_is_prime (test_primes.PrimesTests) ... ok
builds the test suite. ... ok

----------------------------------------------------------------------

Ran 3 tests in 0.009s

OK
```

nose 通过递归地浏览当前目录进行测试发现并且自己构建一个测试套件。相比简单的 python -m unittest 命令，上面的例子初看似乎没有任何改进。如果使用--help 开关运行此命令，差异将显而易见。你会注意到，nose 提供了几十个参数，允许你控制测试发现和执行。

（2）编写测试

nose 进一步运行所有类和函数，它们的名称匹配正则表达式（?:^|[b_.-]）[Tt]est），并且它们所在的模块也要匹配。大致上，所有以 test 开始并且位于与模式匹配的模块中的可调用项也将被作为测试执行。

例如，下面这个 `test_ok.py` 模块将被识别并由 nose 运行：

```
$ more test_ok.py
def test_ok():
    print('my test')
$ nosetests -v
test_ok.test_ok ... ok
----------------------------------------------------------------------

Ran 1 test in 0.071s

OK
```

常规的 `TestCase` 类和 `doctests` 也会被执行。

最后，nose 提供了类似于 `TestCase` 方法的断言函数（assertion functions）。这些函数遵循 PEP 8 命名约定，而不是使用 Java 单元测试中的约定（参考 http://nose.readthedocs.org/）。

（3）编写测试固件

nose 支持 3 个级别的测试固件。

- **包级别**：可以把 `setup` 和 `teardown` 函数添加到 `__init__.py` 模块中，这是一个包含所有测试模块的测试包。
- **模块级**：测试模块可以有自己的 `setup` 和 `teardown` 函数。
- **测试级别**：通过使用 `with_setup` 装饰器，使固件函数可调用。

例如，要在模块和测试级别设置测试固件，请使用以下代码：

```
def setup():
    # 启动函数的代码，为整个模块加载
    ...

def teardown():
    # 卸载函数的代码，为整个模块加载
    ...

def set_ok():
    # 启动函数的代码，只为 test_ok 函数加载
    ...

@with_setup(set_ok)
def test_ok():
    print('my test')
```

（4）与 **setuptools** 和插件系统集成

最后，nose 可以与 `setuptools` 平滑地集成，所以可以使用 `test` 命令进行测试（`python setup.py test`）。此集成是通过向 **setup.py** 脚本中添加 `test_suite` 元数据来完成的，如下所示：

```
setup(
    #...
    test_suite='nose.collector',
)
```

nose 也使用 `setuptool` 的入口点机制为开发人员写 nose 插件。你可以覆盖或修改工具的各个方面，从测试发现到格式化输出。

> **特别提示**
> 更多的 nose 插件在这里 https://nose-plugins.jottit.com

（5）nose 小结

nose 是一个完整的测试工具，修复了很多 unittest 的问题。它也对测试使用隐式前缀名称，这对于一些开发人员来说仍然是一个约束。虽然这个前缀可以自定义，但你仍然必须遵循这个约定。

这个约定优于配置的语句并不糟糕，比 unittest 中需要的样板代码好多了。但是使用显式装饰器，例如，这是一个摆脱测试前缀的很好的方法。

此外，使用插件扩展 nose 的功能使它变的非常灵活，开发人员可以定制工具以满足他/她的需求。

如果你的测试工作流需要覆写很多 nose 参数，你可以在主目录或项目根目录中添加 `.noserc` 或 `nose.cfg` 文件来完成。它将为 `nosetests` 命令指定默认的选项集。例如，一个好的做法是在测试运行期间自动查找 doctests。启用运行 doctests 的 nose 配置文件的示例如下：

```
[nosetests]
with-doctest=1
doctest-extension=.txt
```

2. py.test

`py.test` 非常类似于 nose。事实上，后者是受到 `py.test` 的启发，所以我们将主要集中在些工具彼此不同的细节上。该工具诞生为一个更大的名为 `py` 包的一部分，但现在这些是单独开发的。

像本书中提到的每个第三方包一样，`py.test` 在 **PyPI** 上也是可用的，所以可以使用 `pip` 安装 `pytest`，代码如下：

$ pip install pytest

从那里，一个新的 `py.test` 命令可以在命令提示符中使用，可以完全像 `nosetests` 那样使用它。该工具使用类似的模式匹配和测试发现算法捕获要运行的测试。这种模式比 `nose` 使用的模式更严格并且只会捕获：

- 以 `test` 开头的文件中的以 `test` 开头的类；
- 以 `test` 开头的文件中的以 `test` 开始的函数。

> **特别提示**
>
> 注意使用正确的字符大小写。如果一个函数以大写 "T" 开头，它将被作为一个类，因此会被忽略。如果一个类以小写 "t" 开头，`py.test` 将会中断，因为它将尝试将它作为一个函数来处理。

`py.test` 的优点如下。

- 能够轻松禁用某些测试类。
- 一个灵活和新颖的处理测试固件的机制。
- 在多台计算机之间分发测试的能力。

（1）编写测试固件

`py.test` 支持两种机制来处理固件。第一个，在 xUnit 框架之后建模，类似于 `nose`。当然语义有所不同。`py.test` 将在每个测试模块中查找 3 个级别的固件，如下例所示：

```
def setup_module(module):
    """ 设置任何给定模块的执行的特定的状态。
    """


def teardown_module(module):
    """ 卸载之前使用 setup_module 方法设置的任何状态。
    """


def setup_class(cls):
    """ 设置任何给定类（通常包含测试）的执行的特定的状态。
    """


def teardown_class(cls):
```

```
    """ 卸载之前使用 setup_class 方法设置的任何状态。
    """

def setup_method(self, method):
    """ 设置任何绑定到类中给定方法的执行的状态。
        对类的每个测试方法调用 setup_method。
    """

def teardown_method(self, method):
    """ 卸载之前使用 setup_method 方法设置的任何状态
    """
```

每个函数将获取当前模块，类或方法作为参数。因此，测试固件将能够在上下文中工作，而不必像 nose 那样寻找它。

使用 py.test 编写测试固件的另一种机制是建立在依赖注入的概念上的，允许以更加模块化和可扩展的方式维护测试状态。非 xUnit 风格的固件（setup / teardown 过程）总是具有唯一的名称，并且需要通过在类中的测试函数，方法和模块中的声明它们的使用来显式激活。

最简单的固件实现形式是采用 pytest.fixture() 装饰器声明的命名函数。要标记测试中使用的固件，它需要声明为一个函数或方法参数。为了使它更清楚，把前面的例子使用 py.test 固件重写 is_prime 函数的测试模块，如下所示：

```python
import pytest

from primes import is_prime

@pytest.fixture()
def prime_numbers():
    return [3, 5, 7]

@pytest.fixture()
def non_prime_numbers():
    return [8, 0, 1]

@pytest.fixture()
def negative_numbers():
    return [-1, -3, -6]

def test_is_prime_true(prime_numbers):
    for number in prime_numbers:
        assert is_prime(number)
```

```
def test_is_prime_false(non_prime_numbers, negative_numbers):
    for number in non_prime_numbers:
        assert not is_prime(number)

    for number in non_prime_numbers:
        assert not is_prime(number)
```

（2）禁用测试函数和类

py.test 提供了一个简单的机制，可以在某些条件下禁用一些测试。这被称为跳过（skipping），并且 pytest 包提供了 .skipif 装饰器支持这种机制。如果在某些条件下需要跳过单个测试函数或整个测试类装饰器，则需要使用此装饰器并且提供的一些用于验证是否满足预期条件的值来定义。下面是一个官方文档的实例，在 Windows 上跳过运行整个测试用例类，如下所示：

```
import pytest

@pytest.mark.skipif(
    sys.platform == 'win32',
    reason="does not run on windows"
)

class TestPosixCalls:

    def test_function(self):
        """在 win32 平台上不会启动运行"""
```

当然，你可以预定义跳过条件，以便在测试模块中共享它们，如下所示：

```
import pytest

skipwindows = pytest.mark.skipif(
    sys.platform == 'win32',
    reason="does not run on windows"
)

@skip_windows
class TestPosixCalls:

    def test_function(self):
        """在 win32 平台上不会启动运行"""
```

如果以这种方式标记测试，它将不会被执行。但是，在某些情况下，你想要运行这样的测试并想要执行它，但是你知道，在已知条件下，测试预期是失败的。为此，提供了一个不同的装饰器。它是@mark.xfail，并确保测试始终运行，但如果发生预定义的条件，它将在某个点失败，如下所示：

```
import pytest

@pytest.mark.xfail(
sys.platform == 'win32',
    reason="does not run on windows"
)
class TestPosixCalls:

    def test_function(self):
        """在 windows 下，一定运行失败"""
```

使用 xfail 比 skipif 更严格。测试总是执行，如果它不是预期的失败，那么整个 py.test 运行将导致失败。

（3）自动化的分布式测试

py.test 的一个有趣的特性是它能够跨多台计算机分发测试。只要计算机可以通过 SSH 访问，py.test 就能够驱动每台计算机，发送测试并执行。

但是，此功能依赖于网络；如果连接断开，服务器将无法继续工作，因为它完全由主服务器驱动的。

当项目有长时间的测试活动时，Buildbot 或其他持续集成工具则是更好的选择。但是，当你在需要消耗很多资源来运行测试的应用程序上工作时，py.test 分布式模型可以用于随机分布测试。

（4）py.test 小结

py.test 非常类似于 nose，它也不需要样板代码来聚合它的测试。它也有一个很好的插件系统，在 PyPI 上有大量可用的扩展。

最后，py.test 重点在于使测试运行得更快，并且与该领域中的其他工具相比，它真的更出色。另一个值得注意的特性是新颖的固件方法，真正有助于管理可重用的固件库。有些人可能认为它有太多的魔法，但它真的简化了测试套件的开发。py.test 的这一个优势使其成为我的首选工具，所以我真的非常推荐使用它。

10.2.3 测试覆盖率

代码覆盖率（code coverage）是一个非常有用的度量标准，它提供了有关项目代码的测试的客观信息。它仅仅是在所有测试执行期间执行多少和哪些代码行的测量。它通常表示为百分比，100%覆盖意味着每个代码行都在测试期间执行。

最流行的代码覆盖工具被称为 simply coverage，并在 PyPI 上免费提供。使用非常简单，只包括两个步骤。第一步是在 shell 中运行 coverage run 命令，并将脚本/程序的路径作为参数运行所有测试：

```
$ coverage run --source . `which py.test` -v
==================== test session starts ====================
platformdarwin -- Python 3.5.1, pytest-2.8.7, py-1.4.31, pluggy-0.3.1 --
/Users/swistakm/.envs/book/bin/python3
cachedir: .cache
rootdir: /Users/swistakm/dev/book/chapter10/pytest, inifile:
plugins: capturelog-0.7, codecheckers-0.2, cov-2.2.1, timeout-1.0.0
collected 6 items

primes.py::pyflakes PASSED
primes.py::pep8 PASSED
test_primes.py::pyflakes PASSED
test_primes.py::pep8 PASSED
test_primes.py::test_is_prime_true PASSED
test_primes.py::test_is_prime_false PASSED


========= 6 passed, 1 pytest-warnings in 0.10 seconds =========
```

coverage run 命令还接受指定可运行模块名称的-m 参数，而不是可能更适合某些测试框架的程序路径，如下所示：

```
$ coverage run -m unittest
$ coverage run -m nose
$ coverage run -m pytest
```

下一步是从 .coverage 文件中的生成一个可读的代码覆盖率报告。coverage 包支持一些输出格式，最简单的只是在终端中打印 ASCII 表格，如下所示：

```
$ coverage report
Name                StmtsMiss  Cover
------------------------------------
primes.py               7       0  100%
test_primes.py         16       0  100%
------------------------------------
TOTAL                  23       0  100%
```

还可以生成 HTML 格式的覆盖率报告，你可以在 Web 浏览器中浏览：

```
$ coverage html
```

此 HTML 报告默认输出到你的工作目录下的 htmlcov/文件夹中。coverage html 命令输出的真正优势是，你可以浏览你项目中带有注释的源码，其中未被测试覆盖的代码会高亮显示（如图 10-1 所示）。

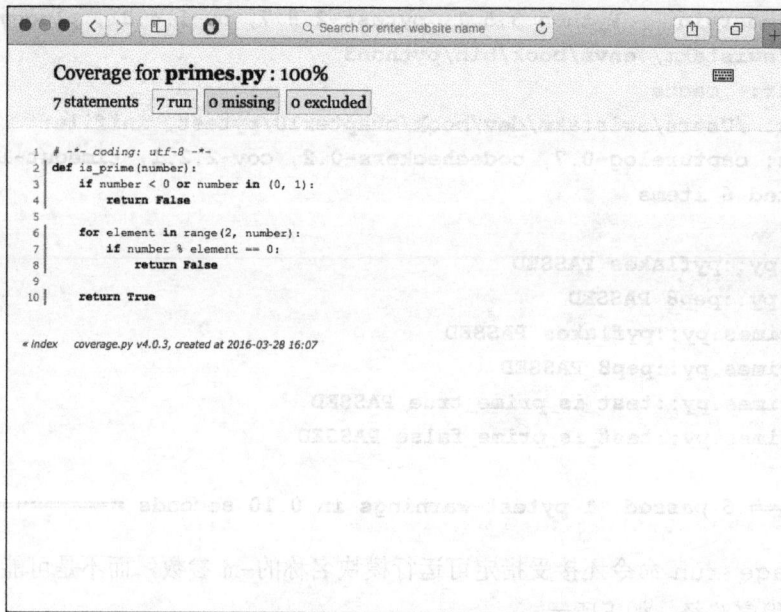

图 10-1　HTML 覆盖率报告中的带有注释的源码的示例

你应该记住，虽然你应该始终努力确保 100%的测试覆盖率，但它绝不能保证代码被完美测试，并且没有代码可以中断的地方。这意味着只有在执行期间才能达到每行代码，但不一定每个可能的条件都被测试。在实践中，确保完全代码覆盖可能相对容易，但是确保达到代码的每个分支是非常困难的。这对于具有 if 语句的包含多个组合的函数以及像 list/dict/set 生成式这样的特定语言结构的的测试尤其如此。你应该总是关心好的测试覆盖率，但你不应该把它的测量作为最好的测试套件的最终答案。

10.2.4　仿真与模拟

写单元测试的前提是要隔离被测试的代码单元。测试通常将一些数据传入函数或方法，并验证其返回值且/或其执行的副作用，这主要是为了确保测试。

- 涉及应用程序的原子部分，可以是函数、方法、类或接口。

● 提供确定的，可重现的结果。

有时，程序组件之间的适当隔离并不明显。例如，发送电子邮件的代码，它可能会调用 Python 的 smtplib 模块，这将通过网络连接与 SMTP 服务器工作。如果我们想要我们的测试是可重现的，并且只是测试电子邮件是否具有所需的内容，那么这可能无法做到。理想情况下，单元测试应该在没有外部依赖性和副作用的计算机上运行。

由于 Python 的动态特性，可以使用**猴子补丁**（monkey patching）在测试固件中修改运行时代码（即在运行时动态修改软件而不触及源代码），用以**仿真**（fake）第三方代码或库的行为。

1. 创建一个仿真

通过发现测试代码与外部部件一起使用所需的最小交互集，可以创建测试中的仿真行为。然后，手动返回输出或使用先前已记录的真实数据池。

这是通过启动一个空类或函数并将其用作一个替换来完成的。然后启动测试，并且迭代更新仿真，直到它正确运行。这可能是由于 Python 类型系统的特性。只要这个对象的行为像期望的类型，那它就会被认为与给定的类型兼容，并且不需要通过子类化它的祖先。这种在Python 中输入的方法称为鸭子类型——如果某个行为像鸭子一样，就可以像鸭子一样对待它。

让我们举以下一个例子，mailer 模块中调用发送电子邮件的 send 函数：

```python
import smtplib
import email.message


def send(
    sender, to,
    subject='None',
    body='None',
    server='localhost'
):
    """发送一条信息"""
    message = email.message.Message()
    message['To'] = to
    message['From'] = sender
    message['Subject'] = subject
    message.set_payload(body)

    server = smtplib.SMTP(server)
    try:
        return server.sendmail(sender, to, message.as_string())
    finally:
```

```
        server.quit()
```

> **特别提示**
> py.test 将用于演示本节中的仿真和模拟。

相应的测试为:

```
from mailer import send

def test_send():
    res = send(
        'john.doe@example.com',
        'john.doe@example.com',
        'topic',
        'body'
    )
    assert res == {}
```

只要本地主机上有 SMTP 服务器, 此测试将通过并运行。如果没有, 它会失败, 像下面这样:

```
$ py.test --tb=short
========================= test session starts =========================
platform darwin -- Python 3.5.1, pytest-2.8.7, py-1.4.31, pluggy-0.3.1
rootdir: /Users/swistakm/dev/book/chapter10/mailer, inifile:
plugins: capturelog-0.7, codecheckers-0.2, cov-2.2.1, timeout-1.0.0
collected 5 items
mailer.py ..
test_mailer.py ..F


============================== FAILURES ===============================
_____ test_send _____
test_mailer.py:10: in test_send
    'body'
mailer.py:19: in send
    server = smtplib.SMTP(server)
.../smtplib.py:251: in __init__
    (code, msg) = self.connect(host, port)
.../smtplib.py:335: in connect
    self.sock = self._get_socket(host, port, self.timeout)
.../smtplib.py:306: in _get_socket
    self.source_address)
.../socket.py:711: in create_connection
    raise err
```

```
.../socket.py:702: in create_connection
    sock.connect(sa)
E ConnectionRefusedError: [Errno 61] Connection refused
========= 1 failed, 4 passed, 1 pytest-warnings in 0.17 seconds =========
```

可以添加一个补丁来仿真 SMTP 类:

```
import smtplib
import pytest
from mailer import send


class FakeSMTP(object):
    pass



@pytest.yield_fixture()
def patch_smtplib():
    # 设置步骤: smtplib 的猴子补丁
    old_smtp = smtplib.SMTP
    smtplib.SMTP = FakeSMTP
    yield

    # 卸载步骤: 将 smtplib 恢复到它先前的状态
    smtplib.SMTP = old_smtp

def test_send(patch_smtplib):
    res = send(
        'john.doe@example.com',
        'john.doe@example.com',
        'topic',
        'body'
    )
    assert res == {}
```

在上面的代码中,我们使用了一个新的 pytest.yield_fixture()装饰器。它允许我们使用生成器语法在单个固件函数中提供设置和卸载过程。现在我们的测试套件可以使用 smtplib 的修补版本再次运行,如下所示:

```
$ py.test --tb=short -v
========================= test session starts =========================
platform darwin -- Python 3.5.1, pytest-2.8.7, py-1.4.31, pluggy-0.3.1 --
/Users/swistakm/.envs/book/bin/python3
cachedir: .cache
rootdir: /Users/swistakm/dev/book/chapter10/mailer, inifile:
```

```
plugins: capturelog-0.7, codecheckers-0.2, cov-2.2.1, timeout-1.0.0
collected 5 items

mailer.py::pyflakes PASSED
mailer.py::pep8 PASSED
test_mailer.py::pyflakes PASSED
test_mailer.py::pep8 PASSED
test_mailer.py::test_send FAILED

============================= FAILURES =============================
_____ test_send _____
test_mailer.py:29: in test_send
    'body'
mailer.py:19: in send
    server = smtplib.SMTP(server)
E TypeError: object() takes no parameters
======= 1 failed, 4 passed, 1 pytest-warnings in 0.09 seconds =======
```

从上面的文字记录中可以看到，我们的 FakeSMTP 类的实现并不完整。我们需要更新其接口以匹配原始的 SMTP 类。根据鸭式类型原则，我们只需要提供测试的 send() 函数所需的接口，如下所示：

```python
class FakeSMTP(object):
    def __init__(self, *args, **kw):
        # 这个例子中的参数并不重要
        pass

    def quit(self):
        pass

    def sendmail(self, *args, **kw):
        return {}
```

当然，仿真类可以随着新的测试的演变来提供更复杂的行为。但它应该尽可能短小和简单。相同的原则可以用于更复杂的输出，通过记录它们作为仿真 API 返回。这通常用于第三方服务器，例如 LDAP 或 SQL。

重要的是要知道，当猴子补丁用于任何内置或第三方模块时应该特别注意。如果处理不当，这种方法可能会留下不必要的副作用，这将在测试之间传播。幸运的是，许多测试框架和工具提供了适当的实用程序，使任何代码单元的补丁更加安全和容易。在我们的示例中，我们手动执行了一切，并提供了一个自定义的 patch_smtplib() 固件函数，具有单独的设置和卸载步骤。py.test 中的典型解决方案要容易得多。这个框架配有一个内置的猴子补丁固件，它应该可以满足我们的大部分补丁需求，如下所示：

```python
import smtplib
from mailer import send


class FakeSMTP(object):
    def __init__(self, *args, **kw):
        # 这个例子中的参数并不重要
        pass

    def quit(self):
        pass

    def sendmail(self, *args, **kw):
        return {}


def test_send(monkeypatch):
    monkeypatch.setattr(smtplib, 'SMTP', FakeSMTP)

    res = send(
        'john.doe@example.com',
        'john.doe@example.com',
        'topic',
        'body'
    )
    assert res == {}
```

你应该知道仿真确实也有局限性。如果你决定仿真一个外部依赖，你可能会引入 bug 或不必要的行为，而真实的服务器不会有，反之亦然。

2. 使用模拟

模拟对象（mock objects）是可用于隔离所测试代码的通用仿真对象。它们自动化对象的输入和输出的构建过程。在静态类型语言中也大量地使用模拟对象，其中猴子补丁更困难，但是它们在 Python 中仍然有用，可以缩短代码以模仿外部 API。

Python 中有很多模拟库，但最常见的是 unittest.mock，标准库中也提供了该库。创建之初，它是一个第三方包，并不是 Python 分发版的一部分，但很快就作为临时包加入标准库中（参考 https://docs.python.org/dev/glossary.html#term-provisional-api）。对于 3.3 以前的 Python 版本，你需要从 PyPI 安装：

pip install Mock

在我们的示例中，使用 unittest.mock 修补 SMTP 比从头开始创建更简单，如下所示：

```
import smtplib
from unittest.mock import MagicMock
from mailer import send

def test_send(monkeypatch):
    smtp_mock = MagicMock()
    smtp_mock.sendmail.return_value = {}

    monkeypatch.setattr(
        smtplib, 'SMTP', MagicMock(return_value=smtp_mock)
    )

    res = send(
        'john.doe@example.com',
        'john.doe@example.com',
        'topic',
        'body'
    )
    assert res == {}
```

模拟对象或方法的 return_value 参数允许你定义调用返回的值。当使用模拟对象时，每次代码调用某个属性时，它都会为该属性即时创建一个新的模拟对象。因此，没有抛出异常。这是我们之前写的退出方法的情况（例如），不需要再定义。

在前面的例子中，我们实际上创建了两个模拟。

- 第一个模拟 SMTP 类对象而不是其实例。这允许你轻松创建新对象，而不考虑所期望的 __init__() 方法。如果被视为可调用，Mocks 默认返回新的 Mock() 对象。这就是为什么我们需要提供另一个模拟作为其 return_value 关键字参数来控制实例接口。
- 第二个模拟的是修补过的 smtplib.SMTP() 调用中返回的实际实例。在这个模拟中，我们控制 sendmail() 方法的行为。

在我们的例子中，我们使用了 py.test 框架中的 monkey-patching 实用程序，但 unittest.mock 提供了自己的修补实用程序。在某些情况下（例如修补类对象），使用它们而不是特定于框架的工具可能更简单并且更快。这里是使用由 unittest.mock 模块提供的 patch() 上下文管理器的猴子补丁的示例如下：

```
from unittest.mock import patch
```

```
from mailer import send

def test_send():
    with patch('smtplib.SMTP') as mock:
        instance = mock.return_value

        instance.sendmail.return_value = {}
        res = send(
            'john.doe@example.com',
            'john.doe@example.com',
            'topic',
            'body'
        )
        assert res == {}
```

10.2.5　测试环境与依赖兼容性

环境隔离的重要性在本书中已经提到很多次了。通过在应用程序级（虚拟环境）和系统级（系统虚拟化）上隔离执行环境，你可以确保测试可以在可重复的条件下运行。这样，你可以避免受因破坏依赖关系导致的罕见且模糊的问题。

正确隔离测试环境的最佳方法是使用支持系统虚拟化的持续集成系统。对于开源项目有很好的免费解决方案，如 Travis CI（Linux 和 OS X）或 AppVeyor（Windows），但是如果你需要这样的东西来测试私有的软件，很可能你需要花一些时间，在一些现有的开源 CI 工具（GitLab CI、Jenkins 和 Buildbot）之上，自己构建这样的解决方案。

依赖矩阵测试

大多数情况下，开源 Python 项目的测试矩阵主要关注不同的 Python 版本，很少关注不同的操作系统。对于纯 Python 并且没有与操作系统互相操作问题的项目，没有必要在不同的系统上进行测试和构建。但是有一些项目，特别是作为编译的 Python 扩展分发时，应该在各种目标操作系统上进行测试。对于开源项目，甚至不得不使用几个独立的 CI 系统进行构建，用来适配 3 种最流行的操作系统（Windows、Linux 和 Mac OS X）。如果你正在寻找一个很好的例子，你可以看一下这个小 pyrilla 项目（参考 https://github.com/swistakm/pyrilla），这是一个简单的 C 音频 Python 扩展。它同时使用 Travis CI 和 AppVeyor，目的是为了提供 Windows 和 Mac OS X 的编译版本以及大范围的 CPython 版本。

但是测试矩阵的维度不会局限在系统和 Python 版本上。提供与其他软件（如缓存、数据库或系统服务）集成的软件包通常应在各种版本的集成应用程序上进行测试。tox（参考 http://tox.readthedocs.org）是一个好工具，可以使这样的测试更加容易。它提供了一种简单的方法来配置多个测试环境并使用一个 tox 命令运行所有测试。它是一个非常强大和灵活的工具，并且也很容易使用。展示它的用法的最好的方式是给你一个配置文件的例子，其实它就是 tox 的核心。这里有一个 tox.ini 文件，它来自 django-userena 项目（参考 https://github.com/bread-andpepper/django-userena）：

```
[tox]
downloadcache = {toxworkdir}/cache/

envlist =
    ; py26 support was dropped in django1.7
    py26-django{15,16},
    ; py27 still has the widest django support
    py27-django{15,16,17,18,19},
    ; py32, py33 support was officially introduced in django1.5
    ; py32, py33 support was dropped in django1.9
    py32-django{15,16,17,18},
    py33-django{15,16,17,18},
    ; py34 support was officially introduced in django1.7
    py34-django{17,18,19}
    ; py35 support was officially introduced in django1.8
    py35-django{18,19}

[testenv]
usedevelop = True
deps =
    django{15,16}: south
    django{15,16}: django-guardian<1.4.0
    django15: django==1.5.12
    django16: django==1.6.11
    django17: django==1.7.11
    django18: django==1.8.7
    django19: django==1.9
    coverage: django==1.9
    coverage: coverage==4.0.3
    coverage: coveralls==1.1

basepython =
    py35: python3.5
    py34: python3.4
    py33: python3.3
    py32: python3.2
    py27: python2.7
```

```
    py26: python2.6
```

commands={envpython} userena/runtests/runtests.py userenaumessages
{posargs}

```
[testenv:coverage]
basepython = python2.7
passenv = TRAVIS TRAVIS_JOB_ID TRAVIS_BRANCH
commands=
    coverage run --source=userena userena/runtests/runtests.py
userenaumessages {posargs}
    coveralls
```

这个配置允许你在 5 个不同版本的 Django 和 6 个版本的 Python 上测试 django-userena 项目。并不是每个 Django 版本都可以在每个 Python 版本上工作，`tox.ini` 文件使得定义这样的依赖性约束相对容易。在实践中，整个构建矩阵包括 21 个唯一的环境（包括用于代码覆盖收集的特殊环境）。手动创建每个测试环境需要付出很多努力，即使使用 shell 脚本也不太容易。

Tox 是很棒，但如果我们想改变测试环境中其他一些不是纯 Python 依赖的元素，它的使用会变得很复杂。有这样一种情况，当我们需要在不同版本的系统包和支持服务上测试时。解决这个问题的最好方法是再次使用良好的持续集成系统，这可以使你能够轻松地定义环境变量的矩阵并在虚拟机上安装系统软件。使用 Travis CI 的一个很好的例子是 ianitor 项目（参考 https://github.com/ClearcodeHQ/ianitor/），在*第 9 章，文档化你的项目*中已经提到过它。这是一个简单的实用程序，用于 Consul 服务发现。Consul 项目拥有一个非常活跃的社区，每年都会发布很多版本。对该服务的各种版本进行测试是很有必要的。这确保 ianitor 项目仍然是该软件的最新版本，并且也不会破坏与以前的 Consul 版本的兼容性。以下是 Travis CI 的 `.travis.yml` 配置文件的内容，它允许你针对 3 个不同的 Consul 版本和 4 个 Python 解释器版本进行测试如下所示：

```
language: python

install: pip install tox --use-mirrors
env:

  matrix:
    # consul 0.4.1
    - TOX_ENV=py27 CONSUL_VERSION=0.4.1
    - TOX_ENV=py33 CONSUL_VERSION=0.4.1
    - TOX_ENV=py34 CONSUL_VERSION=0.4.1
    - TOX_ENV=py35 CONSUL_VERSION=0.4.1
```

```
    # consul 0.5.2
    - TOX_ENV=py27 CONSUL_VERSION=0.5.2
    - TOX_ENV=py33 CONSUL_VERSION=0.5.2
    - TOX_ENV=py34 CONSUL_VERSION=0.5.2
    - TOX_ENV=py35 CONSUL_VERSION=0.5.2

    # consul 0.6.4
    - TOX_ENV=py27 CONSUL_VERSION=0.6.4
    - TOX_ENV=py33 CONSUL_VERSION=0.6.4
    - TOX_ENV=py34 CONSUL_VERSION=0.6.4
    - TOX_ENV=py35 CONSUL_VERSION=0.6.4

    # coverage and style checks
    - TOX_ENV=pep8     CONSUL_VERSION=0.4.1
    - TOX_ENV=coverage CONSUL_VERSION=0.4.1

before_script:
  - wget https://releases.hashicorp.com/consul/${CONSUL_VERSION}/
consul_${CONSUL_VERSION}_linux_amd64.zip
  - unzip consul_${CONSUL_VERSION}_linux_amd64.zip
  - start-stop-daemon --start --background --exec `pwd`/consul --
agent -server -data-dir /tmp/consul -bootstrap-expect=1

script:
  - tox -e $TOX_ENV
```

前面的示例为 ianitor 代码提供了 14 个唯一的测试环境（包括 pep8 和 coverage 构建）。此配置还使用 tox 在 Travis VM 上创建实际测试虚拟环境。实际上，这是一个非常流行的方法，用于 tox 与不同的 CI 系统的整合。通过将更多的测试环境配置迁移到 tox 中，你可以降低将自己锁定到单个供应商的风险。诸如安装新服务或定义系统环境变量的事情，大多数 Travis CI 竞争对手都支持，因此如果市场上有更好的产品，或者 Travis 改变对开源项目的定价模型，你可以很容易地切换到其他的服务提供商。

10.2.6　文档驱动开发

与其他语言相比，Python 中的 doctests 是一个真正的优势。事实上，文档可以使用代码示例，这些代码示例也可作为测试运行，这改变了 TDD 的开发方式。例如，文档的一部分可以通过在开发周期中的 doctests 来完成。这种方法还确保所提供的示例总是最新的并且能够真正工作。

通过 doctests 而不是常规的单元测试来构建软件称为**文档驱动开发**（Document-

Driven Development，DDD）。开发人员在编写代码时，用简单的文字解释代码正在做什么。

写一个来历

在 DDD 中，可以通过构建一个代码的来历来编写 doctests，来历主要说明代码如何工作以及何时应该使用代码。原则上，用简单的文字描述就可以，然后几个代码使用示例分布在整个文本中。一个好的做法是开始写代码如何工作的文本，然后添加一些代码示例。

看一个真实的 doctests 的例子，让我们看看 atomisator 包（参考 https://bitbucket.org/tarek/atomisator）。其 atomisator.parser 子包（在 packages/atomisator.parser/atomisator/parser/docs/README.txt 下）的文档文本如下所示：

```
=================
atomisator.parser
=================

The parser knows how to return a feed content, with
the `parse` function, available as a top-level function::

>>> from atomisator.parser import Parser

This function takes the feed url and returns an iterator
over its content. A second parameter can specify a maximum
number of entries to return. If not given, it is fixed to 10::

>>> import os
>>> res = Parser()(os.path.join(test_dir, 'sample.xml'))
>>> res
<itertools.imap ...>

Each item is a dictionary that contain the entry::

>>> entry = res.next()
>>> entry['title']
u'CSSEdit 2.0 Released'

The keys available are:

>>> keys = sorted(entry.keys())
>>> list(keys)
    ['id', 'link', 'links', 'summary', 'summary_detail', 'tags',
```

```
                  'title', 'title_detail']

       Dates are changed into datetime::

       >>> type(entry['date'])
       >>>
```

稍后，doctest 将演变以考虑新的元素或所需的变化。对于想使用这个包的开发者来说，这个 doctest 也是一个很好的文档，所以，应该发自内心地改变对 doctest 的用法。

在文档中写测试的常见缺陷是将其转换为不可读的文本。如果发生这种情况，应该把这些测试视为文档的一部分。

有人说，一些完全通过 doctests 工作的开发人员通常将他们的 doctest 分为两类：可读的和可用的，所以，它们可以是包文档的一部分，而那些不可读的，只是用于构建并测试软件。

许多开发人员认为，为了后者，应该放弃 doctests 以支持常规单元测试。其他人甚至使用专门的 doctests 修复 bug。

所以，doctests 和常规测试之间的平衡是一个饱受争议的问题，这取决于由团队，只要发布的 doctests 部分是可读的。

> **特别提示**
>
> 当在项目中使用 DDD 时，重点在于可读性，并决定哪些 doctests 有资格作为已发布文档的一部分。

10.3 小结

本章提倡使用 TDD，并提供了很多相关的信息。

- unittest 陷阱。
- 第三方工具：nose 和 py.test。
- 如何构建仿真和模拟。
- 文档驱动开发。

由于我们已经知道如何构建、打包和测试软件，在接下来的两章中，我们将关注如何找到性能瓶颈的方法并优化你的程序。

第 11 章
优化——一般原则与分析技术

"我们应该忘记小的效能，大约 97% 的情况：过早优化是万恶之源。"

——Donald Knuth

本章是关于优化的，并且提供一套一般原则和分析技术。它给出了每个开发人员应该注意的 3 个优化规则，并提供优化指南。最后，本章会关注如何找到瓶颈。

11.1 3 个优化规则

不管结果如何，优化需要付出一些代价。当一段代码正常工作时，如果不去管它，而不是试图花费很多成本使其更快，它可能（有时）运行的更好。进行任何类型的优化时，请注意以下几个规则。

- 首先要能工作。
- 从用户的角度考虑。
- 保持代码的可读性。

11.1.1 首先要能工作

一个很常见的错误是，在编写代码时就尝试优化代码。这是没有意义的，因为真正的瓶颈往往位于你从未想到过的地方。

应用程序通常由非常复杂的交互组成，并且，在真正使用它之前，我们不可能全面的了解应用程序的功能。

当然，这不是不去尝试优化一个函数或方法的原因。你应该非常细心并且尽可能降低其复杂性，避免无用的重复。但是第一个目标是使它正常工作。优化工作不应该阻碍这个首要目标。

对于行级代码，Python 的哲学是用一种方法，最好是只有一种方法来做一件事。所以，只要你坚持使用 Python 化的语法，这些语法在第 2 章和第 3 章中提到过，你的代码应该是很好的。通常，编写较少的代码比编写更多的代码更好更快。

在到你的代码正常工作以及你准备好调优之前，不要做任何以下这些事情。

- 开始编写全局字典以缓存函数的数据。
- 考虑使用 C 语言或者混合语言（如 Cython）外部化一部分代码。
- 查找一些进行基本计算的外部库。

对于非常专业的领域，如科学计算或游戏，专业库的使用以及外部化可能从一开始就是不可避免的。另一方面，使用像 NumPy 这样的库可以缓解特定功能的开发，并且最终产生更简单和更快的代码。此外，如果有一个很好的库可以满足你的需求，你就没必要重新写一个。

例如，Soya 3D 是 OpenGL 上的游戏引擎（参见 http://home.gna.org/oomadness/en/soya3d/index.html），在进行实时 3D 渲染时使用 C 和 Pyrex 进行快速矩阵运算。

> **特别提示**
> 对已经正常工作的程序进行优化。正如肯特·贝克说，"使它工作，然后使它正确，然后使它快。"

11.1.2 从用户的角度考虑

我见过有团队致力于优化应用程序服务器的启动时间，当该服务器启动并运行时，它工作地很好。一旦他们完成提速，他们把这项工作成果推广给他们的客户。他们有点沮丧，他们注意到客户并不太关心这个优化的成果。这是因为加速工作不是由用户反馈而是由开发者的观点驱动的。创建系统的人每天多次启动服务器。所以启动时间对他们来说意味着很多，但是对用户来说，似乎影响不大。

虽然从一个绝对的角度来说，让程序启动更快是一件好事，但是团队应该小心安排优化工作的顺序，并问自己以下问题：

- 我被要求更快吗？
- 谁发现程序慢？
- 它真的很慢，还是可以接受？
- 使它更快地运行需要多少成本，值得吗？
- 什么部分需要很快？

记住，优化是需要成本的，并且开发人员的观点对客户来说是没有意义的，除非你正在编写框架或库，并且客户是开发人员。

> **特别提示**
> 优化不是一个游戏。只有在必要时才应该这样做。

11.1.3 保持代码的可读性和可维护性

即使 Python 试图使常见的代码模式是最快的，优化工作可能也会混淆你的代码，使代码变得难以阅读。所以，在保持代码的可读性和可维护性与为了优化而搞的代码面目全非之间，要有一个平衡。

当你达到了 90%的优化目标，剩下的 10%将使你的代码完全不可读，那么你最好停止那里的工作或者寻找其他的解决方案。

> **特别提示**
>
> 优化不应该使你的代码不可读。如果发生了，你应该寻找替代解决方案，如外部化或重新设计。寻找可读性和速度之间的良好折衷。

11.2 优化策略

如果说你的程序真的有一个速度问题需要解决。不要试图猜测如何使它更快。通常，通过查看代码是很难找到瓶颈的，所以，需要一套工具来找到真正的问题。

良好的优化策略可以从 3 个步骤开始。

- 找到另外的罪魁祸首：确保第三方服务器或资源没有故障。
- 扩展硬件：确保资源充足。
- 编写速度测试：创建具有速度目标的场景。

11.2.1 找到另外的罪魁祸首

通常，在生产级别出现性能问题，客户会通知你，在测试时软件正常工作，而现在却不能正常工作了。性能问题可能会发生，因为应用程序没有计划在大量用户和增加数据大小的现实世界中工作。

但是如果应用程序与其他应用程序交互，首先要做的是检查瓶颈是否位于这些交互。例如，数据库服务器或 LDAP 服务器会导致一些额外的开销，可能会使一切都变慢。

应该考虑应用程序之间的物理链接。也许，由于错误的配置或者网络拥塞，你的应用程序服务器和内网中的另一个服务器之间的网络连接真的很慢。

设计文档应提供所有交互和每个连接的性质的设计图，从中可以获得系统的整体架构，这会有助于解决速度问题。

> **特别提示**
>
> 如果你的应用程序使用第三方资源服务器，则应对每个交互进行评审，以确保瓶颈不在那里。

11.2.2 扩展硬件

当没有更多的非永久性内存可用时，系统开始使用硬盘来存储数据。这就是交换。

这涉及很多开销，性能会急剧下降。从用户的角度来看，在这个阶段，系统被认为是僵死的。因此，扩展硬件以防止这种情况是非常重要的。

尽管在系统上有足够的内存很重要，但是确保应用程序不会表现太疯狂和吃太多内存也很重要。例如，如果一个程序处理一个几百兆字节大小的大视频文件，那它不应该将视频文件完全加载到内存，而是应该分块处理或使用磁盘流。

磁盘使用也很重要。如果 I/O 错误隐藏在试图在磁盘上重复写入的代码中，则整个分区可能真的会减慢应用程序。此外，即使代码只尝试写一次，硬件和操作系统也可能尝试多次写入。

注意，扩展硬件（垂直扩展）有一些明显的限制。你无法在单个机架上安装无限量的硬件。此外，高效的硬件是非常昂贵的（收益递减规律），因此这种方法也存在经济上的限制。从这个角度来看，通过添加新的计算节点或工作节点（水平扩展）扩展系统总是更好的。这允许你使用具有最佳性价比的商品软件扩展你的服务。

不幸的是，设计和维护高度可扩展的分布式系统既困难又昂贵。如果你的系统不能轻松地水平扩展，或者更快更便宜地垂直扩展，那么最好这样做，而不是浪费时间和资源来重新设计你的系统架构。记住，随着时间的推移，硬件总是趋向于更快、更便宜。许多产品停留在这个最佳平衡点上，在这里扩展需求与提高硬件性能趋于一致。

11.2.3 编写速度测试

当开始优化工作时，重要的是使用类似于测试驱动开发的工作流，而不是持续地运行一些手动测试。一个好的做法是在应用程序中提供一个测试模块，在该模块编写要优化的调用序列。拥有此场景可帮助你在优化应用程序时跟踪进度。

你甚至可以在你设置的速度目标处写几个断言。为了防止速度回归，在代码优化后，可以继续保留以下这些测试：

```
>>> def test_speed():
...     import time
...     start = time.time()
...     the_code()
...     end = time.time() - start
```

```
...          assert end < 10, \
...              "sorry this code should not take 10 seconds !"
...
```

> **特别提示**
>
> 测量执行速度取决于所使用的 CPU 的功率。但我们将在下一节中看到如何编写通用持续时间的测量。

11.3　查找瓶颈

可以通过以下方法找到应用程序的瓶颈。

- 分析 CPU 使用情况。
- 分析内存使用情况。
- 分析网络使用情况。

11.3.1　分析 CPU 使用情况

瓶颈的第一个来源是你的代码。标准库提供执行代码分析所需的所有工具。它们基于确定性方法。

确定性分析器（deterministic profiler）通过在最底层添加定时器来测量在每个函数中花费的时间。这引入了一点开销，但提供了一个查找哪里消耗时间的好办法。另一方面，**统计分析器**（statistical profiler）对指令指针的使用进行采样，并且不对代码进行操作。后者不太准确，但允许以全速运行目标程序。

有两种方法来分析代码。

- **宏观分析**（**Macro-profiling**）：当程序运行时，对整个程序进行分析，并生成统计数据。
- **微观分析**（**Micro-profiling**）：通过手动装置测量程序的精确部分。

1．宏观分析

通过在特殊模式下运行应用程序来完成宏观分析，在此模式下，会检测解释器并收集有关代码使用的统计信息。Python 为此提供了几个工具。

- `profile`：这是一个纯 Python 实现。
- `cProfile`：这是一个 C 实现，提供与 `profile` 工具相同的接口，但具有较少的开销。

大多数 Python 程序员推荐选择 `cProfile`，因为它减少了开销。无论如何，如果你需要以某种方式扩展分析器，那么 `profile` 可能会是一个更好的选择，因为它不使用 C 扩展。

这两个工具具有相同的接口和用法，因此我们将只使用其中一个来展示它们如何工作。

下面是一个带有 main 函数的 myapp.py 模块，我们将使用 cProfile 进行测试：

```
import time


def medium():
    time.sleep(0.01)


def light():
    time.sleep(0.001)


def heavy():
    for i in range(100):
        light()
        medium()
        medium()
    time.sleep(2)


def main():
    for i in range(2):
        heavy()


if __name__ == '__main__':
    main()
```

模块可以直接从命令提示符中调用，结果总结如下：

```
$ python3 -m cProfile myapp.py
        1208 function calls in 8.243 seconds

   Ordered by: standard name

   ncalls  tottime  percall  cumtime  percall filename:lineno(function)
        2    0.001    0.000    8.243    4.121 myapp.py:13(heavy)
        1    0.000    0.000    8.243    8.243 myapp.py:2(<module>)
        1    0.000    0.000    8.243    8.243 myapp.py:21(main)
      400    0.001    0.000    4.026    0.010 myapp.py:5(medium)
      200    0.000    0.000    0.212    0.001 myapp.py:9(light)
        1    0.000    0.000    8.243    8.243 {built-in method exec}
      602    8.241    0.014    8.241    0.014 {built-in method sleep}
```

提供的统计信息是由分析器填充的统计对象的打印视图。也可以手动调用工具，如下所示：

```
>>> import cProfile
>>> from myapp import main
>>> profiler = cProfile.Profile()
```

```
>>> profiler.runcall(main)
>>> profiler.print_stats()
         1206 function calls in 8.243 seconds

   Ordered by: standard name

   ncalls  tottime  percall  cumtime  percall  file:lineno(function)
        2    0.001    0.000    8.243    4.121  myapp.py:13(heavy)
        1    0.000    0.000    8.243    8.243  myapp.py:21(main)
      400    0.001    0.000    4.026    0.010  myapp.py:5(medium)
      200    0.000    0.000    0.212    0.001  myapp.py:9(light)
      602    8.241    0.014    8.241    0.014  {built-in method sleep}
```

统计信息还可以保存到文件中，然后由 pstats 模块读取。这个模块提供了一个类，
知道如何处理分析文件，并给出一些帮助，以便与它们调用，如下所示：

```
>>> import pstats
>>> import cProfile
>>> from myapp import main
>>> cProfile.run('main()', 'myapp.stats')
>>> stats = pstats.Stats('myapp.stats')
>>> stats.total_calls
1208
>>> stats.sort_stats('time').print_stats(3)
Mon Apr 4 21:44:36 2016 myapp.stats

         1208 function calls in 8.243 seconds

   Ordered by: internal time
   List reduced from 8 to 3 due to restriction <3>

   ncalls  tottime  percall  cumtime  percall  file:lineno(function)
      602    8.241    0.014    8.241    0.014  {built-in method sleep}
      400    0.001    0.000    4.025    0.010  myapp.py:5(medium)
        2    0.001    0.000    8.243    4.121  myapp.py:13(heavy)
```

从那里，你可以通过打印出每个函数的调用者和被调用者来浏览代码：

```
>>> stats.print_callees('medium')
   Ordered by: internal time
   List reduced from 8 to 1 due to restriction <'medium'>

Function                  called...
                           ncalls  tottime  cumtime
myapp.py:5(medium) -> 400 4.025 4.025 {built-in method sleep}
```

```
>>> stats.print_callees('light')
    Ordered by: internal time
    List reduced from 8 to 1 due to restriction <'light'>

Function                     called...
                             ncalls tottime cumtime
myapp.py:9(light) -> 200 0.212 0.212 {built-in method sleep}
```

能够将工作在不同的视图的输出进行排序，用于找到瓶颈。例如，请考虑以下场景：

- 当调用的数量真的很高并且占用全局时间的大部分时，函数或方法可能在循环中。
  可以通过将该调用移动到不同的范围来进行优化，这样可以减少操作的数量。
- 当一个函数需要很长时间时，尽可能的使用缓存。

从分析数据中可视化瓶颈的另一个好方法是将它们转换为下图（参见图 11-1）。**Gprof2Dot**

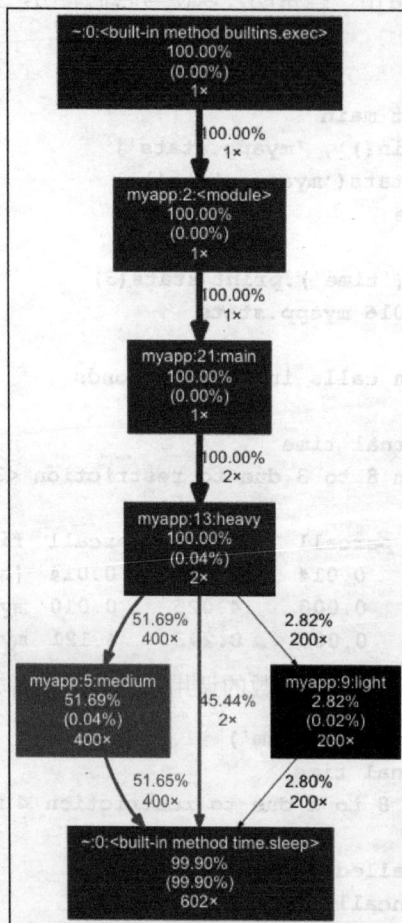

图 11-1　使用 gprof2dot 生成的概要分析图示例

（https://github.com/jrfonseca/gprof2dot）可以将分析器数据转换为点图。你可以从 PyPI 上使用 pip 下载这个简单的脚本，只要 Graphviz（参见 http://www.graphviz.org/）安装在你的环境中，就可以使用它如下所示：

```
$ gprof2dot.py -f pstats myapp.stats | dot -Tpng -o output.png
```

gprof2dot 的优点是它是语言无关的。它不仅限于 Python 的 profile 或 cProfile 的输出，而且可以从多个其他分析文件中（如 Linux perf，xperf，gprof，Java HPROF 等）读取数据。

宏观分析是一个检测函数的好方法，可以发现函数中的问题或者至少是它附近的问题。当你找到问题的所在，你可以使用微观分析。

2．微观分析

当找到慢速函数时，有时需要进行更多的测试工作，只测试程序的一部分。通过在速度测试中手动检测一部分代码来完成测试。

例如，可以从装饰器使用 cProfile 模块，如下所示：

```
>>> import tempfile, os, cProfile, pstats
>>> def profile(column='time', list=5):
...     def _profile(function):
...         def __profile(*args, **kw):
...             s = tempfile.mktemp()
...             profiler = cProfile.Profile()
...             profiler.runcall(function, *args, **kw)
...             profiler.dump_stats(s)
...             p = pstats.Stats(s)
...             p.sort_stats(column).print_stats(list)
...         return __profile
...     return _profile
...
>>> from myapp import main
>>> @profile('time', 6)
... def main_profiled():
...     return main()
...
>>> main_profiled()
Mon Apr 4 22:01:01 2016    /tmp/tmpvswuovz_

        1207 function calls in 8.243 seconds
```

```
Ordered by: internal time
List reduced from 7 to 6 due to restriction <6>

Ncalls   tottime   percall   cumtime   percall  file:lineno(function)
   602     8.241     0.014     8.241     0.014  {built-in method sleep}
   400     0.001     0.000     4.026     0.010  myapp.py:5(medium)
     2     0.001     0.000     8.243     4.121  myapp.py:13(heavy)
   200     0.000     0.000     0.213     0.001  myapp.py:9(light)
     1     0.000     0.000     8.243     8.243  myapp.py:21(main)
     1     0.000     0.000     8.243     8.243  <stdin>:1(main_profiled)
```

```
>>> from myapp import light
>>> stats = profile()(light)
>>> stats()
Mon Apr  4 22:01:57 2016    /tmp/tmpnp_zk7dl

        3 function calls in 0.001 seconds

   Ordered by: internal time

   ncalls   tottime   percall   cumtime   percall   file:lineno(function)
        1     0.001     0.001     0.001     0.001   {built-in method sleep}
        1     0.000     0.000     0.001     0.001   myapp.py:9(light)
```

这种方法允许测试应用程序的一部分，并锐化统计输出。但在这个阶段，有一个被调用者列表可能不是很有用，因为已经指出该函数需要进行优化。唯一令人关注的信息是知道它有多快，然后增强它。

timeit 提供一种简单的方法来测量小代码片段的执行时间，它使用主机系统提供的最佳底层计时器（time.time 或 time.clock），从而更好地满足这种需要，如下所示：

```
>>> from myapp import light
>>> import timeit
>>> t = timeit.Timer('main()')
>>> t.timeit(number=5)
10000000 loops, best of 3: 0.0269 usec per loop
10000000 loops, best of 3: 0.0268 usec per loop
10000000 loops, best of 3: 0.0269 usec per loop
10000000 loops, best of 3: 0.0268 usec per loop
10000000 loops, best of 3: 0.0269 usec per loop
5.6196951866149902
```

该模块可以被重复调用，并且面向测试隔离的代码片段。这在应用程序上下文之外非常有用，在命令提示符中，例如，在现有应用程序中使用不是很方便。

但是应该谨慎使用 timeit 的结果。这是一个非常好的工具，它可以客观地比较两段短代码，但它也会让你很容易犯下危险的错误，这将导致令人困惑的结论。这里，例如，通过 timeit 模块对两个无害的代码片段进行比较，它可以使你认为通过加法的字符串连接比 str.join() 方法更快：

```
$ python3 -m timeit -s 'a = map(str, range(1000))' '"".join(a)'
1000000 loops, best of 3: 0.497 usec per loop

$ python3 -m timeit -s 'a = map(str, range(1000)); s=""' 'for i in a: s
+= i'
10000000 loops, best of 3: 0.0808 usec per loop
```

从第 2 章开始，我们知道通过加法连接字符串不是一个好的模式。尽管有一些针对这种用法设计的一些较小的 CPython 微优化，它最终会导致二次的运行时间。问题在于 timeit（命令行中-s 参数）设置参数的细微差别，以及 Python 3 中的范围如何工作。我不会讨论问题的细节，但会把它留给你作为一个练习。总之，在 Python 3 中，这是正确的比较使用加法和 str.join() 连接字符串的方法，如下所示：

```
$ python3 -m timeit -s 'a = [str(i) for i in range(10000)]' 's="".
join(a)'
10000 loops, best of 3: 128 usec per loop

$ python3 -m timeit -s 'a = [str(i) for i in range(10000)]' '
>s = ""
>for i in a:
>    s += i
>'
1000 loops, best of 3: 1.38 msec per loop
```

3．测量 Pystones

当测量执行时间时，结果取决于计算机硬件。为了能够产生通用测量，最简单的方法测量固定序列的代码基准速度，并计算出它的比率。由此，函数所花费的时间可以转换为一个比较通用的值，可以在任何计算机上比较。

> 许多通用的基准测试工具可用于测量计算机性能。令人惊讶的是，许多年前创建的一些仍在使用。例如，Whetstone 创建于 1972 年，它是一个用 Algol 60 编写的计算机性能分析器（见 http://en.wikipedia.org/wiki/Whetstone_%28benchmark%29 ）。它用于测量**每秒百万 Whetstone 指令条数（MWIPS）**。陈旧的和现代的 CPU 的结果表保存在 http://freespace.virgin.net/roy.longbottom/whetstone%20results.htm。

Python 在其 test 包中提供了一个基准测试工具，用于测量一个精选的操作序列的持续时间。结果是每秒钟计算机能够执行的 pystones 数量，在现代硬件上通常约为一秒，如下所示：

```
>>> from test import pystone
>>> pystone.pystones()
(1.0500000000000007, 47619.047619047589)
```

该比率可用于将分析的持续时间转换为 pystones 的数量：

```
>>> from test import pystone
>>> benchtime, pystones = pystone.pystones()
>>> def seconds_to_kpystones(seconds):
...     return (pystones*seconds) / 1000
...
...
>>> seconds_to_kpystones(0.03)
1.4563106796116512
>>> seconds_to_kpystones(1)
48.543689320388381
>>> seconds_to_kpystones(2)
97.087378640776762
```

seconds_to_kpystones 返回千个 pystones 的数量。如果你想编写一些速度断言，这个转换可以包含在你的测试中。

拥有 pystones 将允许你在测试中使用此装饰器，以便于你在执行时间上设置断言。

这些测试可以在任何计算机上运行，并让开发人员避免速度回归。当应用程序的一部分已优化时，他们将能够在测试中设置其最大执行时间，并确保它不会被进一步的更改所破坏。这种方法当然不是理想的并且100%准确的，但是它至少比以硬编码的执行时间断言更好，这些断言是以秒表示的原始值。

11.3.2　分析内存使用

在优化应用程序时可能遇到的另一个问题是内存消耗。如果一个程序开始消耗了很多的内存，系统就会开始交换，在你的应用程序中可能有一个地方，有太多的对象被创建，或者你不打算保留的对象由于一些无意的引用仍然保持存活。使用传统的分析可以很容易检测到该问题，因为消耗很多的内存会引起系统交换，会涉及大量CPU的工作，这很容易被检测到。但有时它不明显，必须分析内存使用情况。

1．Python 如何处理内存

当你使用CPython实现时，内存使用情况可能是Python中最难分析的事情。虽然像C这样的语言允许你获得任何元素的内存大小，但Python永远不会让你知道一个给定的对象消耗了多少内存。这是由于语言的动态特性，实际上，语言的使用者不能直接访问内存管理器。

内存管理的一些原始细节已经在第7章中解释过了。我们已经知道CPython使用引用计数来管理对象分配。这是确定性算法，它确保当对象的引用计数变为0时，将会触发对象释放。尽管是确定性的，这个过程难以手动跟踪而且代码库也非常的复杂。此外，在引用计数级别上释放对象并不一定意味着解释器释放了实际的进程的堆内存。根据 CPython 解释器的编译标志，系统环境或运行时上下文，内部内存管理层可能会决定留下一些空闲内存块，用于将来重新分配，而不是完全释放。

CPython 实现中的其他微优化也使预测实际内存使用更加困难。例如，指向同一短字符串或小整数值的两个变量可能或可能不指向内存中的同一对象实例。

尽管相当吓人，看似复杂，Python 中的内存管理有着非常好的文档（参考 https://docs.python.org/3/c-api/memory.html）。注意，在大多数情况下，在调试内存问题时，可以忽略前面提到的微优化。此外，引用计数大致基于一个简单的语句：如果给定的对象不再被引用，它被删除。换句话说，函数中的所有本地引用都会被解释器删除。

- 离开函数。
- 确保对象不再使用。

因此，保留在内存中的对象如下。

- 全局对象。
- 仍以某种方式引用的对象。

小心参数输入输出的边缘情况。如果在参数中创建了一个对象，并且函数返回该对象，那么参数引用将仍然存在。如果将其作为默认值使用，可能会导致以下意外结果：

```
>>> def my_function(argument={}):   # 不良实践
...     if '1' in argument:
...         argument['1'] = 2
...     argument['3'] = 4
...     return argument
...
>>> my_function()
{'3': 4}
>>> res = my_function()
>>> res['4'] = 'I am still alive!'
>>> print my_function()
{'3': 4, '4': 'I am still alive!'}
```

这就是为什么应该总是像这样使用不可变对象，如下：

```
>>> def my_function(argument=None):   # 良好的实践
...     if argument is None:
...         argument = {}   # 每次都是创建新的字典
...     if '1' in argument:
...         argument['1'] = 2
...     argument['3'] = 4
...     return argument
...
>>> my_function()
{'3': 4}
>>> res = my_function()
>>> res['4'] = 'I am still alive!'
>>> print my_function()
{'3': 4}
```

Python 中的引用计数很方便，你无需手动跟踪对象的对象引用，因此你不必手动销毁它们。虽然这引入了另一个问题，但是开发人员从来不需要清除内存中的实例，如果开发人员不注意他们使用数据结构的方式，内存可能会以不受控制的方式增长。

通常，消耗内存的情况主要有如下几种。

- 不受控制的缓存。
- 全局注册实例并且不跟踪其使用情况的对象工厂，例如每次调用查询时即时使用的数据库连接器创建者。
- 未正确结束的线程。
- 使用__del__方法并涉及循环的对象也是内存消费者。在旧版本的 Python（在 3.4

版本之前），垃圾回收器不会打破循环，因为它不能确定应该首先删除哪个对象。因此，这会导致泄漏内存。在大多数情况下不应该使用此方法。

不幸的是，在使用 Python/C API 的 C 扩展中，引用计数的管理必须使用 Py_INCREF() 和 Py_DECREF() 宏手动完成。我们在第 7 章中讨论了处理引用计数和引用所有权的注意事项，所以你应该已经知道这是一个相当棘手的话题，带有各种陷阱。因此，大多数内存问题是由编写得不太合理的 C 扩展引起的。

2. 分析内存

在开始寻找 Python 中的内存问题之前，你应该知道 Python 中内存泄漏的本质是相当特别的。在某些编译语言（如 C 和 C++）中，内存泄漏多数只是由不再被任何指针引用的已分配内存块引起的。如果你没有引用内存，你不能释放它，这种情况被称为*内存泄漏*（memory leak）。在 Python 中，没有为用户提供底层的内存管理，所以我们宁愿处理泄漏的引用即对不再需要但未被删除的对象的引用。这会阻止解释器释放资源，但是与 C 中的内存泄漏的情况不同。当然，总是有 C 扩展的例外情况，但是它们是不同类型的语言，需要完全不同的工具链，不能从 Python 代码轻松检查。

因此，Python 中的内存问题主要是由意外或计划外的资源获取模式引起的。它很少发生，这是受到一个真实的 bug 的影响，该 bug 是由处理内存分配和重新分配例程不当造成的。当使用 Python/C API 编写 C 扩展时，这样的例程仅在 CPython 中可供开发人员使用，并且你很少会处理它们。因此，Python 中大多数所谓的内存泄漏主要是由软件的过度复杂性和其组件之间的微小交互造成的，这些交互真的很难跟踪。为了发现和查找软件的这些缺陷，你需要知道在程序中的实际内存使用情况。

获取有关 Python 解释器控制的对象数量以及它们的实际大小的信息有点棘手。例如，知道给定对象占用多少字节，这将涉及其所有属性，处理交叉引用，然后总结这一切。如果你考虑对象彼此相关的方式，这是一个很困难的问题。gc 模块不会为此提供高级函数，并且需要 Python 在调试模式下编译，从而可以拥有一整套信息。

通常，程序员只是在执行给定操作之后和之前向系统查询其应用程序的内存使用情况。但是这种测量是一个近似值，并且很大程度上取决于系统级的内存管理方式。例如，使用 Linux 下的 top 命令或 Windows 下的任务管理器，可以检测到明显的内存问题。但这种方法太费力，并且也难以跟踪错误的代码块。

幸运的是，有几个工具可以抓取内存快照并计算加载对象的数量和大小。但是让我们谨记，Python 不会轻易释放内存，而倾向于继续持有，以防再次需要。

有一段时间，调试内存问题和在 Python 中使用的最流行的工具之一是 Guppy-PE 及其 Heapy 组件。不幸的是，它似乎已不再维护，并且缺乏对 Python 3 的支持。幸运的是，还有一些其他的选择，并且在某种程度上兼容 Python 3。

- **Memprof**（http://jmdana.github.io/memprof/）：该工具声明支持 Python 2.6,2.7,3.1,3.2 和 3.3 以及一些符合 POSIX 的系统（Mac OS X 和 Linux）。
- **memory_profiler**（https://pypi.python.org/pypi/memory_profiler）：该工具声明支持与 Memprof 相同的 Python 版本和系统。
- **Pympler**（http://pythonhosted.org/Pympler/）：该库声明支持 Python 2.5,2.6,2.7,3.1,3.2,3.3 和 3.4，并且与操作系统无关。

请注意，上述信息纯粹基于最新分发包中的特性包的分类器。在本书写作之后，这可能发生改变。尽管如此，当前有一个包支持最广泛的 Python 版本，并且在 Python 3.5 下也可以完美无缺地工作。它就是 objgraph。它的 API 似乎有点笨拙，并且具有非常有限的功能集。但它工作，在需要它的地方做得很好，并且很容易使用。内存工具无需永久添加到生产代码中，所以这个工具不需要多漂亮。由于其在操作系统独立性上对 Python 版本的广泛支持，所以在讨论内存分析的示例时，我们将仅关注 objgraph。本节中提到的其他工具也是令人兴奋的软件，但你需要自己研究它们。

objgraph

objgraph（参考 http://mg.pov.lt/objgraph/）是一个简单的工具，用于创建对象引用的图表，可以用于在 Python 中寻找内存泄漏。它在 PyPI 上可用，但它不是一个完全独立的工具，需要 Graphviz 才能创建内存使用图。对于像 Mac OS X 或 Linux 这样的开发者友好系统，你可以使用首选的系统软件包管理器轻松获取它。对于 Windows，你需要从项目页面下载 Graphviz 安装程序（参考 http://www.graphviz.org/）并手动安装。

objgraph 提供了多个实用程序，可以列出并且打印有关内存使用情况和对象计数的各种统计信息。在解释器会话中使用此类实用程序的示例如下：

```
>>> import objgraph
>>> objgraph.show_most_common_types()
function                    1910
dict                        1003
wrapper_descriptor          989
tuple                       837
weakref                     742
method_descriptor           683
builtin_function_or_method  666
getset_descriptor           338
set                         323
member_descriptor           305
>>> objgraph.count('list')
```

266

```
>>> objgraph.typestats(objgraph.get_leaking_objects())
{'Gt': 1, 'AugLoad': 1, 'GtE': 1, 'Pow': 1, 'tuple': 2, 'AugStore': 1,
'Store': 1, 'Or': 1, 'IsNot': 1, 'RecursionError': 1, 'Div': 1, 'LShift':
1, 'Mod': 1, 'Add': 1, 'Invert': 1, 'weakref': 1, 'Not': 1, 'Sub': 1,
'In': 1, 'NotIn': 1, 'Load': 1, 'NotEq': 1, 'BitAnd': 1, 'FloorDiv':
1, 'Is': 1, 'RShift': 1, 'MatMult': 1, 'Eq': 1, 'Lt': 1, 'dict': 341,
'list': 7, 'Param': 1, 'USub': 1, 'BitOr': 1, 'BitXor': 1, 'And': 1,
'Del': 1, 'UAdd': 1, 'Mult': 1, 'LtE': 1}
```

如前所述，objgraph 可以创建内存使用模式和交叉引用的图表，交叉引用连接了给定命名空间中的所有对象。该库中最有用的图表实用程序是 objgraph.show_refs() 和 objgraph.show_backrefs()。它们都接受对被检查对象的引用，并使用 Graphviz 包将图表图像保存到文件。这样的图的示例在图 11-2 和图 11-3 中示出。

以下是用于创建这些图表的代码：

```python
import objgraph


def example():
    x = []
    y = [x, [x], dict(x=x)]

    objgraph.show_refs(
        (x, y),
        filename='show_refs.png',
        refcounts=True
    )
    objgraph.show_backrefs(
        (x, y),
        filename='show_backrefs.png',
        refcounts=True
    )

if __name__ == "__main__":
    example()
```

图 11-2 显示了 x 和 y 对象保存的所有引用。从上到下和从左到右，它提供了 4 个对象：

- y = [x, [x], dict(x=x)] 列表实例。
- dict(x=x) 字典实例。
- [x] 列表实例。

- x = [] 列表实例。

图 11-3 不仅显示了 x 和 y 之间的引用,而且显示了持有这两个实例的引用的所有对象。这就是所谓的反向引用,真正有助于找到阻止其他对象被释放的对象。

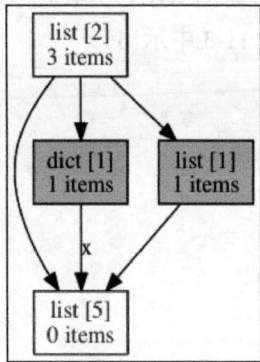

图 11-2 来自 example() 函数的
show_refs() 图的示例结果

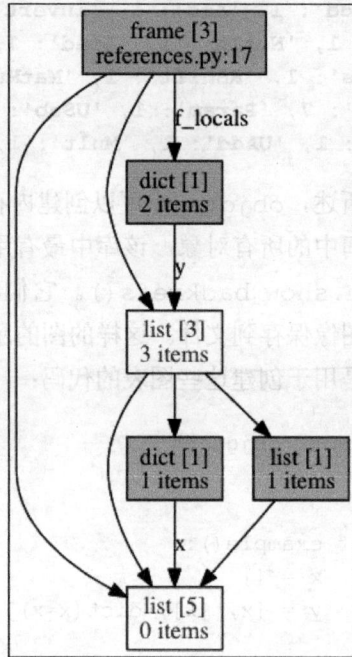

图 11-3 来自 example() 函数的
show_backrefs() 图的示例结果

为了展示如何在实践中使用 objgraph,让我们回顾一些实际的例子。正如我们在本书中已经提到过几次的,CPython 有自己的垃圾收集器,它独立存在于引用计数方法。它不用于通用内存管理,而只用于解决循环引用的问题。在许多情况下,对象可能以一种方式互相引用,这时使用基于跟踪引用的数量的简单技术无法删除它们。这里是最简单的例子:

```
x = []
y = [x]
x.append(y)
```

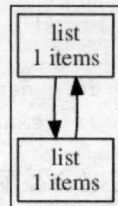

这种情况在图 11-4 中进行了可视化呈现。在前面的情况下,即使对 x 和 y 对象的所有外部引用都被删除(例如,通过从函数的局部范围返回),但还是无法删除这两个对象,因为这两个对象仍然持有各自的交叉引用。这种情况下,Python 垃圾收集器就会介入。它可以检测到对象的循环引用,并且如果在循环外没有其他对这些对象的有效引用,则触发它们的释放。

图 11-4 两个对象之间的循环引用的示例图

当这种周期中的至少一个对象具有定义的自定义__del__()方法时，真正的问题开始了。它是一个自定义的释放处理程序，当对象的引用计数最终为零时将调用该方法。它可以执行任何 Python 代码，所以它也可以创建特征对象的新引用。这是导致下述问题的原因，如果至少有一个对象提供了自定义的__del__()方法实现，Python 3.4 版本之前的垃圾回收器就不能中断循环引用。PEP 442 向 Python 引入了对象安全终结，从 Python 3.4 开始，它已经是标准的一部分。无论如何，对包来说，这可能仍然是一个问题，这些包担心向后兼容性和目标广泛的Python 解释器版本。以下代码段显示了在不同 Python 版本中循环垃圾回收器的行为差异：

```python
import gc
import platform
import objgraph


class WithDel(list):
    """ 列出子类中的自定义__del__实现 """
    def __del__(self):
        pass


def main():
    x = WithDel()
    y = []
    z = []

    x.append(y)
    y.append(z)
    z.append(x)

    del x, y, z
    print("unreachable prior collection: %s" % gc.collect())
    print("unreachable after collection: %s" % len(gc.garbage))
    print("WithDel objects count:        %s" %
            objgraph.count('WithDel'))


if __name__ == "__main__":
    print("Python version: %s" % platform.python_version())
    print()
    main()
```

当在 Python 3.3 下执行时，上述代码的输出表明，较老版本的 Python 中的循环垃圾收集器不能收集具有__del__()方法定义的对象，如下所示：

```
$ python3.3 with_del.py
Python version: 3.3.5

unreachable prior collection: 3
unreachable after collection: 1
WithDel objects count:        1
```

使用较新版本的 Python，垃圾收集器可以安全地处理终结对象，即使它们定义了
__del__()方法，如下所示：

```
$ python3.5 with_del.py
Python version: 3.5.1

unreachable prior collection: 3
unreachable after collection: 0
WithDel objects count:        0
```

虽然在最新的 Python 版本中自定义终结不再那么棘手，但它仍然对需要在不同环境下
工作的应用程序造成了一个问题。如前所述，objgraph.show_refs()和 objgraph.
show_backrefs()函数允许你轻松地发现有问题的类实例。例如，我们可以很容易地修
改 main()函数，以显示对 WithDel 实例的所有反向引用，以便查看是否存在泄漏的资源，
如下所示：

```
def main():
    x = WithDel()
    y = []
    z = []

    x.append(y)
    y.append(z)
    z.append(x)

    del x, y, z

    print("unreachable prior collection: %s" % gc.collect())
    print("unreachable after collection: %s" % len(gc.garbage))
    print("WithDel objects count:        %s" %
        objgraph.count('WithDel'))

    objgraph.show_backrefs(
        objgraph.by_type('WithDel'),
        filename='after-gc.png'
    )
```

在 Python 3.3 下运行前面的示例将产生一个图（见图 11-5），它显示 `gc.collect()`
无法成功删除 x,y 和 z 对象实例。此外，objgraph
突出显示所有具有自定义 `__del__()` 方法的对
象，以使更容易地发现这些问题。

3. C 代码内存泄漏

如果 Python 代码看起来完全正常，但是在循
环访问隔离函数时，内存仍然增加，则泄漏可能
位于 C 端。例如，当一个 `Py_DECREF` 调用丢失
时，就会发生这种情况。

Python 核心代码是相当健壮的，并且对泄漏
也进行了测试。如果你使用具有 C 扩展程序的
软件包，那你应该首先关注它们。因为你将处理
在比 Python 更低的抽象层上进行操作的代码，
所以你需要使用完全不同的工具来解决这些内
存问题。

在 C 中进行内存调试不太容易，因此在深入
扩展内部之前，请确保正确诊断问题的根源。隔
离具有类似于单元测试的代码的可疑包，这是一
个比较常用的做法。

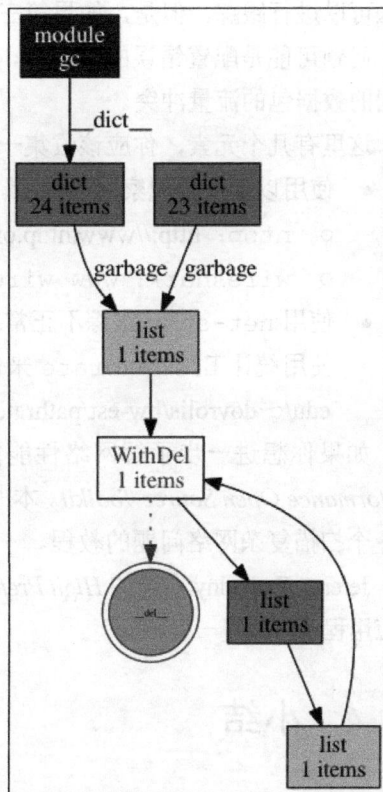

图 11-5　显示循环引用的示例，该循环引用
在 3.4 版之前的 Python 垃圾回收器无法处理

- 为每个 API 单元或者引起内存泄漏的扩
  展的可疑的功能编写单独的测试。
- 在一个循环中独立进行任意长时间的测试（每次运行一次测试）。
- 从外部观察哪个测试功能会随着时间增加内存使用。

希望你已经隔离了扩展中导致内存泄漏的部分，并最终可以开始实际的调试。如果你
很幸运，简单地手动检查源代码可能就会得到所需的结果。在许多情况下，问题就像添加
缺少的 `Py_DECREF` 调用一样简单。然而，在大多数情况下，我们的工作并不是那么简单。
在这种情况下，你需要带一些更强大的工具。**Valgrind** 是一个著名的通用工具，它可以在
编译代码中处理内存泄漏，每个程序员都应该掌握这个工具。它是一个用于构建动态分析
工具的完整的探测框架。因此，它可能不容易学习和掌握，但你应该了解一些基础知识。

11.3.3　分析网络使用情况

正如我前面所说，与第三方程序（如数据库、缓存、Web 服务或 LDAP 服务器）通信

的应用程序可能会在这些应用程序运行缓慢时放慢速度。在应用程序端使用常规代码分析方法可以进行跟踪。但是，如果第三方软件自己工作正常，那么罪魁祸首可能是网络。

问题可能是配置错误的集线器，低带宽网络链路，或甚至是大量的使计算机多次发送相同的数据包的流量冲突。

这里有几个元素，你应该收集一下。要了解发生了什么，首先要研究以下 3 个领域：

- 使用以下工具观察网络流量。
  - ntop: http://www.ntop.org（仅限 Linux）。
  - wireshark: www.wireshark.org（以前命名为 Ethereal）。
- 使用 net-snmp 跟踪不正常或错误配置的设备（http://www.net-snmp.org）。
- 使用统计工具 Pathrate 来估量两台计算机之间的带宽。参见 http://www.cc.gatech.edu/~dovrolis/bw-est/pathrate.html。

如果你想进一步了解网络性能问题，你可能还需要阅读 Richard Blum 的 *Network Performance Open Source Toolkit*。本书公开了调整大量使用网络的应用程序的策略，并提供了一个扫描复杂网络问题的教程。

Jeremy Zawodny 所著的 *High Preformance MySQL* 也是一本很好的书，在编写使用 MySQL 的应用程序时值得一读。

11.4　小结

在本章中，我们已经看到。

- 3 个优化规则如下。
  - 首先要能工作。
  - 从用户的角度考虑。
  - 保持代码的可读性。
- 基于编写具有速度目标场景的优化策略。
- 如何分析 CPU 或内存使用情况和一些网络分析提示。

现在，你已经知道如何找到性能问题，下一章将介绍一些常见的解决性能问题的通用策略。

第 12 章
优化——一些强大的技术

优化程序不是一个神奇的过程。遵循一个简单的算法就可以完成，这个算法由 Stefan Schwarzer 在 Europython 2006 上综合给出，他的原始伪代码示例如下：

```python
def optimize():
    """推荐的优化过程"""
    assert got_architecture_right(), "fix architecture"
    assert made_code_work(bugs=None), "fix bugs"
    while code_is_too_slow():
        wbn = find_worst_bottleneck(just_guess=False,
                                    profile=True)
        is_faster = try_to_optimize(wbn,
                                    run_unit_tests=True,
                                    new_bugs=None)
        if not is_faster:
            undo_last_code_change()

# By Stefan Schwarzer, Europython 2006
```

这个例子可能不是最整洁，最清晰的，但是它几乎抓住了一个有组织的优化过程的所有的重要方面。从中我们可以学到的主要内容如下。

- 优化是一个迭代过程，在这个过程中，并不是每次迭代都会有更好的结果。
- 主要先决条件是通过测试验证并且正常工作的代码。
- 你应该始终专注于优化当前的应用程序的瓶颈。

让你的代码工作地更快不是一个容易的任务。如果是抽象的数学问题，解决方案当然在于选择正确的算法和适当的数据结构。但在这种情况下，很难提供一些通用的提示和技巧，可以在任何代码中用于解决算法问题。当然有一些通用的方法来设计一个新的算法，甚至是可以应用于各种各样的问题的元启发式算法，但它们是语言无关的，因此不在本书的范围。

总之，一些性能问题只是由某些有质量缺陷的代码或应用程序的使用上下文引起的。例如，以下问题可能会降低应用程序的运行速度。

- 基本内置类型的使用不当。
- 太复杂。
- 硬件资源使用模式与执行环境不匹配。
- 过于长时间的等待来自第三方 API 或后台服务的响应。
- 在应用程序的时间关键部分做太多。

更常见的是,解决这样的性能问题不需要高级的学术知识,只要有良好的软件技能即可。技能的关键在于知道何时使用合适的工具进行处理。幸运的是,已经有一些著名的模式和解决方案来处理性能问题。

在本章中,我们将讨论一些常用的和可重用的解决方案,你可以通过以下非算法方法优化你的程序。

- 降低复杂度。
- 架构体系的权衡。
- 缓存。

12.1 降低复杂度

在我们进一步深入学习优化技术之前,让我们准确地定义我们要处理的问题。从本章的介绍中,我们知道专注于改善应用程序的瓶颈对于成功优化至关重要。瓶颈是严重限制程序或计算机系统处理能力的单个组件。每个有性能问题的代码都有一个重要特点,就是它通常只有一个瓶颈。我们在前一章讨论了一些分析技术,因此你应该已经熟悉定位和隔离这些地方所需的工具。如果你的分析结果显示有几个地方需要立即改进,那么你应该首先尝试将每个一个地方作为单独的组件,并且进行独立优化。

当然,如果没有明显的瓶颈,但是你的应用程序的运行情况仍然低于你的预期,那么这你来说真的很不利。优化过程的收益与优化瓶颈的性能影响成正比。有些小组件对总体执行时间或资源消耗没有实质性的影响,分析并优化这些小组件,需要花费大量的时间,而收益却很小。如果你的应用程序似乎没有真正的瓶颈,有可能是你错过了一些东西。尝试使用不同的分析策略或工具,或从不同的角度(内存、I/O 操作或网络吞吐量)查看它。如果这仍然没有帮助,那你应该考虑调整你的软件架构。

但是,如果你已经成功地找到一个单一的整体组件,它限制了你的应用程序的性能,那么你真的很幸运。很有可能只需要改进极少的代码,你将能够真正地改善代码的执行时间并且(或者)资源使用。并且优化的增益将再次与瓶颈的大小成比例。

当尝试提高应用程序性能时,第一个也是最明显的方面就是复杂度。有很多关于程序复杂性的定义以及很多的表达方式。一些复杂度指标可以提供代码行为的客观信息,并且

sqc 这样的信息有时可以用来推测性能的预期。有经验的程序员甚至可以根据不同实现的复杂性和实际的执行上下文,可靠地猜测它们在实践中的运行情况。

定义应用程序复杂度的两种常用的方式是:

- 循环复杂度(Cyclomatic complexity),往往与应用程序的性能相关。
- 朗道记法(Landau notation),也称为**大 O 记法**,在客观判断性能中,这是一种非常有用的算法分类方法。

从那里开始,优化过程有时可以被理解为降低复杂度的过程。本节通过简化循环提供了简单的技巧。但首先,让我们学习如何测量复杂度。

12.1.1　循环复杂度

循环复杂度是由 Thomas J. McCabe 在 1976 年提出的一个度量指标。由于的作者原因,它经常被称为 **McCabe 的复杂度**。它通过代码测量线性路径的数量。所有的 if、for 和 while 循环都计算在一个度量中。

然后可以将代码按照表 12-1 的方式进行分类。

表 12-1

循环复杂度	含义
1~10	不复杂
11~20	中等复杂
21~50	真复杂
大于 50	太复杂

循环复杂度不是代码质量的得分,而是客观地判断其性能的度量指标。它不能取代代码分析,代码分析在查找性能瓶颈的时很有必要。总之,具有高循环复杂度的代码通常倾向于使用相当复杂的算法,当有大量输入时,这些代码就会表现的比较糟糕。

虽然循环复杂度不是一种判断应用程序性能的可靠方法,但它有一个非常好的优势。它是一个源代码的指标,因此可以使用适当的工具进行测量。其他表达复杂度的方式——大 O 记法,不能这样测量。由于可测量性,循环复杂度可以作为对性能分析的有用补充,它可以为你提供有关软件问题部分的更多信息。当考虑对代码架构进行重新设计时,应该首先评审代码的复杂部分。

在 Python 中,测量 McCabe 的复杂度是相对简单的,因为它可以从它的抽象语法树中推导出来。当然,你不需要亲自去做。已经在第 4 章中介绍过一个 Python 中常用的工具——flake8(以及 mccabe 插件),它可以测量代码的循环复杂度。

12.1.2 大 O 记法

大 O 记法（参见 http://en.wikipedia.org/wiki/Big_O_notation）是定义函数复杂度的最典型的方法。这个度量指标定义了算法如何受输入数据大小的影响。例如，随着输入数据的大小，算法是线性增长还是平方阶增长？

为了获取算法的性能与输入数据的大小相关的概述，手动计算它的大 O 记法是最佳的方法。了解应用程序组件的复杂度使你能够检测并专注于会真正减慢代码速度的部件。

为了测量大 O 记法，除去所有常数和低阶项，那么当输入数据增长时，这样便于集中在真正权重的部分。这个想法是尝试将算法按照表 12-2 的类别进行分类，即使它是一个近似。

表 12-2

符号	类型
O(1)	常量。不依赖于输入的数据
O(n)	线性。按照 n 增长
O(n log n)	对数
O(n²)	平方复杂度
O(n³)	立方复杂度
O(n!)	阶乘复杂度

例如，在第 2 章中已经讲过，在字典中查找的平均复杂度为 O(1)。不管在 dict 中有多少个元素，它被认为是常数，而在特定元素个数的列表中进行查找的时间复杂度是 O(n)。

让我们来看下面另外一个例子：

```
>>> def function(n):
...     for i in range(n):
...         print(i)
..
```

在这种情况下，打印语句将执行 n 次。循环速度将取决于 n，所以其复杂度表示使用大 O 记法就是 O(n)。

如果函数具有条件，则正确的符号以最高的为准，如下所示：

```
>>> def function(n):
...     if some_test:
...         print('something')
```

```
...       else:
...           for i in range(n):
...               print(i)
...
```

在该示例中，该函数复杂度可以是 O(1) 或 O(n)，这取决于测试。但最坏的情况是 O(n)，所以整个函数复杂度为 O(n)。

当讨论用大 O 记法表示复杂性时，我们通常回顾最坏的情况。在比较两个独立算法时，虽然这是定义复杂度的最好方法，但在每个实际情况下，它可能不是最好的方法。许多算法根据输入数据的统计特性改变运行时的性能或通过聪明的技巧来分摊最坏情况的操作成本。这就是为什么，在许多情况下，最好根据平均复杂度或均摊复杂度来评审你的实现。

例如，看一个这样的操作，将一个元素追加到 Python 的列表类型的实例。众所周知，CPython 中的列表使用了过度分配的数组作为内部存储而不是链表。如果数组已满，当添加一个新元素时，就需要分配一个新数组并将所有现有元素（引用）复制到内存中的一个新区域。如果我们从最坏情况的复杂性的角度来看，很明显 list.append() 方法具有 O(n) 复杂度。与链表结构的典型实现相比，这种实现有点昂贵。

但是我们也知道 CPython 中列表类型实现使用过度分配的数组，这种实现方式可以减轻偶尔重新分配的复杂度。如果我们评估一系列操作的复杂度，我们将看到 list.append() 的平均复杂性是 O(1)，这实际上是一个很棒的结果。

当解决问题时，我们通常会知道很多关于输入数据的细节，例如它的大小或统计分布。当优化应用程序时，从头到尾的了解输入数据的情况，这是非常值得的。这里，最坏情况是复杂度的另一个问题开始出现。当输入趋向于一个很大的值或无穷大时，而不是输入一个提供可靠的性能近似的真实生活中的数据，函数的行为就会受到限制。渐近符号可以很好地定义一些函数的增长率，这些函数不会给出一个简单问题的可靠答案：哪个实现将花费更少的时间？最坏情况复杂度转储所有实现和数据特性的细节，以显示你的程序的行为将如何渐近。它适用于任意大的输入，你甚至可能不需要考虑。

例如，让我们假设你有一个问题，要解决关于由 n 个独立元素组成的数据。让我们假设你知道两种不同的方法来解决这个问题——程序 A 和程序 B。你知道程序 A 需要 $100n^2$ 次操作来完成，程序 B 需要 $5n^3$ 次操作才能解决这个问题。你会选择哪一个？当涉及到非常大的输入时，程序 A 当然是更好的选择，因为它的行为更好的渐近。与程序 B 的 $O(n^3)$ 复杂度相比，程序 A 具有 $O(n^2)$ 的复杂度。

但是通过求解一个简单的 $100n^2 > 5n^3$ 不等式，我们可以发现，当 n 小于 20 时，程序 B 需要更少的操作。如果我们更多地了解我们的输入界限，那么我们就可以做出更好的决策。

12.2　简化

为了降低代码的复杂度，数据存储的方式是根本。你应该仔细选择你的数据结构。本节提供了一些示例，说明如何针对任务，选择合适的数据类型以改善简单代码片段的性能。

在列表中搜索

由于 Python 中的 list 类型的实现细节，在列表中搜索特定的值并不是一个廉价的操作。list.index()方法的复杂度是 O(n)，其中 n 是列表元素的数量。如果不执行许多元素的索引查找，这种线性复杂度不是特别糟糕，但如果需要许多这样的操作，它可能具有负面的性能影响。

如果你需要在列表上快速搜索，你可以尝试 Python 标准库中的 bisect 模块。此模块中的函数主要设计用于插入或查找给定值的插入索引，并且会保留有序序列的顺序。总之，它们通过使用二分法算法可以有效地找到元素索引。这是该函数的官方文档中的配方，它使用二分查找算法寻找元素索引：

```
def index(a, x):
    'Locate the leftmost value exactly equal to x'
    i = bisect_left(a, x)
    if i != len(a) and a[i] == x:
        return i
    raise ValueError
```

注意，bisect 模块中的每个函数都要求必须是有序序列才能正常工作。如果你的列表不是正确的顺序，那么对它进行排序，这是一个至少有 O(nlogn)复杂度的任务。这比 O(n) 更糟糕，所以为了只执行一个单一的搜索就排序整个列表，这肯定入不敷出。然而，如果你需要在一个巨大的列表中执行大量的索引搜索，并且这个列表不需要经常更改，那么使用单个排序操作的 bisect 可能是一个很好的折衷。

此外，如果你的列表已经是有序的，则可以使用 bisect 将新元素插入到该列表中，而无需重新排序。

使用集合而不是列表

当你需要从给定的序列中构建一系列不同的值时，你可能会想到的第一个算法是如下所示：

```
>>> sequence = ['a', 'a', 'b', 'c', 'c', 'd']
>>> result = []
```

```
>>> for element in sequence:
...     if element not in result:
...         result.append(element)
...
>>> result
['a', 'b', 'c', 'd']
```

复杂度是通过使用 in 操作符在 result 列表中的查找引入，该操作的时间复杂度是 O(n)。然后在循环中使用，这将花费 O(n)。因此，总体复杂度是平方——O(n²)。

做同样的工作，使用集合类型将更快，因为它使用与 dict 类型相同的哈希表来查找存储的值。此外，集合确保元素的唯一性，所以我们不需要做其他任何事情，只需要从我们的 sequence 对象创建一个新的集合。换句话说，对于 sequence 中的每个值，检查它是否已经在集合中所花费的时间将是常数：

```
>>> sequence = ['a', 'a', 'b', 'c', 'c', 'd']
>>> result = set(sequence)
>>> result
set(['a', 'c', 'b', 'd'])
```

这将复杂度降低到了 O(n)，这是集合对象创建的复杂度。额外的优点是更短和更明确的代码。

> **特别提示**
> 当你尝试降低算法的复杂度时，请仔细考虑你的数据结构。有一系列内置类型，你需要从中选择正确的类型。

削减外部调用，减少工作负载

复杂度的一部分是由调用其他函数、方法和类引入的。一般来说，尽可能多的把代码放在循环之外。这对于嵌套循环更是加倍的重要。如果一些计算可以在循环开始之前进行，就不要一次又一次地重复计算。内部循环要尽量保持紧凑。

12.3　使用集合模块

collections 模块提供了高性能的容器类型，它可以替换内置的容器类型。此模块中可用的主要类型有。

- deque：具有额外特性的类列表类型。
- defaultdict：具有内置默认工厂特性的类字典类型。
- namedtuple：为成员分配键的类元组类型。

12.3.1 deque

deque 是列表的替代实现。列表基于数组，而 deque 基于双向链表。因此，当你需要在它的中间或头部插入一些东西时，deque 会快得多。但是当你需要进行随机访问时，它就会比较慢。

当然，在 Python 中，由于列表类型中内部数组的过度分配，不是每个 list.append() 调用都需要内存重分配，所以这个方法的平均复杂度是 O(1)。不过，当在链表而不是数组上执行时，弹出和追加通常更快。当元素需要添加到序列的任意点时，情况会发生巨大变化。因为新元素右边的所有元素都需要在数组中移动，list.insert() 的复杂度就是 O(n)。如果你需要执行大量的弹出、追加和插入，替代列表的 deque 可以提供实质性的性能提升。但是在从列表切换到 deque 之前，你应该总是确保分析你的代码，因为在数组中快速的一些事情（例如随机访问）在链表中却是非常低效。

例如，如果我们使用 timeit 测量追加一个元素并从序列中删除它的时间，list 和 deque 之间的差异甚至可能不明显，如下所示：

```
$ python3 -m timeit \
> -s 'sequence=list(range(10))' \
> 'sequence.append(0); sequence.pop();'
1000000 loops, best of 3: 0.168 usec per loop
$ python3 -m timeit \
> -s 'from collections import deque; sequence=deque(range(10))' \
> 'sequence.append(0); sequence.pop();'
1000000 loops, best of 3: 0.168 usec per loop
```

但是，当我们想添加和删除序列的第一个元素时，如果我们对这种情况进行类似的比较，性能差异是令人印象深刻的，如下所示：

```
$ python3 -m timeit \
> -s 'sequence=list(range(10))' \
> 'sequence.insert(0, 0); sequence.pop(0)'

1000000 loops, best of 3: 0.392 usec per loop
$ python3 -m timeit \
> -s 'from collections import deque; sequence=deque(range(10))' \
> 'sequence.appendleft(0); sequence.popleft()'
10000000 loops, best of 3: 0.172 usec per loop
```

并且当序列的大小增长时，差异就变得更大。在包含 10,000 个元素的列表上执行的相同测试，示例如下：

```
$ python3 -m timeit \
> -s 'sequence=list(range(10000))' \
> 'sequence.insert(0, 0); sequence.pop(0)'
100000 loops, best of 3: 14 usec per loop
$ python3 -m timeit \
> -s 'from collections import deque; sequence=deque(range(10000))' \
> 'sequence.appendleft(0); sequence.popleft()'
10000000 loops, best of 3: 0.168 usec per loop
```

由于有效的 append() 和 pop() 方法,从序列的两端以相同的速度工作,deque 是一个实现队列的完美类型。例如,如果使用 deque 而不是 list 实现,**FIFO(先进先出)**队列肯定会更加高效。

> **特别提示**
>
> deque 可以很好地实现队列。无论如何,从 Python 2.6 开始,在 Python 的标准库中有一个单独的队列模块,它提供了 FIFO、LIFO 和优先级队列的基本实现。如果你想使用队列作为线程间通信的机制,你应该真正使用队列模块中的类,而不是 collections.deque。这是因为这些类提供了所有必要的锁定语义。如果不使用 threading 并且不使用队列作为通信机制,则 deque 应足以提供队列实现的基础。

12.3.2 defaultdict

defaultdict 类型类似于字典类型,但为新键添加了默认工厂。这避免了编写额外的测试来初始化映射实体,并且比 dict.setdefault 方法更加高效。

defaultdict 似乎就像 dict 之上的语法糖,只是允许你写较短的代码。事实上,在失败的键查找上回退到预定义的值也比 dict.setdefault() 方法稍快,如下所示:

```
$ python3 -m timeit \
> -s 'd = {}'
> 'd.setdefault("x", None)'
10000000 loops, best of 3: 0.153 usec per loop
$ python3 -m timeit \
> -s 'from collections import defaultdict; d=defaultdict(lambda: None)' \
> 'd["x"]'
10000000 loops, best of 3: 0.0447 usec per loop
```

差别不大,因为计算复杂度没有改变。dict.setdefault 方法包括两个步骤(键查找和键设置），它们都具有 O(1) 的复杂度，我们已经在第 2 章中的字典部分中了解过。没有复杂度低于 O(1) 的类。但是在某些情况下它是毋庸置疑的更快，它值得你去了解，因为在优化关键代码段时，每一个小的速度提升都非常有意义。

defaultdict 类型使用工厂作为参数，因此可以与内置类型或者构造函数不接受参数的类一起使用。下面是官方文档中的一个例子，显示了如何使用 defaultdict 进行计数，如下所示：

```
>>> s = 'mississippi'
>>> d = defaultdict(int)
>>> for k in s:
...     d[k] += 1
...
>>> list(d.items())
[('i', 4), ('p', 2), ('s', 4), ('m', 1)]
```

12.3.3 namedtuple

namedtuple 是一个类工厂，它接受一个类型名称和一个属性列表，并从中创建一个类。然后，该类可以用于实例化类似元组的对象，并为其元素提供访问器如下所示：

```
>>> from collections import namedtuple
>>> Customer = namedtuple(
...     'Customer',
...     'firstname lastname'
... )
>>> c = Customer('Tarek', 'Ziadé')
>>> c.firstname
'Tarek'
```

它可以用于创建记录，这要比需要一些样板代码来初始化值的自定义类更容易编写。另一方面，它是基于元组的，所以通过索引访问其元素非常快。生成的类可以被子类化以添加更多的操作。

相比其他数据类型，最初使用 namedtuple 的增益可能不明显。主要的优点是，它比普通元组更容易使用、理解和解释。元组索引不包含任何语义，因此通过属性访问元组元素，这很棒。然而，你可以从具有 O(1) 平均复杂度的 get/set 操作的字典中获得相同的好处。

在性能方面的第一个优点是 namedtuple 仍然具有元组的特点。这意味着它是不可变的，所以底层的数组存储被精确地分配所需的大小。另一方面，字典需要使用内部散列表的过度分配，以确保 get/set 操作的平均复杂度足够低。因此，namedtuple 在内存效率方面胜过字典。

实际上，namedtuple 是基于元组的，这可能也有益于它的性能。其元素可以通过整数索引访问，类似于另外两个简单序列对象，即列表和元组。这个操作既简单又快速。在字典或自定义类实例（也使用字典存储属性）的情况下，元素访问需要散列表查找。它是高度优化的，以确保良好的性能与集合大小无关，但所提到的 O(1) 复杂度实际上只是平均复杂性。在字典中 set/get 操作的实际的均摊最坏情况复杂度是 O(n)。在给定时刻执行这样的操作时的实际工作量取决于集合的大小及其来历。因此，在对性能至关重要的代码段中，使用列表或元组而不是字典，有时可能是明智的做法。这只是因为它们在性能方面更可预测。

在这种情况下，namedtuple 是一个很好的类型，它结合了字典和元组的优点。

- 在可读性更重要的部分，可能优先使用属性访问。
- 在性能关键部分，元素可以通过其索引访问。

> **特别提示**
>
> 把数据存储在有效的数据结构中，可以实现降低复杂度，这些数据结构可以和使用它们的算法一起很好的工作。也就是说，当解决方案不明显时，你应该考虑删除并重写所指定的部分，而不是为了性能而扼杀代码的可读性。通常，Python 代码可以保持可读和快速。所以，尝试找到一个好的方式来执行工作，而不是试图解决有缺陷的设计。

12.4 架构体系的权衡

当不能通过降低复杂度或选择合适的数据结构进一步改善你的代码的时候，一个好的方法可能是考虑做一些权衡。如果我们回顾用户问题并定义对他们真正重要的内容，我们可以放宽一些应用程序需求。通常可以通过以下方式提高性能。

- 使用启发式算法和近似算法替换精确求解算法。
- 将一些工作推迟到延迟任务队列中处理。
- 使用概率性的数据结构。

12.4.1 使用启发式和近似算法

一些算法问题根本没有在运行时间上可以让用户接受的技术解决方案。例如，考虑一个程序处理一些复杂的优化问题，如**旅行推销员问题（TSP）**或**车辆路径问题（VRP）**。这两个问题是组合优化中的 NP-hard 问题。用于具有低复杂度的此类问题的确切算法是未知的。这意味着可以实际解决的问题的规模会受到很大限制。对于非常大的输入，它将无法很快地提供确切的解决方案，对任何用户来说，该方案在时间上是可接受的。

幸运的是，相比一些足够好的方案以及可以及时获得的解决方案，用户很可能对最佳解决方案并不感兴趣。因此，每当他们提供质量可接受的结果时，使用**启发式**（heuristics）**或近似算法**（approximation algorithms）是有意义的。

- 启发式通过交易最优性、完整性、准确性或速度的精度来解决给定的问题。它们专注于速度，但与精确算法的结果相比，可能真的很难证明它们的解决方案的质量。
- 近似算法在理念上与启发式相似，但是与启发式算法不同的是，它具有可证明的解决方案质量和运行时间界限。

例如，有已知良好的启发式和近似问题可以在合理的时间内解决非常大的 TSP 问题。它们也有很高的概率产生只有 2%～5% 的最优解的结果。

启发式的另一个好处是，它们并不总是需要为每个需要解决的新问题从头开始构建。它们的高级版本，称为**元启发式**（metaheuristics），提供解决数学优化问题的策略，这些问题不是具体问题，因此可以应用在许多情况下。一些流行的启发式算法包括以下几种。

- 模拟退火。
- 遗传算法。
- 禁忌搜索。
- 蚁群优化。
- 进化计算。

12.4.2　使用任务队列和延迟处理

有时它不是做很多，而是在正确的时间做事情。一个很好的例子是在 Web 应用程序中发送电子邮件。在这种情况下，增加的响应时间可能不一定是由你的实现导致。响应时间可能受到某些第三方服务（例如电子邮件服务器）影响。如果你只是花大部分时间等待其他服务回复，你能否优化你的应用程序呢？

答案可以为是，也可以为否。如果你对一个服务没有任何控制，而这个服务是处理时间的主要贡献者，并且你没有其他更快的解决方案可以使用，当然，你无法进一步的加快它。你不能简单地跳过你正在等待的答复的时间。处理 HTTP 请求中发送电子邮件的一个简单示例如图 12-1 所示。你不能减少等待时间，但你可以改变用户的感知方式！

解决这种类型的问题的惯用模式是使用消息/任务队列。当你需要执行耗时不确定的操作时，只需将其添加到处理它的工作队列中，并立即响应接受请求的用户即可。在这里，我们来到为什么发送电子邮件是这样一个很好的例子。电子邮件已经是任务队列！如果使用 SMTP 协议向电子邮件服务器提交新邮件，则响应成功并不意味着你的电子邮件已投递给收件人。这意味着电子邮件已传送到电子邮件服务器，稍后它将尝试进一步投递。

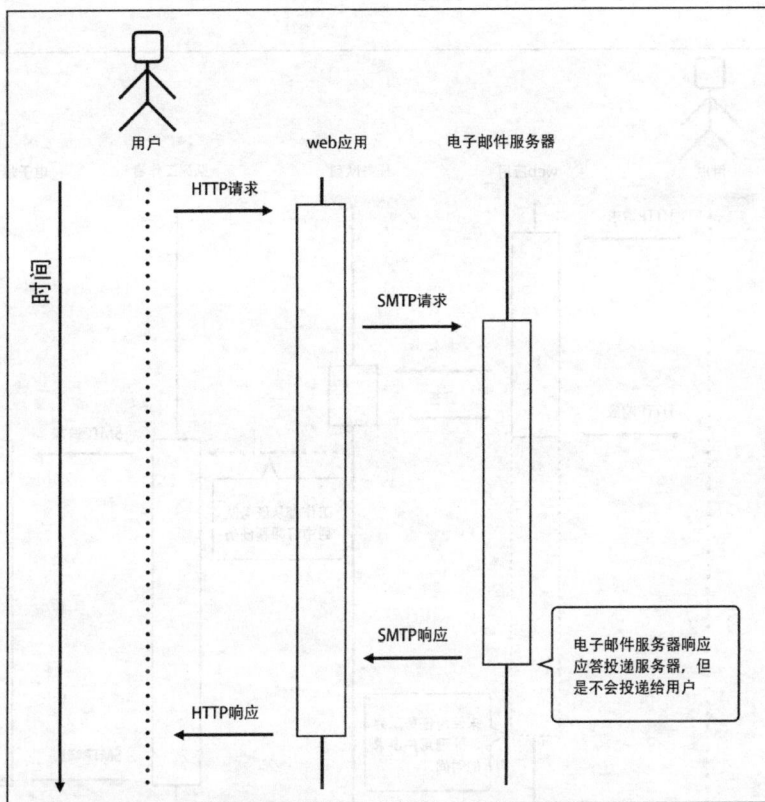

图 12-1　Web 应用程序中同步投递电子邮件的示例

　　因此，如果来自服务器的响应不能保证电子邮件是完全投递的，你不需要为了为用户生成 HTTP 响应而等待它。使用任务队列的处理请求流程如图 12-2 所示。

　　当然，你的电子邮件服务器可能响应极快，但你需要一些更多的时间来生成需要发送的消息。也许你正在生成 XLS 格式的年度报告，或者可能以 PDF 文件投递发票。如果使用已经异步的电子邮件传输，则将整个消息生成任务也放入消息处理系统。如果你不能保证确切的投递时间，那么你不应该为同步生成投递的消息而费心。

　　在应用程序的关键部分正确地使用任务/消息队列还可以给你带来其他好处。

* 为 HTTP 请求提供服务的 Web 工作者可以从额外的工作中解脱出来，从而可以更快地处理请求。这意味着你可以使用相同的资源处理更多的请求，从而处理更大的负载。
* 消息队列通常更不受外部服务的瞬时故障的影响。例如，如果你的数据库或电子邮件服务器不时地超时，你可以始终将当前处理的任务重新排队，并稍后重试。

- 通过良好的消息队列实现，你可以轻松地在多台计算机上分配工作。这种方法可以提高一些应用程序组件的可扩展性。

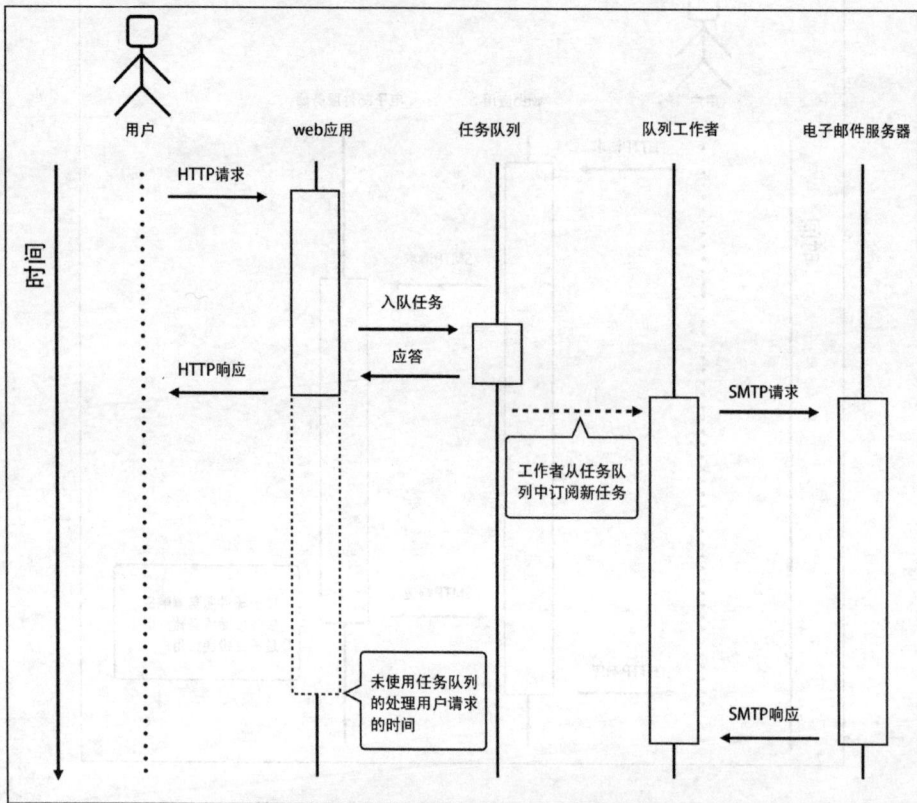

图 12-2 Web 应用程序中异步投递电子邮件的示例

如图 12-2 所示，向应用程序添加异步任务处理不可避免地增加了整个系统架构的复杂性。你将需要设置一些新的后台服务（一个消息队列，如 RabbitMQ），并创建能够处理这些异步作业的工作者。幸运的是，已经有一些流行的工具可以用于构建分布式任务队列。在 Python 开发人员中最受欢迎的是 **Celery**（参见 http://www.celeryproject.org/）。它是一个完整的任务队列框架，支持多个消息服务器，也允许计划执行任务（它可以替代您的 cron 作业）。如果你需要更简单的东西，那么 RQ（参见 http://pythonrq.org/）可能是一个很好的选择。它比 Celery 简单得多，并使用 Redis 键/值存储作为其消息服务器（RQ 实际上代表 Redis 队列）。

虽然有一些好的并且经过实战检验的工具，你应该总是仔细考虑你的任务队列的方法。绝不能把每种类型的工作都放到队列中处理。它们善于解决几种类型的问题，但也会引入一堆新的问题。

- 增多的系统架构复杂性。
- 处理不止一次交付。
- 维护和监控更多的服务。
- 更大的处理延迟。
- 难以记录日志。

12.4.3 使用概率型数据结构

概率型数据结构是为存储集合值而设计的，可以让你在一定的时间内或资源约束内回答某些特定的问题，这些问题使用其他数据结构难以处理。最重要的事实是，答案只可能是正确的或是真实值的近似。并且，可以很容易地估计正确答案或其准确性的概率。所以，尽管不总是给出正确的答案，如果我们接受一定程度的错误，仍然可以使用它。

有很多具有这样的概率性质的数据结构。每个结构都解决一些具体的问题，并且由于它们的随机性，就不能在每种情况下都去使用。给一个实际的例子，让我们谈谈其中特别受欢迎的一个——**HyperLogLog**。

HyperLogLog（参见 https://en.wikipedia.org/wiki/HyperLogLog）是一种估算多重集中不同元素数量的算法。使用普通集合，你需要存储每个元素，这对于非常大的数据集可能是非常不切实际的。HLL 不同于将集合实现作为编程数据结构的经典方式。没有深入到实现细节，它只专注于提供集合基数的近似。因此，实际值从不被存储。它们无法检索、迭代和测试成员资格。HyperLogLog 在内存中处理时间复杂度和大小的精度以及正确性。例如，HLL 的 Redis 实现只需要 12k 字节，标准误差为 0.81%，对集合大小没有实际限制。

使用概率型数据结构是解决性能问题的一种非常有趣的方法。在大多数情况下，它是关于某种精确度或正确性的权衡，以加快处理速度或更好地利用资源。但它并不总是用于上述场景。概率型数据结构经常用于键/值存储系统中以加速键查找。在这种系统中使用的流行技术之一被称为近似成员查询（AMQ）。Bloom 过滤器（参考 https://en.wikipedia.org/wiki/Bloom_filter）就是一个用于此目的的有趣的数据结构。

12.5 缓存

当你的应用程序中的某些函数需要很长时间计算时，可以考虑的有用的技术是缓存。缓存只是保存一个返回值，以供将来参考。可以缓存运行成本高的函数或方法的结果，只要：

- 该函数是确定性的，并且每次给定相同的输入时，结果具有相同的值；
- 函数的返回值继续有用并且在一段时间内有效（非确定性）。

换句话说，对于同一组参数，确定性函数总是返回相同的结果，而非确定性函数可能返回随时间变化的结果。这种方法通常可以大大减少计算时间，并且还可以节省大量的计算机资源。

任何缓存解决方案的最重要的必要条件是拥有一个存储器，你可以取回保存的值，这通常比重新计算更快。通常，以下情况比较适合使用缓存：

- 查询数据库的可调用项的结果；
- 渲染为静态值的可调用项的结果，例如文件内容，Web 请求或 PDF 渲染；
- 执行复杂计算的确定性可调用对象的结果；
- 全局映射，用于跟踪到期时间的值，例如 Web 会话对象；
- 需要经常和快速访问的结果。

缓存的另一个重要的使用案例是保存通过 Web 服务获得的第三方 API 的结果。通过减少网络延迟，这可以大大提高应用程序性能，如果你需要为每一个 API 请求付费，那么这样还可以为你节省费用。

根据你的应用程序架构，可以有很多种实现缓存的方式，并且复杂程度也各不相同。有许多方法提供缓存，复杂的应用程序可以在不同级别的应用程序架构堆栈中使用不同的方法。有时，高速缓存可以像在进程空间中保存的单个全局数据结构（通常为 dict）一样简单。在其他情况下，你可能需要设置一个专门的缓存服务，在精心设计的硬件上运行。本节主要介绍最受欢迎的缓存方法的基本信息，并指导你了解常见的使用案例以及常见的陷阱。

12.5.1　确定性缓存

确定性函数是缓存中最简单并且最安全的使用案例。如果给定完全相同的输入，确定性函数总是返回相同的值，因此通常可以无限期地存储它们的结果。唯一的限制是用于缓存的存储的大小。缓存这样的结果的最简单的方法是将它们放入进程内存，因为这里通常是检索数据最快的地方。这种技术通常被称为记忆化。

记忆化在优化递归函数时非常有用，这些函数会针对多次相同的输入进行计算。我们已经在第 7 章中讨论了的斐波那契序列的递归实现。当时，我们试图用 C 和 Cython 提高我们的程序的性能。现在我们将尝试通过更简单的手段实现相同的目标即在缓存的帮助下。在我们使用缓存之前，让我们先回忆一下 fibonacci() 函数的代码如下：

```
def fibonacci(n):
    """递归计算返回斐波那契数列的第 n 项
    """
    if n < 2:
        return 1
    else:
        return fibonacci(n - 1) + fibonacci(n - 2)
```

正如我们所看到的，`fibonacci()`是一个递归函数，如果输入值大于 2，则调用自身两次。这使得它非常低效。运行时间复杂性是 $O(2^n)$，它的执行创建了一个非常深且庞大的调用树。对于较大的值，此函数执行起来需要很长时间，并且很有可能会快速超过 Python 解释器的最大递归限制。

如果你仔细看看图 12-3，图中展示了一个示例调用树，你会看到它多次计算许多中间结果。如果我们可以复用一些值，那么就可以节省大量的时间和资源。

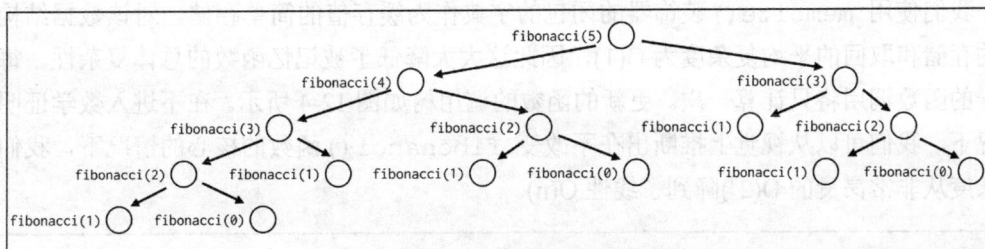

图 12-3 fibonacci(5)执行的调用树

简单的记忆化尝试可以在字典中存储先前运行的结果，并在它们可用时取回它们。`fibonacci()`函数中的递归调用都包含在这一行代码中：

```
return fibonacci(n - 1) + fibonacci(n - 2)
```

我们知道 Python 是从左到右地计算指令。这意味着，在这种情况下，对具有较高参数值的函数的调用将在调用具有较低参数的函数之前执行。因此，我们可以通过构造一个非常简单的装饰器来实现记忆化，如下所示：

```
def memoize(function):
    """ 记忆单参数函数的调用
    """
    call_cache = {}

    def memoized(argument):
        try:
            return call_cache[argument]
        except KeyError:
            return call_cache.setdefault(argument,
                                         function(argument))

    return memoized
```

```
@memoize
def fibonacci(n):
    """ 递归计算返回斐波那契数列的第 n 项
    """
    if n < 2:
        return 1
    else:
        return fibonacci(n - 1) + fibonacci(n - 2)
```

我们使用 memoize() 装饰器的闭包的字典作为缓存值的简单存储。对该数据结构中值的存储和取回的平均复杂度为 O(1)，因此这大大降低了被记忆函数的总体复杂性。每个唯一的函数调用将只计算一次。更新的函数的调用树如图 12-4 所示。在不进入数学证明的情况下，我们可以从视觉上推断出在不改变 fibonacci() 函数的核心的情况下，我们将复杂度从非常昂贵的 $O(2^n)$ 降到了线性 $O(n)$。

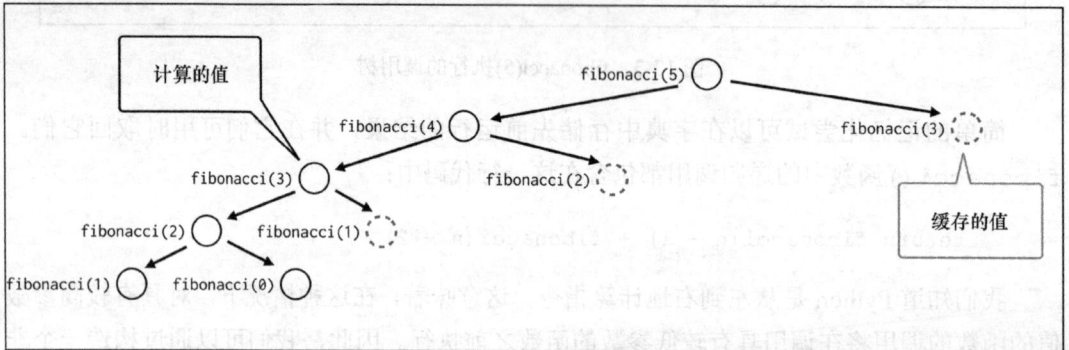

图 12-4 具有记忆功能的 fibonacci(5)执行的调用树

我们的 memoize() 装饰器的实现，当然不是完美的。对于那个简单的例子，它可以良好地运行，但它绝对不是一个可复用的软件。如果你需要记住有多个参数的函数，或者想要限制缓存的大小，你需要更通用的东西。幸运的是，Python 标准库提供了一个非常简单和可重用的实用程序，当你需要在内存中缓存确定性函数的结果时，大多数情况下可以使用它。它是来自 functools 模块的 lru_cache(maxsize, typed) 装饰器。名称来自 LRU 缓存，它代表最近最少使用（least recently used）。附加的参数可以对记忆行为进行更精细的控制。

- maxsize：设置高速缓存的空间上限。None 表示没有限制。
- typed：定义了不同类型的值是否应该被缓存为相同的结果。

lru_cache 在斐波那契序列示例中的用法如下：

```
@lru_cache(None)
```

```
def fibonacci(n):
    """ 递归计算返回斐波那契数列的第 n 项
    """
    if n < 2:
        return 1
    else:
        return fibonacci(n - 1) + fibonacci(n - 2)
```

12.5.2 非确定性缓存

非确定性函数的缓存比记忆化更复杂。事实上，由于这样的函数的每次执行可能给出不同的结果，通常无法使用先前的很长时间的值。你需要做的是判断一个缓存的值的有效时间。在定义的时间段过去之后，所存储的结果被认为是陈旧的，并且高速缓存需要通过新值来刷新。

非确定性函数的缓存通常依赖于某些外部状态，这些状态在应用程序代码中很难跟踪。典型的示例组件如下。

- 关系型数据库以及常用的任何类型的结构化数据存储引擎。
- 通过网络连接（Web API）访问的第三方服务。
- 文件系统。

因此，换句话说，当你暂时使用预先计算的结果，而不确定它们的表示状态是否与其他系统组件（通常是后台服务）的状态一致时，在这种情况下可以使用非确定性缓存。

注意，这种缓存的实现显然是一种权衡。因此，它在某种程度上与我们在 12.4 "架构体系的权衡" 中介绍的技术相关。如果每次都你舍弃从运行部分代码中得到的结果，而是使用过去保存的结果，那么你将面临使用过时的或表示不一致的系统状态的风险。这样，你正在以性能和速度交换正确性且（或）完整性。

当然，只要与高速缓存交互所花费的时间小于函数所花费的时间，这样的高速缓存就是高效的。如果它比简单重新计算的值更快，一切手段都这样做！这就是为什么只有在它值得的时候才会使用缓存；合适的使用缓存有一定的代价。

缓存的实际东西通常是与系统的其他组件交互的整个结果。如果要在与数据库通信时节省时间和资源，那么昂贵的查询是值得缓存的。如果要减少 I/O 操作的数量，你可能想要缓存非常频繁访问的文件（例如配置文件）的内容。

缓存非确定性函数的技术实际上与缓存确定性函数中使用的技术非常相似。最显着的区别是，它们通常需要选项根据其年龄使缓存的值无效。这意味着来自 functools 模块的 lru_cache() 装饰器在这种情况下的使用将非常有限。扩展此功能以提供过期的特性应该不会太难，所以我把它作为一个练习留给你。

12.5.3 缓存服务

我们说非确定性缓存可以使用本地进程内存实现，但实际上很少这样做。这是因为本地进程内存在实用程序中作为用于在大型应用程序中的缓存存储器将会受到一定的限制。

如果遇到这种情况，当非确定性缓存是解决性能问题的首选解决方案时，通常需要更多的解决方案。通常，当你需要同时向多个用户提供数据或服务时，非确定性缓存是你必须具有解决方案。如果是真的，那么迟早你需要确保可以同时并发地为用户提供服务。虽然本地内存提供了一种在多个线程之间共享数据的方法，但它可能不是适合所有应用程序的最佳并发模型。它不能很好地扩展，所以你最终需要将应用程序作为多个进程来运行。

如果你足够幸运，你可能需要在数百或数千台机器上运行你的应用程序。如果你希望将高速缓存的值存储在本地内存中，则意味着你的高速缓存需要在每个需要它的进程上复制一份。这不仅是整个资源的浪费。如果每个进程都有自己的缓存，这已经是速度和一致性之间的权衡，你如何保证所有缓存彼此一致？

特别是对于分布式后端的 Web 应用程序，后续请求的一致性是一个严重的问题。在复杂的分布式系统中，总是确保同一机器上托管的同一进程始终一致地为用户提供服务是非常困难的。这当然是可以在一定程度上，但一旦你解决了这个问题，还会出现很多其他的问题。

如果你正在做一个需要服务多个并发用户的应用程序，那么处理非确定性缓存的最好方法是使用一些专用服务。使用 Redis 或 Memcached 等工具，这可以让你的所有应用程序进程共享相同的缓存结果。这既减少了宝贵的计算资源的使用，又解决了由多个独立并且不一致的缓存引起的问题。

Memcached

如果你对缓存感兴趣，**Memcached** 是一个非常受欢迎和久经考验的解决方案。一些大型应用程序（如 Facebook 或维基百科）使用此缓存服务器扩展其网站。在简单的缓存特性中，它具有集群功能，使得可以立即建立高效的分布式缓存系统。

该工具是基于 Unix 的，它可以运行于很多平台上，并且很多编程语言都可以使用它。有许多 Python 客户端，它们彼此略有不同，但基本用法通常是相同的。与 Memcached 的简单交互主要有以下 3 个方法。

- set(key, value)：保存给定键的值。
- get(key)：获取给定键的值（如果存在）。
- delete(key)：如果存在，删除给定键下的值。

下面是使用一个流行的 Python 包——pymemcached 与 Memcached 集成的示例：

```
from pymemcache.client.base import Client

# 在 localhost 的 11211 端口启动 Memcached 客户端
client = Client(('localhost', 11211))

# 将 some_value 以 some_key 为键缓存起来，并且在 10 秒后过期
client.set('some_key', 'some_value', expire=10)

# 取回 some_key 的值
result = client.get('some_key')
```

Memcached 的缺点之一是它被设计为将值存储为字符串或二进制块，并且这与每个原生 Python 类型不兼容。实际上，它只兼容一种类型——字符串。这意味着更复杂的类型需要被序列化，以便可以成功存储在 Memcached 中。通常使用 JSON 序列化简单的数据结构。这里有一个在 pymemcached 中使用 JSON 序列化的例子：

```
import json
from pymemcache.client.base import Client

def json_serializer(key, value):
    if type(value) == str:
        return value, 1
    return json.dumps(value), 2

def json_deserializer(key, value, flags):
    if flags == 1:
        return value
    if flags == 2:
        return json.loads(value)
    raise Exception("Unknown serialization format")

client = Client(('localhost', 11211), serializer=json_serializer,
                deserializer=json_deserializer)
client.set('key', {'a':'b', 'c':'d'})
result = client.get('key')
```

另一个在使用每个缓存服务时非常常见的问题是，在使用基于键/值存储原则的缓存服务时，如何选择合适的键名称。

如果缓存具有基本参数的简单函数调用，对于这种情况，问题通常很简单。你可以将函数名称及其参数转换为字符串，并将它们连接在一起。你唯一需要关心的是，如果你在应用程序的许多部分使用缓存，要确保在为不同的函数创建的键之间没有冲突。

更棘手的情况是缓存函数具有由字典或自定义类组成的复杂参数。在这种情况下，你

需要找到一种方法，以一致的方式将这种调用签名转换为高速缓存的键。

最后一个问题是，Memcached 和许多其他缓存服务一样，不喜欢很长的字符串作为键。通常，键越短越好。长键可能会降低性能或只是不适合硬编码的服务限制。例如，如果缓存整个 SQL 查询，查询字符串本身通常是很好的唯一标识符，可以用作键。但另一方面，复杂的查询通常太长，不能存储在典型的缓存服务中，如 Memcached。通常的做法是计算 **MD5**、**SHA** 或任何其他散列函数，并将其用作缓存键。Python 标准库有一个 hashlib 模块，它提供了几个常用的哈希算法的实现。

记住，计算哈希是有代价的。然而，有时它是唯一可行的解决方案。当处理复杂类型时，需要为这些将要使用的类型创建缓存的键，它也是非常有用的技术。使用哈希函数时要注意的一个重要的事情是哈希冲突。没有哈希函数能保证冲突永远不会发生，所以总是要确保知道这种可能性并且谨记这种风险。

12.6　小结

在本章中，你学到了以下内容。

- 如何定义代码的复杂度和一些降低复杂度的方法。
- 如何从架构权衡的角度来提高性能。
- 什么是缓存，以及如何使用它来提高应用程序性能。

在前面的方法中，我们的优化努力主要集中在单个进程中。我们试图减少代码复杂度，选择更好的数据类型，或复用旧的函数结果。如果这些方法没有帮助，我们使用近似，少做，或者延迟一会做，通过这些方式做一些权衡。

在下一章中，我们将学习 Python 中的并发以及并行处理的技术。

第 13 章
并发

并发（concurrency）和其表现形式之一——并行处理（parallel processing）——是软件工程领域最广泛的话题之一。这本书中的大部分章节也涵盖广阔的领域，几乎所有的章节的主题都很大，足以写一本单独的书。然而，并发的主题本身就很大，它可能需要几十个篇幅来讲，即使这样我们仍然无法讨论完它所有重要的方面和模型。

这就是为什么我不会试图欺骗你，从一开始的状态，我们几乎不会碰到这个话题的表面。本章的目的是说明为什么在应用程序中需要并发，什么时候使用它，以及在 Python 中你可以使用的最重要的并发模型。

- 多线程（multithreading）。
- 多进程（multiprocessing）。
- 异步编程（asynchronous programming）。

我们还将讨论一些语言特性，内置模块和第三方包，你可以使用它们在代码中实现这些模型。但我们不会详细地介绍它们。本章内容将作为你进一步研究和阅读的切入点。本章主要指出一些基本理念，并帮助决定是否真的需要并发，如果是，哪种方法将最适合你的需求。

13.1 为什么需要并发

在我们回答"为什么需要并发"这一问题之前，我们需要问什么是并发？

第二个问题的答案可能是令一些人感到意外，这些人曾经认为那是**并行处理**的同义词。但并发与并行是不同的。并发不是应用程序实现的问题，而只是程序，算法或问题的属性。并行只是并发问题的可能的方法之一。

Leslie Lamport 在 1976 年的 *Time, Clocks, and the Ordering of Events in Distributed Systems* 一文中说道：

如果两个事件互不影响，则两个事件是并发的。

通过推断程序、算法或问题中的事件，我们可以说，如果它们可以被完全或部分分解为顺序无关的组件（单位），则这些事件是并发的。可以彼此独立地处理这些单元，并且处理的顺序不会影响最终的结果。这意味可以同时地或并行地处理它们。如果我们以这种方法处理信息，那么我们实际上是直面并行处理但这还不是强制性的。

所以，一旦我们知道什么是并发，那是时候解释如何处理并发。当问题是并发的，你就有机会以一种特殊的，更有效的方式来处理它。

我们经常习惯于通过传统的方式来处理问题，这种方式是执行一序列的步骤。这是我们大多数人思考和处理信息的方式即使用同步算法，一步一步地做一件事。但是这种处理信息的方式不太适合解决大规模问题，或者当你需要同时满足多个用户或软件代理的需求时：

- 处理作业的时间受单个处理单元（单机、CPU 内核等）的性能的限制。
- 在程序完成对上一个输入的处理之前，你不能接受和处理新的输入。

因此，一般来说，对于以下情况，并发地处理并发问题是最佳方法：

- 扩展问题很重要，并且在可接受的时间或可用资源范围内，处理它们的唯一方法是将执行分配到可并行处理工作的多个处理单元上。
- 你的应用程序需要保持响应（接受新输入），即使它尚未完成处理旧的输入。

这涵盖了可以使用并发处理问题的大多数情况。第一组问题肯定需要并行处理解决方案，因此通常使用多线程和多处理模型来解决。第二组不一定需要并行处理，因此真实的解决方案实际上取决于问题的细节。请注意，此组还涵盖一种情况，就是应用程序需要独立地为多个客户端（用户或软件代理）提供服务，而无需等待其他客户端被成功处理。

另一件值得一提的是前两组不是互相排斥。通常，你需要维护应用程序响应性，同时你无法在单个处理单元上处理输入。这就是为什么不同的并且看似可替代或冲突的并发方法可能经常同时使用的原因。这在 Web 服务器的开发中尤其常见，这里可能需要使用异步事件循环或结合多个进程的线程，以便利用所有可用资源，并且在高负载下维持低延迟。

13.2　多线程

通常，开发人员认为线程是一个复杂的主题。虽然这个说法是完全正确的，然而 Python 提供了一些高级类和函数，通过它们可以轻松地使用线程。CPython 的线程实现中带有一些麻烦的细节，使得它们没其他语言那么实用。对于你可能想要解决的一些特定的问题，它们仍然是完全正确的，但是它们不和 C 或 Java 一样解决同样多的问题。在本节中，我们将讨论 CPython 中多线程的局限性，以及使用 Python 线程作为可行解决方案时的一些常见并发问题。

13.2.1　什么是多线程

线程是执行线程的缩写。程序员可以将他或她的工作拆分到线程中，这些线程同时运行并共享同一内存上下文。除非你的代码依赖第三方资源，否则多线程不会在单核处理器上加速，甚至会增加线程管理的开销。多线程得益于多处理器或多核机器，将在每个 CPU 核上并行化每个线程执行，从而使程序更快。请注意，这是一个通用规则，应该适用于大多数编程语言。在 Python 中，多核 CPU 的多线程的性能优势有一些限制，我们稍后将讨论。为了简单起见，让我们假设这个语句是真的。

事实上，线程之间共享同样的上下文，这意味着你必须保护数据，避免并发访问这些数据。如果两个线程更新相同的没有任何保护的数据，则会发生竞态条件。这被称为**竞争冒险**（race hazard），这里可能发生意外的结果，因为每个线程运行的代码对数据的状态做出了错误的假设。

锁机制有助于保护数据，在多线程编程中，总是要确保线程以安全的方式访问资源。这可能相当困难，多线程编程通常导致难以调试的 bug，因为很难重现这些 bug。最糟糕的问题是，由于糟糕的代码设计，两个线程锁定一个资源，并尝试获取另一个线程锁定的资源。它们将永远彼此等待。这被称为**死锁**（deadlock），并且很难调试。**可重入锁**（Reentrant locks）有助于这种情况，它通过确保线程在尝试两次锁定资源时不会被锁定。

然而，当线程使用构建线程的工具处理孤立的需求时，它们可能会提高程序的速度。

在系统内核级别通常支持多线程。当机器具有带有单个核的单个处理器时，系统使用**时间分片**（timeslicing）机制。这里，CPU 可以很快地从一个线程切换到另一个线程，造成了线程同时运行的错觉。这也是在处理级别完成的。没有多个处理单元的并行显然是虚拟的，并且在这样的硬件上运行多个线程不会改善性能。无论如何，使用线程实现代码有时仍然有用，即使它必须在单个核上执行，我们会在后面看到一个可能的使用案例。

当你的执行环境具有多个处理器或多个 CPU 核心进行处理时，一切都会改变。即使使用时间分片，进程和线程也会分布在 CPU 之间，提供了更快运行程序的能力。

13.2.2 Python 如何处理多线程

与一些其他语言不同，Python 使用多个内核级线程，每个线程可以运行任何解释器级线程。但是语言的标准实现即 CPython——有一些主要限制，渲染线程在多个上下文中不可用。所有访问 Python 对象的线程都会被一个全局锁串行化。这是由许多解释器的内部结构完成的，和第三方 C 代码一样，它们不是线程安全的，需要进行保护。

这种机制称为**全局解释器锁**（Global Interpreter Lock,GIL），其在 Python/C API 级别的实现细节已经在第 7 章中讨论过。删除 GIL 这个主题，偶尔出现在 python-dev 电子邮件列表，并且开发人员已经多次提过。可悲的是，直到现在，没有人设法提供一个合理和简单的解决方案，让我们摆脱这种限制。我们很快就会看到这方面的任何进展，这更是不可能的。更安全的是假设 GIL 永远留在 CPython 中。所以我们需要学习如何与它共存。

那么 Python 中的多线程的意义是什么？

当线程仅包含纯 Python 代码时，使用线程来加速程序没有什么意义，因为 GIL 会将其串行化。但请记住，GIL 只是强制在任何时候只有一个线程可以执行 Python 代码。实际上，全局解释器锁在许多阻塞系统调用上被释放，并且可以在不使用任何 Python/C API 函数的 C 扩展的部分中被释放。这意味着，多个线程可以执行 I/O 操作或在某些第三方扩展中并行执行 C 代码。

对于使用外部资源或涉及 C 代码的非纯粹的代码块，多线程对于等待第三方资源返回结果很有用。这是因为已经明确释放 GIL 的休眠线程可以在结果返回时被唤醒。最后，每当一个程序需要提供一个响应式界面，多线程是答案，即使它使用时间分片。该程序可以与用户交互，同时在所谓的后台中执行一些繁重的计算。

请注意，并不是 Python 语言的每个实现中都会有 GIL。它是 CPython，Stackless Python 和 PyPy 的限制，但在 Jython 和 IronPython 中不存在（参见第 1 章）。虽然有一些无 GIL 版本的 PyPy 的开发，但在写这本书的时候，它仍然处于实验阶段，缺乏文档。它基于软件事务内存，被称为 PyPy-STM。真的很难说什么时候（或者如果）它会作为一个可用于生产环境的官方正式发布。一切似乎表明它不会很快发生。

13.2.3 何时应该使用多线程

尽管有 GIL 限制，线程在某些情况下确实很有用。例如以下情况：

- 构建响应式界面。
- 委派工作。
- 构建多用户应用程序。

1. 构建响应式界面

假设你要求系统通过图形用户界面将文件从文件夹复制到另一个文件夹。任务可能被推入到后台，并且界面窗口将不断地被主线程刷新。这样，你可以获得有关整个过程进度的实时反馈。你也可以取消操作。这比起在所有工作完成之前不提供任何反馈的原始 cp 或 copy shell 命令更加友好。

响应式界面还允许用户同时处理多个任务。例如，在使用 Gimp 时，你可以浏览一张图片，同时对另一张图片进行过滤，因为两个任务是独立的。

当试图实现这样的响应式界面时，一种好的方法是尝试将长时间运行的任务推入到后台，或者至少尝试经常向用户提供反馈。实现的最简单的方法是使用线程。在这种场景下，它们不是为了提高性能，而是旨在确保用户仍然可以操作界面，即使它需要在较长时间段内处理一些数据。

在后台任务执行大量的 I/O 操作的情况下，你仍然可以从多核 CPU 中受益。于是，这是一个双赢的局面。

2．委派工作

如果你的进程依赖第三方资源，线程可能真的加快了一切。

让我们考虑这样一种情况，一个函数索引文件夹中的文件并将构建的索引推送到数据库中。根据文件的类型，函数调用不同的外部程序。例如，一个专门用于 PDF，另一个专用于 OpenOffice 文件。

通过执行正确的程序，然后将结果存储到数据库中，函数可以为每个转换器设置一个线程，并通过队列向每个转换器推送作业，而不是按顺序处理每个文件。函数所花费的总时间将更接近于最慢转换器的处理时间，而不是所有工作的总和。

可以在一开始就初始化转换器线程，负责将结果推送到数据库的代码也可以是一个线程，它会消费队列中可用的结果。

注意，这种方法在某种程度上是多线程和多进程之间的混合。如果将工作委派给外部进程，例如使用 subprocess 模块中的 run() 函数，实际上这是在多个进程中进行工作，因此存在多进程的症状。但在我们的场景中，我们正在等待隔离的线程中的处理结果，所以从 Python 代码的角度来看，这仍然是多线程。

线程的另一个常见使用实例是对外部服务执行多个 HTTP 请求。例如，如果你要从远程 Web API 获取多个结果，那么同步执行可能需要花费很多时间。如果你在发出新请求之前要等待每个之前的响应，那么你将花费大量时间等待外部服务响应，并且将向每个此类请求添加额外的往返时间延迟。如果你正在与高效的服务（例如，Google Maps API）进行通信，则很有可能它会同时处理大部分请求，而不会影响各自请求的响应时间。因此，在不同的线程中执行多个查询是合理的。记住，当发起一个 HTTP 请求时，大多数时间花在从 TCP 套接字读取。这是一个阻塞 I/O 操作，因此 CPython 会在执行 recv() C 函数时释放 GIL。这可以大大提高应用程序的性能。

3．多用户应用

线程也可以作为多用户应用程序的并发基础。例如，Web 服务器会将用户请求推送到一个新线程，然后它又进入空闲状态，等待新的请求。使用专用线程处理每个请求简化了大量的工作，但开发人员需要负责锁定资源。但考虑到并发事务，当所有的共享数据被推送到一个关系数据库中，这不是一个问题。因此，多用户应用程序中的线程几乎像隔离的独立进程。它们在同一个进程下，只是简化在应用程序级别的管理。

例如，Web 服务器会将所有请求放入队列中，并等待线程可用后，再将请求发送给线程进行处理。此外，它允许内存共享，这可以提高一些工作并且减少内存负载。两个非常受欢迎的 Python WSGI 兼容的网络服务器：**Gunicorn**（参考 http://gunicorn.org/）和 **uWSGI**

（参考 https://uwsgi-docs.readthedocs.org），它们使用工作线程处理 HTTP 请求，这些工作线程通常遵循上述原则。

在多用户应用程序中，通过多线程启用并发要比使用多进程的代价要小。单独的进程需要更多的资源，因为需要为每一个进程加载新的解释器。另一方面，启用太多线程也是很昂贵的。我们知道 GIL 对于 I/O 密集型的应用程序不会有这样的问题，总是会有一个时间，你需要执行 Python 代码。由于你无法使用裸线程并行化所有应用程序部件，因此你将永远无法利用具有多核 CPU 和单个 Python 进程的机器上的所有资源。所以，通常最优解是多进程和多线程的混合，即多线程运行的多个工作进程。幸运的是，许多兼容 WSGI 的 Web 服务器允许这样的设置。

但是在多线程与多进程混合使用之前，结合付出的代价，请考虑这种方法是否真的值得。这种方法使用多进程来获得更好的资源利用率，另外还有更多并发性的多线程，这应该比运行多个进程更轻。但也可能不需要这样做。也许摆脱线程并且增加进程的数量不是你想象的那么昂贵？当选择最佳设置时，你总是需要对应用程序进行负载测试（参见第 10 章）。此外，使用多线程的会有副作用，环境会不太安全，其中共享内存会有数据损坏或致命的死锁的风险。也许，使用一些异步方法会是一个更好的选择，这种方法通常基于事件循环，轻量级线程或协程。稍后我们将在异步编程部分讨论这些解决方案。此外，没有合理的负载测试和实验，你无法知道什么方法在你的上下文是最有效的。

4．一个多线程应用的例子

为了解 Python 线程在实践中的工作原理，让我们构建一个示例应用程序，它可以从多线程实现中受益。我们将会讨论一个在你的专业实践中可能会遇到的简单问题即进行多个并行 HTTP 查询。我们已经提到过这个问题，这是一个多线程的常见用例。

假设我们需要使用多个查询从一些 Web 服务获取数据，这些查询无法通过单个大型 HTTP 请求批量处理。作为一个现实例子，我们将使用来自 Google Maps API 的地理编码端点，选择的理由如下。

- 它是非常受欢迎并且文档充分的服务。
- 有一个该 API 的自由层，不需要任何验证密钥。
- PyPI 上有一个 `python-gmaps` 包，使用它你可以与各种 Google Maps API 端点进行交互，并且非常易于使用。

地理编码的意思是简单地将地址或地点转换成坐标。我们将尝试将预定义的城市列表编码为纬度/经度元组，并使用 `python-gmaps` 在标准输出中显示结果。它很简单，如下面的代码所示：

```
>>> from gmaps import Geocoding
>>> api = Geocoding()
```

```
>>> geocoded = api.geocode('Warsaw')[0]
>>> print("{:>25s}, {:6.2f}, {:6.2f}".format(
...         geocoded['formatted_address'],
...         geocoded['geometry']['location']['lat'],
...         geocoded['geometry']['location']['lng'],
...     ))
Warsaw, Poland, 52.23, 21.01
```

因为我们的目标是展示对于并发问题的多线程解决方案与标准同步解决方案的比较，我们将从一个不使用线程的实现开始。下面是一个程序的代码，它遍历城市列表，查询Google Maps API，并在文本中以表格的形式显示有关其地址和坐标的信息：

```
import time

from gmaps import Geocoding

api = Geocoding()


PLACES = (
    'Reykjavik', 'Vien', 'Zadar', 'Venice',
    'Wrocław', 'Bolognia', 'Berlin', 'Słubice',
    'New York', 'Dehli',
)


def fetch_place(place):
    geocoded = api.geocode(place)[0]

    print("{:>25s}, {:6.2f}, {:6.2f}".format(
        geocoded['formatted_address'],
        geocoded['geometry']['location']['lat'],
        geocoded['geometry']['location']['lng'],
    ))


def main():
    for place in PLACES:
        fetch_place(place)


if __name__ == "__main__":
    started = time.time()
    main()
```

```
        elapsed = time.time() - started

    print()
    print("time elapsed: {:.2f}s".format(elapsed))
```

在执行 main()函数的前后，我们添加了一些语句，用于测量完成作业所需的时间。在我的计算机上，此程序通常需要 2～3 秒来完成其任务，如下所示：

```
$ python3 synchronous.py
    Reykjavík, Iceland, 64.13, -21.82
       Vienna, Austria, 48.21, 16.37
        Zadar, Croatia, 44.12, 15.23
         Venice, Italy, 45.44, 12.32
       Wrocław,  Poland, 51.11, 17.04
        Bologna, Italy, 44.49, 11.34
       Berlin, Germany, 52.52, 13.40
        Slubice,  Poland, 52.35, 14.56
     New York, NY, USA, 40.71, -74.01
   Dehli, Gujarat, India, 21.57, 73.22

time elapsed: 2.79s
```

特别提示

脚本的每次运行总是消耗不同的时间量，因为它主要取决于通过网络连接可访问的远程服务。因此，存在许多非确定性因素影响最终结果。最好的方法是进行更长时间的测试，重复多次，并从测量中计算一些平均值。但为了简单起见，我们不会这样做。你会在后面看到，这种简化的方法只是为了举例说明的目的，已经足够了。

（1）每一项使用一个线程

现在对实现做一些改进。我们不在 Python 中做很多处理，长执行时间是由与外部服务的通信引起的。我们向服务器发送一个 HTTP 请求，它计算答案，然后我们等待，直到响应被传回。这里涉及到很多 I/O，所以多线程看起来像一个可行的选择。 我们可以在不同的线程中立即发起所有请求，然后等待，直到它们接收数据。如果我们正在通信的服务能够同时处理我们的请求，那么我们肯定会看到性能提高。

所以，让我们从最简单的方法开始。Python 中的 threading 模块在系统线程之上提供了干净，易于使用的抽象。这个标准库的核心是 Thread 类，它代表一个单独的线程实例。

以下是一个修改版本的 main() 函数，它为每个地方创建并启动一个新的线程进行地理编码的处理，然后等待直到所有线程完成：

```
from threading import Thread


def main():
    threads = []
    for place in PLACES:
        thread = Thread(target=fetch_place, args=[place])
        thread.start()
        threads.append(thread)

    while threads:
        threads.pop().join()
```

这是一个应急的修改，有一些严重的问题，随后我们将尝试解决。它以一种轻率的方式处理这个问题，而不是一种编写可靠的软件的方式，毕竟软件要为成千上万的用户服务。但是，它可以工作如下所示：

```
$ python3 threaded.py
            Wrocław, Poland, 51.11, 17.04
            Vienna, Austria, 48.21, 16.37
   Dehli, Gujarat, India, 21.57, 73.22
     New York, NY, USA, 40.71, -74.01
            Bologna, Italy, 44.49, 11.34
        Reykjavík, Iceland, 64.13, -21.82
            Zadar, Croatia, 44.12, 15.23
            Berlin, Germany, 52.52, 13.40
            Slubice, Poland, 52.35, 14.56
            Venice, Italy, 45.44, 12.32


time elapsed: 1.05s
```

因此，我们认识到线程对我们的应用程序的影响是有益的，此时，应该以一种合情合理的方式使用它们。首先，我们需要认清上面代码中的问题：

我们为每个参数启动一个新的线程。线程初始化也需要一些时间，但这个小的开销不是唯一的问题。线程也消耗其他资源，如内存和文件描述符。我们的示例输入有一个严格定义的项目数，如果没有呢？你肯定不想运行未绑定数量的线程，它依赖于任意大小的数据输入。

在线程中执行的 fetch_place() 函数调用内置的 print() 函数，在实践中，你不可能在主应用程序线程之外执行它。首先，这应归于标准输出在 **Python** 中是如何缓冲的。当对此函数

348　第 13 章　并发

的多个调用在线程之间交错时，你可能会遇到格式不正确的输出。此外，print()函数被认为是慢的。如果在多线程中毫无顾忌的使用它，中可能会导致串行化，这将撤消多线程的所有好处。

最后但同样重要的是，通过将每个函数调用委托给一个单独的线程，我们将难以控制处理输入的速率。是的，我们希望尽可能快地完成这项工作，但外部服务往往对来自单个客户端的请求的速率会有严格的限制。有时，以一种能够限制处理速度的方式设计程序是合理的，因此你的应用程序不会被外部 API 列入滥用其使用限制的黑名单。

（2）使用线程池

我们尝试解决的第一个问题是程序运行中未绑定限制的线程。一个好的解决方案是构建一个严格定义大小的工作线程池，它将处理所有的并行工作，并通过一些线程安全的数据结构与工作线程进行通信。通过使用这个线程池的方案，我们还会很容易地解决我们刚才提到的另外两个问题。

所以通常的想法是启动一些预定义数量的线程，它将从队列中消费工作项，直到完成。当没有其他工作要做时，线程将返回，我们将能够退出程序。对于我们的结构，Queue 类是用于与工作线程通信的很好的选择，它来自内置的 queue 模块。它是一个 FIFO（先进先出）队列实现，它非常类似于 collections 模块的 deque 集合，专门设计用于处理线程间通信。这里是一个修改版本的 main()函数，它只启动有限数量的工作线程，并使用一个新的 worker()函数作为目标，并使用线程安全的队列与它们通信，如下所示：

```python
from queue import Queue, Empty
from threading import Thread

THREAD_POOL_SIZE = 4


def worker(work_queue):
    while not work_queue.empty():
        try:
            item = work_queue.get(block=False)
        except Empty:
            break
        else:
            fetch_place(item)
            work_queue.task_done()


def main():
    work_queue = Queue()
```

```
    for place in PLACES:
        work_queue.put(place)

    threads = [
        Thread(target=worker, args=(work_queue,))
        for _ in range(THREAD_POOL_SIZE)
    ]

    for thread in threads:
        thread.start()

    work_queue.join()

    while threads:
        threads.pop().join()
```

运行这个修改版本的程序的的结果类似于前一个，如下所示：

```
$ python threadpool.py
        Reykjavík, Iceland, 64.13, -21.82
            Venice, Italy, 45.44, 12.32
          Vienna, Austria, 48.21, 16.37
            Zadar, Croatia, 44.12, 15.23
          Wrocław, Poland, 51.11, 17.04
           Bologna, Italy, 44.49, 11.34
           Slubice, Poland, 52.35, 14.56
           Berlin, Germany, 52.52, 13.40
         New York, NY, USA, 40.71, -74.01
      Dehli, Gujarat, India, 21.57, 73.22


time elapsed: 1.20s
```

运行时间比为每个参数启动一个线程的情况更慢，但是至少现在不可能被任意长的输入耗尽所有计算资源。此外，我们可以调整 THREAD_POOL_SIZE 参数以获得更好的资源/时间的平衡。

（3）使用双向队列
我们现在能够解决的另一个问题是在线程中输出的潜在的有问题的打印。更好的方式是启动另外的线程打印，而不是在主线程中进行。我们可以通过提供另一个队列来处理它，这个队列将负责从我们的工作线程中收集结果。这里是完整的代码，把一切都放到一起，对主要的变化进行突出显示，如下所示：

```
    import time
```

```python
from queue import Queue, Empty
from threading import Thread

from gmaps import Geocoding

api = Geocoding()


PLACES = (
    'Reykjavik', 'Vien', 'Zadar', 'Venice',
    'Wrocław', 'Bolognia', 'Berlin', 'Słubice',
    'New York', 'Dehli',
)

THREAD_POOL_SIZE = 4


def fetch_place(place):
    return api.geocode(place)[0]

def present_result(geocoded):
    print("{:>25s}, {:6.2f}, {:6.2f}".format(
        geocoded['formatted_address'],
        geocoded['geometry']['location']['lat'],
        geocoded['geometry']['location']['lng'],
    ))

def worker(work_queue, results_queue):
    while not work_queue.empty():
        try:
            item = work_queue.get(block=False)
        except Empty:
            break
        else:
            results_queue.put(
                fetch_place(item)
            )
            work_queue.task_done()


def main():
    work_queue = Queue()
    results_queue = Queue()
```

```
    for place in PLACES:
        work_queue.put(place)

    threads = [
        Thread(target=worker, args=(work_queue, results_queue))
        for _ in range(THREAD_POOL_SIZE)
    ]

    for thread in threads:
        thread.start()

    work_queue.join()

    while threads:
        threads.pop().join()

    while not results_queue.empty():
        present_result(results_queue.get())


if __name__ == "__main__":
    started = time.time()
    main()
    elapsed = time.time() - started

    print()
    print("time elapsed: {:.2f}s".format(elapsed))
```

这消除了格式化输出的风险，如果present_result()函数执行更多的print()语句或执行一些额外的计算，我们可以体验到。在小的输入下，我们不奢望这种方法会有任何性能改进，但实际上，我们还减少由于缓慢的print()执行的线程串行化的风险。这是我们的最终的输出如下：

```
$ python threadpool_with_results.py
        Vienna, Austria, 48.21, 16.37
    Reykjavík, Iceland, 64.13, -21.82
        Zadar, Croatia, 44.12, 15.23
         Venice, Italy, 45.44, 12.32
        Wrocław, Poland, 51.11, 17.04
        Bologna, Italy, 44.49, 11.34
        Slubice, Poland, 52.35, 14.56
       Berlin, Germany, 52.52, 13.40
```

```
        New York, NY, USA, 40.71, -74.01
    Dehli, Gujarat, India, 21.57, 73.22
```

time elapsed: 1.30s

（4）处理错误与速率限制

在处理这些问题时，你可能会遇到的最后一个问题是外部服务提供商施加的速率限制。以使用 Google Maps API 为例，在撰写本书时，免费和未经身份验证的请求的官方费率限制为每秒 10 个请求和每天 2,500 个请求。当使用多线程时，很容易耗尽这样的限制。更严重的问题是，因为我们没有覆盖任何故障的场景，而处理多线程 Python 代码中的异常比平常更复杂。

当客户端超过 Google 的速率时，api.geocode() 函数将抛出异常，这是个好消息。但是这个异常是单独引发的，不会导致整个程序崩溃。工作线程当然会立即退出，但是主线程将等待 work_queue 上存储的所有任务完成（使用 work_queue.join() 调用）。这意味着我们的工作线程应该优雅地处理可能的异常，并确保队列中的所有项目都被处理。如果不做进一步的改进，我们可能会遇到一些情况，一些工作线程崩溃，程序永远不会退出。

让我们对我们的代码进行一些小的改动，以便为可能出现的任何问题做好准备。在工作线程中的异常情况下，我们可以在 results_queue 队列中放置一个错误实例，并将当前任务标记为完成，与没有错误时一样。这样，我们确保主线程在 work_queue.join() 中等待时不会无限期地锁定。主线程然后可以检查结果并重新提出在结果队列中发现的任何异常。下面是可以以更安全的方式处理异常的 worker() 和 main() 函数的改进版本：

```python
def worker(work_queue, results_queue):
    while True:
        try:
            item = work_queue.get(block=False)
        except Empty:
            break
        else:
            try:
                result = fetch_place(item)
            except Exception as err:
                results_queue.put(err)
            else:
                results_queue.put(result)
            finally:
                work_queue.task_done()


def main():
```

```
work_queue = Queue()
results_queue = Queue()

for place in PLACES:
    work_queue.put(place)

threads = [
    Thread(target=worker, args=(work_queue, results_queue))
    for _ in range(THREAD_POOL_SIZE)
]

for thread in threads:
    thread.start()

work_queue.join()

while threads:
    threads.pop().join()

while not results_queue.empty():
    result = results_queue.get()

    if isinstance(result, Exception):
        raise result

present_result(result)
```

当我们准备好处理异常时，是时候打破我们的代码并超过速率限制。我们可以通过修改一些初始条件轻松地做到这一点。我们可以增加地理编码的位数和线程池的大小如下所示：

```
PLACES = (
    'Reykjavik', 'Vien', 'Zadar', 'Venice',
    'Wrocław', 'Bolognia', 'Berlin', 'Słubice',
    'New York', 'Dehli',
) * 10
```

```
THREAD_POOL_SIZE = 10
```

如果你的执行环境足够快，你应该很快就会得到类似的错误如下：

```
$ python3 threadpool_with_errors.py
     New York, NY, USA,   40.71,  -74.01
        Berlin, Germany,   52.52,   13.40
       Wrocław, Poland,   51.11,   17.04
```

```
              Zadar, Croatia,   44.12,   15.23
             Vienna, Austria,   48.21,   16.37
              Bologna, Italy,   44.49,   11.34
          Reykjavík, Iceland,   64.13,  -21.82
               Venice, Italy,   45.44,   12.32
       Dehli, Gujarat, India,   21.57,   73.22
              Slubice, Poland,  52.35,   14.56
             Vienna, Austria,   48.21,   16.37
              Zadar, Croatia,   44.12,   15.23
               Venice, Italy,   45.44,   12.32
          Reykjavík, Iceland,   64.13,  -21.82
Traceback (most recent call last):
  File "threadpool_with_errors.py", line 83, in <module>
    main()
  File "threadpool_with_errors.py", line 76, in main
    raise result
  File "threadpool_with_errors.py", line 43, in worker
    result = fetch_place(item)
  File "threadpool_with_errors.py", line 23, in fetch_place
    return api.geocode(place)[0]
  File "...\site-packages\gmaps\geocoding.py", line 37, in geocode
    return self._make_request(self.GEOCODE_URL, parameters, "results")
  File "...\site-packages\gmaps\client.py", line 89, in _make_request
    )(response)
gmaps.errors.RateLimitExceeded: {'status': 'OVER_QUERY_LIMIT', 'results': [],
'error_message': 'You have exceeded your rate-limit for this API.', 'url':
'https://maps.googleapis.com/maps/api/geocode/json?address=Wroc%C5%82aw&sens
or=false'}
```

前面的异常当然不是错误代码的结果。对于这个免费的服务，这个程序有点过快。它产生了太多的并发请求，为了正常工作，我们需要一种方法来限制它们的速率。

对工作速度的限制通常被称为节流。PyPI 上有几个包，可以限制任何类型的工作的速率，并且易于使用。但是我们不会在这里使用任何外部代码。节流是一个很好的用于介绍一些线程的锁定原语的机会，所以我们将尝试从头开始构建一个解决方案。

我们将使用的算法有时被称为令牌桶（token bucket），并且非常简单。

- 存在具有预定量的令牌的桶。
- 每个令牌响应单个权限以处理一项工作。
- 每次工作者要求一个或多个令牌（权限）时：
  - 我们测量从上次我们重新装满桶所花费的时间；
  - 如果时间差允许它，我们用对这个时间差响应的令牌量重新填充桶；

o 如果存储的令牌的数量大于或等于请求的数量，我们减少存储的令牌的数量并返回那个值；

o 如果存储的令牌的数量小于请求的数量，我们返回零。

两个重要的事情是总是用零令牌来初始化令牌桶，并且从不允许它用根据我们的标准量化时间以令牌表示的更多的令牌来填充令牌桶。如果我们不遵守这些预防措施，我们可以释放超过速率限制的令牌。因为在我们的情况下，速率限制以每秒的请求数表示，我们不需要处理任意时间。我们假设我们测量的基础是一秒钟，因此我们永远不会存储更多的令牌比允许的那个时间量的请求数。下面是允许使用令牌桶算法进行调节的类的示例实现：

```python
from threading import Lock


class Throttle:
    def __init__(self, rate):
        self._consume_lock = Lock()
        self.rate = rate
        self.tokens = 0
        self.last = 0

    def consume(self, amount=1):
        with self._consume_lock:
            now = time.time()

            # 时间测量在第一令牌请求上初始化以避免初始突发
            if self.last == 0:
                self.last = now

            elapsed = now - self.last

            # 请确保传递时间的量足够大以添加新的令牌
            if int(elapsed * self.rate):
                self.tokens += int(elapsed * self.rate)
                self.last = now

            # 不要过度填满桶
            self.tokens = (
                self.rate
                if self.tokens > self.rate
                else self.tokens
            )

            # 如果可用最终分派令牌
```

```
        if self.tokens >= amount:
            self.tokens -= amount
        else:
            amount = 0

        return amount
```

这个类的用法很简单。假设我们在主线程中只创建了一个 `Throttle` 实例（例如 `Throttle(10)`），并将其作为位置参数传递给每个工作线程。在不同线程中使用相同的数据结构是安全的，因为我们使用来自 `threading` 模块的 `Lock` 类的实例防止其内部状态的操作。我们现在可以更新 `worker()` 函数实现，等待每个项目，直到 `throttle` 释放一个新的令牌如下所示：

```
def worker(work_queue, results_queue, throttle):
    while True:
        try:
            item = work_queue.get(block=False)
        except Empty:
            break
        else:
            while not throttle.consume():
                pass

            try:
                result = fetch_place(item)
            except Exception as err:
                results_queue.put(err)
            else:
                results_queue.put(result)
            finally:
                work_queue.task_done()
```

13.3 多进程

老实说，多线程是很有挑战性的，我们已经在上一节中看到了。事实上，对问题的最简单的方法是只需要最小的代价。但是以一种安全的方式处理线程需要大量的代码。

我们必须设置线程池和通信队列，优雅地处理来自线程的异常，并且在尝试提供速率限制功能时也考虑线程安全。十行代码只能从外部库并行执行一个函数！我们假设它可以用于生产环境，因为有外部包创建者的承诺，它的库是线程安全的。听起来像一个高价格的解决方案，实际上它只适用于执行 I/O 绑定任务。

实现并行性的另一种方法是多进程。彼此独立 Python 进程没有 GIL 的限制，这样可以有更好的资源利用率。这对于在多核处理器上运行的应用程序尤其重要，这些处理器可以真正的处理 CPU 密集型任务。现在这是为 Python 开发人员提供的唯一内置并行解决方案（使用 CPython 解释器），你可以从多个处理器核心中受益。

使用多个进程的另一个优点是它们不共享内存上下文。因此，很难破坏数据也难以在应用程序中引入死锁。不共享内存上下文意味着你需要一些额外的努力在隔离的进程之间传递数据，但幸运的是有许多好的方法来实现可靠的进程间通信。事实上，Python 提供了一些原语，使进程之间的通信与线程之间的一样简单。

在任何编程语言中启动新进程的最基本的方法通常是在某个时刻派生程序。在 POSIX 系统（Unix、Mac OS 和 Linux）上，派生是通过 os.fork() 函数在 Python 中暴露的系统调用，它将创建一个新的子进程。然后两个进程在派生后自己继续该程序。以下是一个示例脚本，它自己派生一次：

```
import os

pid_list = []

def main():
    pid_list.append(os.getpid())
    child_pid = os.fork()

    if child_pid == 0:
        pid_list.append(os.getpid())
        print()
        print("CHLD: hey, I am the child process")
        print("CHLD: all the pids i know %s" % pid_list)

    else:
        pid_list.append(os.getpid())
        print()
        print("PRNT: hey, I am the parent")
        print("PRNT: the child is pid %d" % child_pid)
        print("PRNT: all the pids i know %s" % pid_list)


if __name__ == "__main__":
    main()
```

以下是一个在终端中运行它的例子：

```
$ python3 forks.py

PRNT: hey, I am the parent
PRNT: the child is pid 21916
PRNT: all the pids i know [21915, 21915]

CHLD: hey, I am the child process
CHLD: all the pids i know [21915, 21916]
```

注意这两个进程在 os.fork() 调用之前它们的数据具有完全相同的初始状态。它们都具有与 pid_list 集合的第一个值相同的 PID 号（进程标识符）。后来，两个状态发生了分歧，我们可以看到子进程添加了 21916 值，而父进程复制了它的 21915 PID。这是因为这两个进程的内存上下文不共享。它们具有相同的初始条件，但在 os.fork() 调用后不能相互影响。

派生将内存上下文复制到子进程后，每个进程都会处理自己的地址空间。为了沟通，进程需要与系统范围的资源或使用低级工具（如信号）。

不幸的是，os.fork 在 Windows 下不可用，需要生成一个新的解释器以模仿 fork 功能。所以它根据不同的平台会有差别。os 模块还暴露了函数，它可以在 Windows 下生成新进程，但最终你很少使用它们。os.fork() 也是如此。Python 提供了一个很好的 multiprocessing 模块，为多进程创建了一个高级接口。这个模块的最大优点是它提供了一些抽象，这些抽象针对我们必须从头开始编写一个多线程应用的例子。它可以限制样板代码的数量，从而提高应用程序可维护性并降低其复杂性。令人惊讶的是，尽管它的名称，multiprocessing 模块也暴露了类似的线程接口，所以你可能想要使用相同的接口来实现两种方法。

内置的 multiprocessing 模块

multiprocessing 提供了一种便捷的方式来处理进程，就像它们是线程一样。此模块包含一个与 Thread 类非常相似的 Process 类，可以在任何平台上使用：

```
from multiprocessing import Process
import os


def work(identifier):
    print(
        'hey, i am a process {}, pid: {}'
        ''.format(identifier, os.getpid())
    )
```

```python
def main():
    processes = [
        Process(target=work, args=(number,))
        for number in range(5)
    ]
    for process in processes:
        process.start()
    while processes:
        processes.pop().join()


if __name__ == "__main__":
    main()
```

上述脚本在执行时会输出以下结果：

```
$ python3 processing.py
hey, i am a process 1, pid: 9196
hey, i am a process 0, pid: 8356
hey, i am a process 3, pid: 9524
hey, i am a process 2, pid: 3456
hey, i am a process 4, pid: 6576
```

当创建进程时，内存被派生（在 POSIX 系统上）。最有效的进程用法是让它们在创建后自己工作以避免开销，并从主线程检查它们的状态。除了被复制的内存状态之外，Process 类还在其构造函数中提供了一个额外的 args 参数，以便传递数据。

进程模块之间的通信需要一些额外的工作，因为它们的本地内存在默认情况下不共享。为了简化这一点，multiprocessing 模块提供了进程之间的几种通信方式：

- 使用 multiprocessing.Queue 类，它是早先用于线程之间通信的 queue.Queue 的近似克隆。
- 使用 multiprocessing.Pipe，这是一个类似于套接字的双向通信通道。
- 使用 multiprocessing.sharedctypes 模块，通过它可以在进程之间共享的专用内存池中创建任意 C 类型（从 ctypes 模块）。

multiprocessing.Queue 和 queue.Queue 类具有相同的接口。唯一的区别是第一个是设计用于多进程环境，而不是多个线程，所以它使用不同的内部传输和锁定原语。我们已经在一个多线程应用的例子中了解了如何在多线程中使用 Queue，因此我们不会用多进程执行相同的操作。使用保持完全相同，所以这样的例子不会带来任何新的内容。

现在一个更有趣的模式是由 Pipe 类提供的。它是一个双工（双向）通信通道，在概念上非常类似于 Unix 管道。管道的接口也非常类似于来自内置 socket 模块的简单套接字。与原始系统管道和套接字的区别在于，你可以发送任何可选对象（使用 pickle 模块），而不仅是原始字节。这使得进程之间可以更容易的通信，因为你几乎可以发送任何基本的 Python 类型，如下所示：

```python
from multiprocessing import Process, Pipe

class CustomClass:
    pass

def work(connection):
    while True:
        instance = connection.recv()
        if instance:
            print("CHLD: {}".format(instance))

        else:
            return

def main():
    parent_conn, child_conn = Pipe()

    child = Process(target=work, args=(child_conn,))

    for item in (
        42,
        'some string',
        {'one': 1},
        CustomClass(),
        None,
    ):
        print("PRNT: send {}:".format(item))
        parent_conn.send(item)

    child.start()
    child.join()


if __name__ == "__main__":
    main()
```

当查看上述脚本的示例输出时，你将看到，你可以轻松地传递自定义类实例，并且它们具有不同的地址，具体取决于进程如下所示：

```
PRNT: send: 42
PRNT: send: some string
PRNT: send: {'one': 1}
PRNT: send: <__main__.CustomClass object at 0x101cb5b00>
PRNT: send: None
CHLD: recv: 42
CHLD: recv: some string
CHLD: recv: {'one': 1}
CHLD: recv: <__main__.CustomClass object at 0x101cba400>
```

另一种在进程之间共享状态的方法是在 multiprocessing.sharedctypes 中提供的类中使用共享内存池中的原始类型。最基本的是 Value 和 Array。下面是 multiprocessing 模块的官方文档中的示例代码：

```python
from multiprocessing import Process, Value, Array


def f(n, a):
    n.value = 3.1415927
    for i in range(len(a)):
        a[i] = -a[i]


if __name__ == '__main__':
    num = Value('d', 0.0)
    arr = Array('i', range(10))

    p = Process(target=f, args=(num, arr))
    p.start()
    p.join()

    print(num.value)
    print(arr[:])
```

此示例将打印以下输出：

```
3.1415927
[0, -1, -2, -3, -4, -5, -6, -7, -8, -9]
```

使用 multiprocessing.sharedctypes 时，你需要记住，你正在处理共享内存，因此为了避免数据损坏的风险，你需要使用锁定原语。多进程提供了一些在线程中可用的类，例如 Lock，RLock 和 Semaphore。sharedctypes 中的类的缺点是，你只能从 ctypes 模块共享基本的 C 类型。如果需要传递更复杂的结构或类实例，则需要使用 Queue，Pipe 或其他进程间通信通道。在大多数情况下，避免共享类型是合理的，因为它们增加代码复杂性并带来多线程中已知的所有危险。

1. 使用进程池

使用多进程而不是线程增加了一些实质性的开销。大多数情况下，它会增加内存占用，因为每个进程都有自己独立的内存上下文。这意味着允许未绑定数量的子进程比在多线程应用程序中更有问题。

与"使用线程池"中的描述的线程方式类似，构建一个进程池，这是在依赖多进程以获得更好资源利用率的应用程序中控制资源使用的最佳模式。

multiprocessing 模块最好的一点是它提供了一个即用型的 Pool 类，可以处理管理多个工作进程的所有复杂性。这个池实现大大减少了所需的样板数量和与双向通信相关的问题数量。你也不需要手动使用 join() 方法，因为 Pool 可以用作上下文管理器（使用 with 语句）。以下是我们以前的一个线程示例，使用 multiprocessing 模块中的 Pool 类进行改写：

```
from multiprocessing import Pool

from gmaps import Geocoding

api = Geocoding()

PLACES = (
    'Reykjavik', 'Vien', 'Zadar', 'Venice',
    'Wrocław', 'Bolognia', 'Berlin', 'Słubice',
    'New York', 'Dehli',
)

POOL_SIZE = 4

def fetch_place(place):
    return api.geocode(place)[0]


def present_result(geocoded):
    print("{:>25s}, {:6.2f}, {:6.2f}".format(
        geocoded['formatted_address'],
        geocoded['geometry']['location']['lat'],
```

```
            geocoded['geometry']['location']['lng'],
        ))

def main():
    with Pool(POOL_SIZE) as pool:
        results = pool.map(fetch_place, PLACES)

    for result in results:
        present_result(result)


if __name__ == "__main__":
    main()
```

正如你所看到的，代码现在要短得多。这意味着如果出现问题，它现在更容易维护和调试。实际上，现在只有两行代码明确使用多进程。相对于我们必须从头开始构建进程池的情况，这是一个很大的改进。现在我们甚至不需要关心通信通道，因为它们是隐含地在 Pool 实现中创建的。

2. 使用 **multiprocessing.dummy** 作为 **multithreading** 接口

来自 multiprocessing 模块的高级抽象，例如 Pool 类，与在 threading 模块中提供的简单工具相比具有很大的优点。但不是，这并不意味着多进程总是是比多线程更好的方法。有很多用例，其中线程可能是一个比进程更好的解决方案。这在需要低延迟和/或高资源效率的情况下尤其如此。

但这并不意味着你需要牺牲 multiprocessing 模块中的所有有用的抽象，只要你想使用线程而不是进程。有 multiprocessing.dummy 模块，它复制 multiprocessing API，但使用多个线程，而不是派生/产生新进程。

这可以减少代码中的样板代码数量，并且还可以创建更多可插入的接口。例如，让我们再看看我们的之前的例子的 main()。如果我们想让用户控制他想要使用哪个处理后端（进程或线程），我们可以简单地替换 Pool 类，如下所示：

```
from multiprocessing import Pool as ProcessPool
from multiprocessing.dummy import Pool as ThreadPool

def main(use_threads=False):
    if use_threads:
        pool_cls = ThreadPool
    else:
        pool_cls = ProcessPool
```

```
        with pool_cls(POOL_SIZE) as pool:
            results = pool.map(fetch_place, PLACES)

        for result in results:
            present_result(result)
```

13.4   异步编程

近年来，异步编程取得了很大的发展。在 Python 3.5 中，它终于有了一些语法特性来巩固异步执行的概念。但这并不意味着异步编程只能从 Python 3.5 开始。早期提供了很多库和框架，其中大多数来源于旧版本的 Python 2。甚至还有一个称为 Stackless 的 Python 的整体替代实现（参见第 1 章），它集中关于这种单一的编程方法。其中一些解决方案，如 Twisted、Tornado 或 Eventlet，仍然有巨大的和活跃的社区，真的值得了解。无论如何，从 Python 3.5 开始，异步编程比以前更容易。因此，预计其内置的异步功能将取代大多数的旧工具，或者外部项目将逐渐转变为基于 Python 内置的一种高级框架。

当试图解释什么是异步编程时，最简单的方法是将这种方法看作类似线程但不涉及系统调度。这意味着异步程序可以并发地处理问题，但是其上下文在内部而不是由系统调度程序切换。

但是，当然，我们不使用线程来并发地处理异步程序中的工作。大多数解决方案使用不同的概念，并且根据实现，它被命名不同。用于描述这种并发程序实体的一些示例名称如下。

- Green threads 或 greenlets（greenlet, gevent，或 eventlet 项目）。
- Coroutines（Python 3.5 原生异步编程）。
- Tasklets（Stackless Python）。

这些主要是相同的概念，但通常以一种不同的方式实现。由于显而易见的原因，在本节中，我们将仅集中在 Python 原生支持的协程上，从版本 3.5 开始。

13.4.1   协同多任务与异步 I/O

协同多任务（cooperative multitasking）是异步编程的核心。在这种类型的计算机多任务中，启动上下文切换（到另一个进程或线程）不是操作系统的责任，而是每个进程在空闲时自动释放控制以允许同时执行多个程序。这就是为什么它被称为协同。所有进程都需要协同才能顺利处理多任务。

这种多任务模型有时在操作系统中使用，但现在几乎没有作为系统级的解决方案。这是因为一个设计不良的服务可能很容易地破坏整个系统的稳定性。由操作系统直接管理的上下文切换的线程和进程调度，现在是系统级并发的主要方法。但是协同多任务在应用程序级别上仍然是一个极好的并发工具。

当谈到在应用程序级上的协同多任务时，我们不处理需要释放控制的线程或进程，因为所有的执行都包含在单个进程和线程中。相反，我们有多个任务（coroutines、tasklets 以及green threads）将控制释放到处理协同任务的单个函数。这个函数通常是某种事件循环。

为了避免以后的混乱（由于 Python 术语），从现在开始，我们将这样的并发任务称为协程（coroutines）。协同多任务中最重要的问题是何时释放控制。在大多数异步应用程序中，控制在I/O 操作时被调度程序或事件循环所释放。无论程序从文件系统读取数据还是通过套接字进行通信，这种 I/O 操作总是与进程变为空闲时的某些等待时间有关。等待时间取决于外部资源，所以它是释放控制的好机会，以便其他协程可以做它们的工作，直到它们也需要等待。

这使得这样的方法在行为上与在 Python 中实现多线程的方式有点类似。我们知道 GIL串行化 Python 线程，但它也在每个 I/O 操作上释放。主要区别是 Python 中的线程被实现为系统级线程，因此操作系统可以抢占当前运行的线程，并在任何时间点控制另一个线程。在异步编程中，任务不会被主事件循环抢占。这就是为什么这种多任务的风格也被称为**非抢占式多任务**（non-preemptive multitasking）。

当然，每个 Python 应用程序都运行在有其他进程竞争资源的操作系统上。这意味着操作系统总是有权抢占整个进程并将控制权交给另一个进程。但是当我们的异步应用程序运行回来时，它会从系统调度程序进入时暂停的相同位置继续运行。这就是为什么协同程序仍被认为是非抢占式的。

13.4.2　Python 中的 async 和 await 关键字

async 和 await 关键字是 Python 异步编程的主要构建块。

在 def 语句之前使用的 async 关键字就定义了一个新的协程。协程函数的执行可以在严格定义的情况下暂停和恢复。它的语法和行为与生成器非常相似（参见第 2 章）。事实上，生成器需要在 Python 的旧版本中使用以实现协同程序。下面是使用 async 关键字的函数声明的示例：

```
async def async_hello():
    print("hello, world!")
```

使用 async 关键字定义的函数是特殊的。当被调用时，它们不执行里面的代码，而是返回一个协程对象如下所示：

```
>>> async def async_hello():
...     print("hello, world!")
...
>>> async_hello()
<coroutine object async_hello at 0x1014129e8>
```

在事件循环中调度其执行之前，协程对象不执行任何操作。asyncio 模块可用于提供基本的事件循环实现，以及许多其他异步实用程序，如下所示：

```
>>> import asyncio
>>> async def async_hello():
...     print("hello, world!")
...
>>> loop = asyncio.get_event_loop()
>>> loop.run_until_complete(async_hello())
hello, world!
>>> loop.close()
```

显然，因为我们只创建了一个简单的协程，所以我们的程序中没有涉及并发。为了看到真正的并发，我们需要创建更多的由事件循环执行的任务。

可以通过调用 loop.create_task() 方法或者通过使用 asyncio.wait() 函数提供另一个对象来等待来将新任务添加到循环中。我们将使用后一种方法，并尝试异步打印使用 range() 函数生成的一系列数字如下：

```
import asyncio

async def print_number(number):
    print(number)

if __name__ == "__main__":
    loop = asyncio.get_event_loop()

    loop.run_until_complete(
        asyncio.wait([
            print_number(number)
            for number in range(10)
        ])
    )
    loop.close()
```

asyncio.wait() 函数接受协程对象列表，并立即返回。结果是产生表示未来结果（futures）的对象的生成器。顾名思义，它用于等待所有提供的协程完成。它返回一个生成器而不是一个协程对象的原因是为了保持对以前 Python 版本的向后兼容性，这将在后面解释。运行此脚本的结果可能如下：

```
$ python asyncprint.py
0
7
```

```
8
3
9
4
1
5
2
6
```

我们可以看到，数字不是按照我们创建协程的顺序打印的。但这正是我们想要实现的。

在 Python 3.5 中添加的第二个重要关键字是 await。它用于等待协程或 future 的结果（稍后解释），并释放对事件循环的执行控制。为了更好地理解它是如何工作的，我们需要回顾一个更复杂的代码示例。

假设我们想创建两个协程，它们将在循环中执行一些简单的任务。

* 随机等待几秒。
* 打印参数提供的一些文本以及睡眠时间。

让我们以一个简单的实现开始，该实现有一些并发问题，我们以后尝试通过额外的 await 使用进行改进，示例如下：

```python
import time
import random
import asyncio


async def waiter(name):
    for _ in range(4):
        time_to_sleep = random.randint(1, 3) / 4
        time.sleep(time_to_sleep)
        print(
            "{} waited {} seconds"
            "".format(name, time_to_sleep)
        )


async def main():
    await asyncio.wait([waiter("foo"), waiter("bar")])


if __name__ == "__main__":
    loop = asyncio.get_event_loop()
    loop.run_until_complete(main())
    loop.close()
```

当在终端中执行（用时间命令测量时间）时，它可能给出以下输出：

```
$ time python corowait.py
bar waited 0.25 seconds
bar waited 0.25 seconds
bar waited 0.5 seconds
bar waited 0.5 seconds
foo waited 0.75 seconds
foo waited 0.75 seconds
foo waited 0.25 seconds
foo waited 0.25 seconds

real    0m3.734s
user    0m0.153s
sys     0m0.028s
```

我们可以看到，两个协程都完成了它们的执行，但不是以异步方式。原因是它们都使用阻塞但不将控件释放到事件循环的 time.sleep() 函数。这将在多线程设置中更好地工作，但现在我们不想使用线程。那么我们如何解决这个问题呢？

答案是使用 asyncio.sleep()，它是 time.sleep() 的异步版本，并使用 await 关键字等待其结果。我们已经在 main() 函数的第一个版本中使用了这个语句，但它只是为了提高代码的清晰度。它显然没有改善我们的实现的并发性。让我们看看使用 await asyncio.sleep() 的 waiter 协程的改进版本如下：

```
async def waiter(name):
    for _ in range(4):
        time_to_sleep = random.randint(1, 3) / 4
        await asyncio.sleep(time_to_sleep)
        print(
            "{} waited {} seconds"
            "".format(name, time_to_sleep)
        )
```

如果我们运行更新的脚本，我们可以看到两个函数的输出如何相互交互如下：

```
$ time python corowait_improved.py
bar waited 0.25 seconds
foo waited 0.25 seconds
bar waited 0.25 seconds
foo waited 0.5 seconds
foo waited 0.25 seconds
bar waited 0.75 seconds
```

```
foo waited 0.25 seconds
bar waited 0.5 seconds

real    0m1.953s
user    0m0.149s
sys     0m0.026s
```

这种简单改进的额外优点是代码运行地更快。总执行时间小于所有休眠时间的总和，因为协程会协同地释放控制。

13.4.3　老 Python 版本中的 `asyncio`

asyncio 模块出现在 Python 3.4 中。因此，它是唯一的 Python 版本，在 Python 3.5 之前对异步编程有着重要的支持。不幸的是，看起来这两个后续版本会引入兼容性的问题。

不管喜欢与否，Python 中异步编程的核心早于支持这种模式的语法元素。晚来总比没有好，但是这引发了一种情况，其中有两个语法可用于协程。

从 Python 3.5 开始，你可以使用 async 和 await：

```
async def main():
    await asyncio.sleep(0)
```

但对于 Python 3.4，你需要使用 `asyncio.coroutine` 装饰器和 `yield from` 语句：

```
@asyncio.couroutine
def main():
    yield from asyncio.sleep(0)
```

另一个有用的事实是 `yield from` 语句的引入在 Python 3.3，并且在 PyPI 上有一个 asyncio 的可用的移植。这意味着你也可以使用 Python 3.3 的进行协同多任务处理的实现。

13.4.4　异步编程实例

正如本章中已经多次提到的，异步编程是处理 I/O 繁忙操作的一个很好的工具。因此，现在开始构建一些比简单的打印序列或异步等待更实用的例子。

为了一致性，我们将尝试处理在多线程和多进程的帮助下解决同样的问题。因此，我们将尝试通过网络连接异步地从外部资源获取一些数据。如果我们可以使用前面部分中的相同的 python-gmaps 软件包，那就太好了。不幸的是，我们不能。

python-gmaps 的创建者有点懒惰，并且走了捷径。为了简化开发，他选择了 requests 包作为他的 HTTP 客户端的库。不幸的是，requests 不支持异步 I/O 的 async 和 await。还有一些其他项目旨在为 requests 项目提供一些并发性，但它们要么依赖 Gevent（grequests，参考 https://github.com/kennethreitz/grequests），要么依赖线程/进程池执行（requests-futures，参考 https://github.com/ross/requests-futures）。这些都不能解决我们的问题。

> **特别提示**
>
> 在你为我斥责一个无辜的开源开发者而感到不安时，冷静下来。python-gmaps 包背后的人是我。依赖性的选择不当是这个项目的问题之一。我只是有时喜欢公开批评自己。这对我来说应该是一个痛苦的教训，因为 python-gmaps 在其最新版本（在编写本书时为 0.3.1）不能轻易地与 Python 的异步 I/O 集成。无论如何，未来会有所改变，所以也没什么损失。

在前面的例子的库很容易使用，但是知道这些库的限制后，我们需要构建一些库来填补这些空白。Google Maps API 的使用非常简单，因此我们将构建一个简单易用的异步实用程序，仅用于解释说明的目的。Python 3.5 版本的标准库仍然缺少一个库，无法让异步 HTTP 请求与调用 urllib.urlopen() 一样简单。我们绝对不想从头开始构建整个协议支持，所以我们将使用 PyPI 上的 aiohttp 包，它会提供少量的帮助。这是一个非常有前途的库，增加了异步 HTTP 的客户端和服务端实现。以下是一个基于 aiohttp 的小模块，它创建了一个 geocode() 辅助函数，它对 Google Maps API 服务进行地理编码请求：

```python
import aiohttp

session = aiohttp.ClientSession()


async def geocode(place):
    params = {
        'sensor': 'false',
        'address': place
    }
    async with session.get(
        'https://maps.googleapis.com/maps/api/geocode/json',
        params=params
    ) as response:
        result = await response.json()
        return result['results']
```

我们假设这个代码保存在一个名为 asyncgmaps 的模块中，稍后我们将使用它。现在我们准备重写在讨论多线程和多进程时使用的示例。以前，我们将整个操作分为两个单独的步骤。

- 使用 `fetch_place()` 函数并行执行对外部服务的所有请求。
- 使用 `present_result()` 函数显示循环中的所有结果。

但是因为协同多任务有时是完全不同于使用多进程或线程，我们可以稍微修改一下方法。我们不再关注"每一项使用一个线程"部分中提到的大多数问题。协程是非抢占式的，因此我们可以在等待 HTTP 响应后立即显示结果。这将简化我们的代码，使它更清楚：

```python
import asyncio
# 注意：本地模块提前引入
from asyncgmaps import geocode, session


PLACES = (
    'Reykjavik', 'Vien', 'Zadar', 'Venice',
    'Wrocław', 'Bolognia', 'Berlin', 'Słubice',
    'New York', 'Dehli',
)


async def fetch_place(place):
    return (await geocode(place))[0]


async def present_result(result):
    geocoded = await result
    print("{:>25s}, {:6.2f}, {:6.2f}".format(
        geocoded['formatted_address'],
        geocoded['geometry']['location']['lat'],
        geocoded['geometry']['location']['lng'],
    ))


async def main():
    await asyncio.wait([
        present_result(fetch_place(place))
        for place in PLACES
    ])


if __name__ == "__main__":
    loop = asyncio.get_event_loop()
    loop.run_until_complete(main())

    # 如果没有关闭 ClientSession，aiohttp 会抛出问题
```

```
# 因此我们需要手动清理
loop.run_until_complete(session.close())
loop.close()
```

13.4.5 使用 futures 将异步代码同步化

异步编程很棒，特别是对于构建可扩展应用程序感兴趣的后端开发人员。在实践中，它是构建高度并发服务器的最重要的工具之一。

但现实是痛苦的。许多处理 I/O 繁忙问题的流行包并没有使用异步代码。主要原因是：

- Python 3 及其一些高级功能的采用率依然很低。
- Python 初学者对各种并发概念的理解不足。

这意味着，迁移现有的同步多线程应用程序和软件包要么不可能（由于架构的限制），要么代价太大。许多项目可以从并入异步风格的多任务中获益匪浅，但只有少数人最终会这样做。

这意味着，现在，从一开始尝试构建异步应用程序时，你就会遇到很多困难。在大多数情况下，这些困难类似于*异步编程实例*中提到的问题——不兼容接口和 I/O 操作的非异步阻塞。

当然，当你遇到这种不兼容性，并且只是同步获取所需的资源时，你有时可以不使用 await。但是在你等待结果时，这将阻止每个其他协程在执行它的代码。它技术上工作，但也破坏了异步编程的所有收获。因此，最后，加入异步 I/O 与同步 I O 不是一个选项。它是一种全或无的游戏。

另一个问题是长时间运行 CPU 密集型操作。当你执行 I/O 操作时，可以很容易地从协程释放控制。当从文件系统或套接字写/读时，你最终会等待，所以使用 await 调用是最好的。但是，当你需要实际计算时，你知道这将需要一段时间，那究竟要做些什么呢？你当然可以把问题分解成几个部分，并在每次向前推进时释放控制权。但你会很快发现这不是一个好的模式。这样的事情可能使代码混乱，也不能保证良好的效果。时间分片应由解释器或操作系统负责。

所以如果你有一些代码，长时间进行同步 I/O 操作，你不能或不愿意重写，该怎么办。或者当你在主要使用异步 I/O 设计的应用程序中进行一些繁重的 CPU 密集型操作时该怎么办？你需要使用解决方法。而解决方法我的意思是多线程或多处理。

这可能听起来不太好，但有时最好的解决方案可能是我们试图逃避的。在 Python 中并行处理密集型计算任务时，用多进程处理总是更好。如果合理设置并小心处理，那么多线程可以与 as async 和 await 一样好地处理 I/O 操作。而且，这样做既快速，又没有大量的资源消耗。

因此，有时你不知道该怎么做时，当某些东西根本不适合你的异步应用程序时，使用一段代码，将它推迟到单独的线程或进程。你可以假装这是一个协程，释放控制到事件循环，最终在准备好时处理结果。幸运的是，Python 标准库提供了 concurrent.futures 模块，它也与 asyncio 模块集成。你可以使用这两个模块一起调度在线程或其他进程中执行的阻塞函数，因为它是同步非阻塞协同。

1. Executors 与 futures

在我们看到如何将线程或进程注入到异步事件循环之前，我们将进一步了解 concurrent.futures 模块，该模块稍后将会是我们所谓的解决方法的主要组成部分。

concurrent.futures 模块中最重要的类是 Executor 和 Future。

Executor 表示可并行处理工作项的资源池。这看起来非常类似于来自 multiprocessing 模块-Pool 和 dummy.Pool 的类——但是具有完全不同的接口和语义。它是一个不用于实例化的基类，它有两个具体的实现。

- ThreadPoolExecutor：这代表线程池。
- ProcessPoolExecutor：这代表进程池。

每个执行者提供 3 个方法。

- submit(fn, * args, ** kwargs)：这将在资源池上执行调度 fn 函数，并返回 Future 对象，该对象表示可调用的执行。
- map(func, * iterables, timeout = None, chunksize = 1)：在一个迭代器上执行 func 函数，它的方式类似于 multiprocessing.Pool.map() 方法。
- shutdown(wait = True)：这将关闭执行程序并释放其所有资源。

最值得注意的方法是 submit()，因为它返回 Future 对象。它表示一个可调用的异步执行，只是间接表示其结果。为了获得提交的可调用的实际返回值，你需要调用 Future.result() 方法。如果可调用已经完成，result() 方法将不会阻塞它，只会返回函数输出。如果不是真的，它将阻塞，直到结果准备好。把它看作一个结果的承诺（实际上它是一个与 JavaScript 中的 promise 相同的概念）。你不需要在收到它之后立即解开它（使用 result() 方法），但是如果你试图这样做，它保证最终返回结果如下：

```
>>> def loudy_return():
...     print("processing")
...     return 42
...
>>> from concurrent.futures import ThreadPoolExecutor
>>> with ThreadPoolExecutor(1) as executor:
...     future = executor.submit(loudy_return)
...
processing
>>> future
<Future at 0x33cbf98 state=finished returned int>
>>> future.result()
```
42

如果你想使用 Executor.map()方法，它与 multiprocessing 模块中的 Pool 类的 Pool.map()方法的用法没什么不同，如下所示：

```
def main():
    with ThreadPoolExecutor(POOL_SIZE) as pool:
        results = pool.map(fetch_place, PLACES)

        for result in results:
            present_result(result)
```

2．在事件循环中使用 executors

Executor.submit()方法返回的 Future 类实例在概念上非常接近异步编程中使用的协程。这就是为什么我们可以使用执行器在协同多任务和多进程或多线程之间进行混合。

此解决方法的核心是事件循环类的 BaseEventLoop.run_in_executor(executor, func, * args)方法。它会在进程池或线程池中调度执行由 executor 参数表示的 func 函数。这个方法最重要的是它返回一个新的 awaitable（一个可以用 await 语句的等待的对象）。所以正因为如此，你可以执行一个阻塞函数，它不是一个协程，正如它是一个协程，它不会阻塞，无论完成需要多长时间。它将只停止等待来自这样的调用的结果的函数，但是整个事件循环将仍然保持旋转。

事实上，你甚至不需要创建你的执行者实例。如果你传递 None 作为执行器参数，ThreadPoolExecutor 类将使用默认线程数（对于 Python 3.5，它是处理器数乘以 5）。

所以，让我们假设我们不想重写 python-gmaps 软件包的问题部分，这是造成我们头痛的原因。我们可以很容易地使用 loop.run_in_executor()调用将阻塞调用推迟到一个单独的线程，同时仍然将 fetch_place()函数作为一个可以等待的协程：

```
async def fetch_place(place):
    coro = loop.run_in_executor(None, api.geocode, place)
    result = await coro
    return result[0]
```

对于这个工作，这样的解决方案不如一个完全的异步库，但你应该知道有总比没有好。

13.5 小结

这是一个漫长的旅程，最终我们成功地奋力学习了并发编程的最基本的方法，这是 Python 程序员应该掌握的知识。

在解释了什么是并发之后，我们付诸行动，并在多线程的帮助下仔细分析了一个典型的并发问题。在确定我们的代码的基本缺陷并修复它们之后，我们转向多进程以了解它在我们的例子中是如何工作的。

我们发现基于 multiprocessing 模块使用多进程比基于 threading 使用基本线程更容易。但是在那之后，我们意识到，由于 multiprocessing.dummy，我们可以使用与线程相同的 API。因此，多进程和多线程之间的选择现在只是一个问题，哪个解决方案更适合问题，而不是哪个解决方案有更好的接口。

谈到问题适合，我们终于尝试异步编程，这应该是 I/O 密集型应用程序的最佳解决方案，只有意识到我们不能完全忘记线程和进程。所以我们做了一个圈子，回到我们开始的地方！

这使我们得到这一章的最终结论。没有高招。有一些方法，你可能喜欢或更喜欢。有一些方法可能更适合给定的一组问题，但你需要知道他们都是为了成功。在现实的情况下，你可能会发现自己在单个应用程序中使用了全部并发工具和模式，这并不少见。

前面的结论是对下一章主题的一个很好的介绍。这是因为没有一个单一的模式能解决所有的问题。你应该尽可能多的了解，因为最终你会在日常工作中使用它们。

第 14 章
有用的设计模式

针对软件设计的常见问题，设计模式是可复用的且有点语言相关的解决方案。关于这个主题的最流行的书是 *Design Patterns: Elements of Reusable Object-Oriented Software*，这本书由 Gamma、Helm、Johnson 和 Vlissides 编写，它们也被称为四人组（*Gang of Four*）或 *GoF*。这本书是这个领域中的重要著作，它收录了 23 种设计模式，并使用 SmallTalk 和 C++ 编写了示例。

在设计应用程序的代码时，这些模式有助于解决常见问题。所有开发人员对它们都似曾相识，因为它们描述了已验证的开发范例。但是在学习这些模式时应该考虑使用的语言，因为其中一些在某些语言中没有意义或者语言中已经内置了。

本章介绍了 Python 中最有用的以及最值得大家讨论的模式，以及实现示例。以下 3 个部分对应于 GoF 定义的设计模式类别。

- **创建型模式**（**creational patterns**）：这些模式用于生成具有特定行为的对象。
- **结构型模式**（**structural patterns**）：这些模式有助于为特定用例构建代码。
- **行为模式**（**behavioral patterns**）：这些模式有助于分配责任和封装行为。

14.1 创建型模式

创建型模式处理对象实例化机制。这样的模式可以定义如何创建对象实例或者甚至如何构造类的方式。

这些是编译型语言（如 C 或 C++）中非常重要的模式，因为在运行时难以生成需要的类型。

但是在运行时创建新类型在 Python 中是相当简单的。使用内置的 type 函数可以通过代码定义一个新类型的对象如下：

```
>>> MyType = type('MyType', (object,), {'a': 1})
>>> ob = MyType()
>>> type(ob)
<class '__main__.MyType'>
>>> ob.a
```

1
```
>>> isinstance(ob, object)
True
```

类和类型是内置工厂。我们已经处理了创建新的类对象,并且可以使用元类与类和对象生成进行交互。这些特性是实现**工厂**(factory)设计模式的基础,但我们不会在本节进一步描述它,因为我们在第 3 章广泛地讨论过类和对象创建的主题。

除了工厂设计模式,在 Python 中,GoF 中唯一值得注意的其他创建型设计模式是单例。

单例

单例(Singleton)限制类的实例化,只能实例化一个对象。

单例模式确保给定类在应用程序中始终只有一个存活的实例。例如,当你想要将资源访问限制为该进程中的一个且仅一个内存上下文时,可以使用此方法。例如,数据库连接器类可以是一个单例,它处理同步并且在内存中管理其数据。假设在此期间没有其他实例与数据库交互。

这种模式可以简化很多在应用程序中处理并发的方式。提供应用程序范围的功能的通用程序通常被声明为单例。例如,在 Web 应用程序中,负责保留唯一文档 ID 的类将受益于单例模式。应该有且只有一个通用程序做这个工作。

在 Python 中,一个常用的方法是通过覆写__new__()方法创建单例如下:

```
class Singleton:
    _instance = None

    def __new__(cls, *args, **kwargs):
        if cls._instance is None:
            cls._instance = super().__new__(cls, *args, **kwargs)

        return cls._instance
```

如果你尝试创建该类的多个实例并比较它们的 ID,你会发现它们都表示同一个对象,如下所示:

```
>>> instance_a = Singleton()
>>> instance_b = Singleton()
>>> id(instance_a) == id(instance_b)
True
>>> instance_a == instance_b
True
```

我将其称之为半习语,因为它是一个非常危险的模式。如果你已经创建了一个基类的实例,那么当你尝试对你的单例基类进行子类化并创建一个新的子类的实例时,问题就开始了，如下所示：

```
>>> class ConcreteClass(Singleton): pass
>>> Singleton()
<Singleton object at 0x000000000306B470>
>>> ConcreteClass()
<Singleton object at 0x000000000306B470>
```

当你注意到此行为受实例创建的顺序影响时，这可能会变得更加有问题。根据你的类的使用顺序，你可能会也可能不会得到相同的结果。如果你先创建子类的实例，然后，再创建基类的实例，让我们看看结果如下：

```
>>> class ConcreteClass(Singleton): pass
>>> ConcreteClass()
<ConcreteClass object at 0x00000000030615F8>
>>> Singleton()
<Singleton object at 0x000000000304BCF8>
```

正如你所看到的，行为是完全不同的，而且难以预测。在大型应用中，它可能导致非常危险并且难以调试的问题。根据运行时上下文，你可能使用或不使用你的目标类。因为这样的行为真的难以预测和控制，所以应用可能由于导入顺序的改变或甚至用户输入而中断。如果你的单例不是被子类化的，那么实现这种方式可能是相对安全的。无论如何，这是一个定时炸弹。如果未来有人忽略这个风险，并决定使用单例对象创建一个子类，一切都可能爆炸。避免这种特定实现的更安全的方式是使用替代方案。

更安全的方式是使用更先进的技术——元类（metaclasses）。通过覆写元类的__call__()方法，可以影响自定义类的创建。这样可以创建一个可重用的单例代码如下所示：

```
class Singleton(type):
    _instances = {}

    def __call__(cls, *args, **kwargs):
        if cls not in cls._instances:
            cls._instances[cls] = super().__call__(*args,**kwargs)

        return cls._instances[cls]
```

通过使用这个 Singleton 作为你的自定义类的元类，你可以获得可以安全子类化并且与实例创建顺序无关的单例如下所示：

```
>>> ConcreteClass() == ConcreteClass()
True
>>> ConcreteSubclass() == ConcreteSubclass()
```

```
True
>>> ConcreteClass()
<ConcreteClass object at 0x000000000307AF98>
>>> ConcreteSubclass()
<ConcreteSubclass object at 0x000000000307A3C8>
```

另一种克服琐碎单例实现问题的方法是由 Alex Martelli 提出的。他提出的这种方式在行为上类似于单例，但结构上完全不同。这不是来自 GoF 书的经典设计模式，但它似乎在 Python 开发人员中很常见。它被称为**博格**（Borg）或**单态**（Monostate）。

这个想法很简单。在单例模式中真正重要的不是类的存活实例的数量，而是它们在任何时候都共享相同的状态的事实。因此，Alex Martelli 想出了一个类，使类的所有实例共享同一个 __dict__：

```python
class Borg(object):
    _state = {}

    def __new__(cls, *args, **kwargs):
        ob = super().__new__(cls, *args, **kwargs)
        ob.__dict__ = cls._state
        return ob
```

这修复了子类化问题，但仍然依赖于子类代码如何工作。例如，如果覆写 __getattr__，则模式可能会被破坏。

然而，单例不应该有几个层级的继承。标记为单例的类已经是特定的。

也就是说，这种模式被许多开发者认为是一种处理应用程序唯一性的重要方式。如果需要单例，为什么不使用带有函数的模块，因为 Python 模块已经是单例了？最常见的模式是将模块级变量定义为需要单例的类的实例。这样，你也不会在你的初始设计中限制开发人员。

> **特别提示**
>
> 单例工厂是一种处理应用程序的唯一性的隐式方法。你可以使用它。除非你在需要这种模式的 Java 框架中工作，否则请使用模块而不是类。

14.2　结构型模式

结构型模式在大型应用中非常重要。它们决定代码的组织方式，并告诉开发人员如何与应用程序的每个部分进行交互。

很长一段时间以来，在 Python 中，Zope 项目中的 **Zope 组件架构**（Zope Component

Architecture，ZCA）提供了最知名的许多结构型模式的实现。它实现了本节中描述的大多数模式，并提供了一组丰富的工具来处理它们。ZCA 不仅可以在 Zope 框架中运行，而且也可以在其他框架（如 Twisted）中运行。它提供了接口和适配器的实现。

不幸的是（或许不是），Zope 失去了几乎所有的势头，并不如以前那样流行。但是它的 ZCA 可能仍然是在 Python 中实现结构型模式很好的参考。Baiju Muthukadan 创建了 Zope 组件架构的综合指南（A Comprehensive Guide to Zope Component Architecture）。可以免费地打印或者在线阅读它（参见 http://muthukadan.net/docs/zca.html）。该书写于 2009 年，所以它没有涵盖 Python 的最新版本，但它仍然是一份很好的资料，因为它提供了很多上述模式的基本原理。

Python 已经通过其语法提供了一些流行的结构型模式。例如，类和函数装饰器可以被认为是**装饰器模式**（decorator pattern）的应用。此外，支持创建和导入模块是**模块模式**（module pattern）的一种发散。

常见的结构模式有很多。最初的设计模式（Design Patterns）书中描述了 7 种，并且后续其他文献扩展也对这些模式进行了扩展。我们不会讨论所有的模式，主要关注 3 个最受欢迎并且公认的模式，它们是：

- 适配器（adapter）；
- 代理（proxy）；
- 外观（facade）。

14.2.1 适配器

使用**适配器**（adapter）模式可以在另一个接口中使用现有类的接口。换句话说，适配器包装一个类或一个对象 A，以便它能在目标上下文中工作，这可以是一个类或者一个对象 B。

在 Python 中创建适配器实际上是非常简单的，这归应于这种语言中的类型工作原理。Python 中的类型原理通常被称为鸭子类型（duck-typing）：

"如果它走路像鸭子，说话像鸭子，那它就是鸭子！"

根据这个规则，函数或方法接受的值，不应该取决于它的类型，而应基于其接口。所以，只要对象的行为正如预期的那样，即具有适当的方法签名和属性，它的类型被认为是兼容的。这与许多静态类型语言是完全不同的，在这些语言里这种事情几乎是不可行的。

实际上，当某些代码用于处理给定的类时，只要它们提供了代码使用的方法和属性，就可以向它提供来自另一个类的对象。当然，这假设代码不会调用 instance 来验证实例是否是特定类的实例。

适配器模式基于这个原理，并定义了一个包装机制，其中包装类或对象，以使其在主要不是为它工作的上下文中工作。StringIO 是一个典型的例子，虽然它适配 str 类型，同样它可以作为 file 类型如下所示：

```
>>> from io import StringIO
>>> my_file = StringIO('some content')
>>> my_file.read()
'some content'
>>> my_file.seek(0)
>>> my_file.read(1)
's'
```

让我们举另一个例子。DublinCoreInfos 类显示给定文档的都柏林核心集（Dublin Core）信息的一些子集的摘要（参见 http://dublincore.org/），该信息由一个 dict 提供。它读取几个字段，如作者的姓名或标题，并打印它们。为了能够显示文件的都柏林核心集，必须以 StringIO 同样的方式进行修改。图 14-1 显示了这种类型的适配器模式实现的 UML 图。

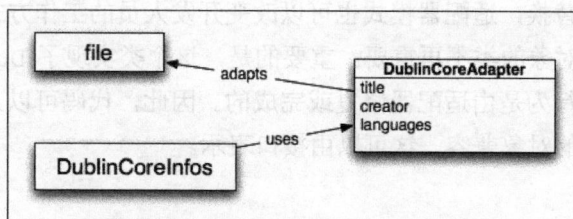

图 14-1　简单适配器模式示例的 UML 图

DublinCoreAdapter 包装一个文件实例，并通过它提供元数据访问如下所示：

```
from os.path import split, splitext


class DublinCoreAdapter:
    def __init__(self, filename):
        self._filename = filename

    @property
    def title(self):
        return splitext(split(self._filename)[-1])[0]

    @property
    def languages(self):
        return ('en',)

    def __getitem__(self, item):
        return getattr(self, item, 'Unknown')


class DublinCoreInfo(object):
```

```
def summary(self, dc_dict):
    print('Title: %s' % dc_dict['title'])
    print('Creator: %s' % dc_dict['creator'])
    print('Languages: %s' % ', '.join(dc_dict['languages']))
```

以下是使用示例：

```
>>> adapted = DublinCoreAdapter('example.txt')
>>> infos = DublinCoreInfo()
>>> infos.summary(adapted)
Title: example
Creator: Unknown
Languages: en
```

除此之外它允许替换，适配器模式也可以改变开发人员的工作方式。使对象在特定上下文中工作使得假设对象的类不再重要。重要的是，这个类实现了 DublinCoreInfo 正在等待的行为，这个行为是由适配器修复或完成的。因此，代码可以，只是设法，告诉它是否与实现特定行为的对象兼容。这可以由接口表示。

接口

接口（interface）主要进行 API 的定义。它描述了一个应该实现需要的行为的类的方法和属性的列表。这个描述不实现任何代码，只是为希望实现接口的任何类定义了显式契约。任何类都可以以任何想要的方式实现一个或多个接口。

虽然 Python 更喜欢使用鸭子类型，而不是显式接口定义，但有时后者可能更好。例如，显式接口定义使框架更容易定义接口上的功能。

好处是类是松耦合的，这被认为是一个好的做法。例如，为了执行给定的过程，类 A 不依赖于类 B，而是依赖于接口 I。类 B 实现了 I，但它可以是任何其他类。

在许多静态类型的语言中都内置了对这种技术的支持，例如 Java 或 Go。接口允许函数或方法限制实现给定接口的可接受参数对象的范围，无论它来自哪个类。这比将参数限制到给定类型或其子类更灵活。它像鸭子类型行为的显式版本：Java 使用接口在编译时验证类型安全性，而不是在运行时使用鸭子类型将事物绑定在一起。

与 Java 相比，Python 有一个完全不同的类型原理，所以它没有本地支持的接口。无论如何，如果你想对应用程序接口有更明确的控制，通常有两种解决方案可供选择。

- 使用一些添加接口概念的第三方框架。
- 使用一些高级语言特性来构建处理接口的方法。

（1）使用 zope.interface

你可以使用一些框架在 Python 中构建显式接口。最值得注意的一个是 Zope 项目的一部分。就是 zope.interface 包。虽然，现在，Zope 不像以前那么流行，zope.interface 包仍然是 Twisted 框架的主要组件之一。

zope.interface 包的核心类是 Interface 类。你可以通过子类化来显式地定义一个新的接口。让我们假设我们要为矩形的每个实现定义强制性接口，如下所示：

```python
from zope.interface import Interface, Attribute


class IRectangle(Interface):
    width = Attribute("The width of rectangle")
    height = Attribute("The height of rectangle")

    def area():
        """ 返回矩形的面积
        """

    def perimeter():
        """ 返回矩形的周长
        """
```

使用 zope.interface 定义接口时需要注意的一些重要事项如下。
- 接口的常用命名约定是使用 I 作为名称后缀。
- 接口的方法不能使用 self 参数。
- 由于接口不提供具体的实现，它应该只包含空方法。你可以使用 pass 语句，抛出 NotImplementedError，或提供 docstring（首选）。
- 接口还可以使用 Attribute 类指定所需的属性。

当你定义了这样的约定时，你可以定义新的具体类，为我们的 **IRectangle** 接口提供实现。为了做到这一点，你需要使用 implementer() 类装饰器，并实现所有定义的方法和属性如下所示：

```python
@implementer(IRectangle)
class Square:
    """ 使用 rectangle 接口的正方形实现
    """

    def __init__(self, size):
        self.size = size

    @property
    def width(self):
```

```
                    return self.size

       @property
       def height(self):
           return self.size

       def area(self):
           return self.size ** 2

       def perimeter(self):
           return 4 * self.size

@implementer(IRectangle)
class Rectangle:
    """ 矩形的具体实现
    """
    def __init__(self, width, height):
        self.width = width
        self.height = height

    def area(self):
        return self.width * self.height

    def perimeter(self):
        return self.width * 2 + self.height * 2
```

通常，接口定义了具体实现需要满足的约定。此设计模式的主要优点是能够在使用对象之前验证约定和实现之间的一致性。使用普通的鸭子类型方法，只有当运行时缺少属性或方法时，才会发现不一致。使用 zope.interface，你可以使用 zope.interface.verify 模块中的两个方法内省实际实现，已在早期发现不一致。

- verifyClass(interface, class_object)：这将验证类对象是否存在方法以及它们的签名的正确性，无需查找属性。
- verifyObject(interface, instance)：它验证方法，它们的签名以及实际对象实例的属性。

由于我们已经定义了我们的接口和两个具体的实现，让我们在以下交互式会话中验证它们的约定：

```
>>> from zope.interface.verify import verifyClass, verifyObject
>>> verifyObject(IRectangle, Square(2))
True
>>> verifyClass(IRectangle, Square)
```

```
True
>>> verifyObject(IRectangle, Rectangle(2, 2))
True
>>> verifyClass(IRectangle, Rectangle)
True
```

没有什么令人印象深刻。`Rectangle` 和 `Square` 类仔细地遵循定义的约定，所以除了成功验证之外，没有什么可做的了。但是当我们犯错误时会发生什么？让我们看一个没有提供完整的 **IRectangle** 接口实现的两个类的例子如下所示：

```
@implementer(IRectangle)
class Point:
    def __init__(self, x, y):
        self.x = x
        self.y = y


@implementer(IRectangle)
class Circle:
    def __init__(self, radius):
        self.radius = radius

    def area(self):
        return math.pi * self.radius ** 2

    def perimeter(self):
        return 2 * math.pi * self.radius
```

`Point` 类不提供 `IRectangle` 接口的任何方法或属性，因此其验证将显示类级别上已有的不一致如下所示：

```
>>> verifyClass(IRectangle, Point)
```

```
Traceback (most recent call last):
  File "<stdin>", line 1, in <module>
  File "zope/interface/verify.py", line 102, in verifyClass
    return _verify(iface, candidate, tentative, vtype='c')
  File "zope/interface/verify.py", line 62, in _verify
    raise BrokenImplementation(iface, name)
zope.interface.exceptions.BrokenImplementation: An object has failed to
implement interface <InterfaceClass __main__.IRectangle>

        The perimeter attribute was not provided.
```

Circle 类有点问题。它具有所有定义的接口方法，但在实例属性级别上破坏了约定。这就是为什么在大多数情况下，你需要使用 verifyObject()函数来完全验证接口实现的原因如下：

```
>>> verifyObject(IRectangle, Circle(2))
```

```
Traceback (most recent call last):
  File "<stdin>", line 1, in <module>
  File "zope/interface/verify.py", line 105, in verifyObject
    return _verify(iface, candidate, tentative, vtype='o')
  File "zope/interface/verify.py", line 62, in _verify
    raise BrokenImplementation(iface, name)
zope.interface.exceptions.BrokenImplementation: An object has failed to
implement interface <InterfaceClass __main__.IRectangle>

The width attribute was not provided.
```

使用 zope.inteface 是一个有趣的方法，可以用来解耦你的应用程序。你可以使用它强制适当的对象接口，而不需要过度复杂的多重继承，并且还可以提前捕获不一致。然而，这种方法的最大缺点是需要你明确定义给定类遵循某些接口以便进行验证。如果你需要验证来自外部类的内置库的实例，这是特别麻烦的。zope.interface 为这个问题提供了一些解决方案，你当然可以通过使用适配器模式，甚至猴子补丁自己处理这些问题。无论如何，这种解决方案的简单性至少是可争论的。

（2）使用函数注解与抽象基类

设计模式旨在使问题的解决更容易,而不是为你提供更多复杂的层次。zope.interface 是一个很棒的概念，可能很适合一些项目，但它不是一个妙招。通过使用它，你很快会发现自己花费更多的时间来解决第三方类的不兼容接口的问题，并永不停止地提供适配器层，而不是编写实际的实现。如果你觉得这样，那么这是一个迹象，出了问题。幸运的是，Python 支持构建轻量级的替代接口。它不是一个完整的像 zope.interface 或其替代品的解决方案，但它一般提供更灵活的应用程序。你可能需要写更多的代码，但最终你会得到更好的扩展性，更好地处理外部类型，以及更好的前瞻性（future proof）。

注意，Python 在其核心没有明确的接口概念，可能永远不会，但有一些特性，允许你建立一些类似于接口的功能。这样的特性如下。

- 抽象基类（Abstract Base Classes，ABC）。
- 函数注解（function annotations）。

- 类型注解（type annotations）。

我们的解决方案的核心是抽象基类，因此我们将首先介绍它们。

你可能知道，直接类型的比较是有害的，而非 Python 化（pythonic）。你应该总是避免如下的比较，代码如下：

```
assert type(instance) == list
```

比较函数或方法中的类型，完全破坏了将类的子类型作为参数传递给函数的能力。稍微好一点的方法是使用 isinstance()函数，它会考虑到继承，代码如下：

```
assert isinstance(instance, list)
```

isinstance()的另一个优点是可以使用更大范围的类型来检查类型兼容性。例如，如果你的函数期望接收某种序列作为参数，则可以与列表基本类型进行比较，代码如下：

```
assert isinstance(instance, (list, tuple, range))
```

这种类型兼容性检查的方法在一些情况下是可行的，但它仍然不完美。它可以与 list，tuple 或者 range 的任何子类一起使用，但如果用户传递的参数的行为与这些序列类型之一完全相同，但不继承任何它们，则会失败。例如，让我们放宽我们的要求，你想接受任何可迭代的类作为参数。你会怎么做？可迭代的基本类型的列表有很多。你需要覆盖list，tuple，range，str，bytes，dict，set，generator 等等。适用的内置类型有很多，即使你覆盖所有的内置类型，它仍然不允许你检查定义了__iter__()方法的自定义类，而这些自定义类是直接继承自 object。

对于这种情况，抽象基类（Abstract Base Classes，ABC）是合适的解决方案。ABC 是一个不需要提供具体实现的类，而是定义了可用于检查类型兼容性的蓝图类。这个概念非常类似于 C++语言中的抽象类和虚拟方法的概念。

抽象基类用于两个目的。

- 检查实现完整性。
- 检查隐式接口兼容性。

所以，让我们假设我们要定义一个接口，确保一个类有一个 push()方法。我们需要使用特殊的 ABCMeta 元类和来自标准 abc 模块的 abstractmethod()装饰器创建一个新的抽象基类，如下所示：

```
from abc import ABCMeta, abstractmethod

class Pushable(metaclass=ABCMeta):
```

```
@abstractmethod
def push(self, x):
    """ 推入任意参数
    """
```

abc 模块还提供了一个可以用来代替元类语法的 ABC 基类，如下所示：

```
from abc import ABCMeta, abstractmethod


class Pushable(metaclass=ABCMeta):


    @abstractmethod
    def push(self, x):
        """ 推入任意参数
        """
```

一旦完成，我们可以将 Pushable 类作为具体实现的基类，并且它将保护我们免于实例化具有不完全实现的对象。让我们定义 DummyPushable，它实现所有接口方法，而 IncompletePushable 没有遵循预期的约定如下所示：

```
class DummyPushable(Pushable):
    def push(self, x):
        return

class IncompletePushable(Pushable):
    pass
```

如果你想获得 DummyPushable 实例，没有问题，因为它实现了唯一必需的 push() 方法：

```
>>> DummyPushable()
<__main__.DummyPushable object at 0x10142bef0>
```

但是如果你试图实例化 IncompletePushable，你会得到 TypeError，因为缺少 interface() 方法的实现，如下所示：

```
>>> IncompletePushable()
Traceback (most recent call last):
  File "<stdin>", line 1, in <module>
TypeError: Can't instantiate abstract class IncompletePushable with
abstract methods push
```

前面的方法是确保基类的实现完整性的一个很好的方法，并且与供选择的 zope.interface 方法一样明确。DummyPushable 实例当然也是 Pushable 的实例，因为 Dummy 是

Pushable 的子类。如果是对于使用相同的方法，但不是 Pushable 的后代的的其他类？
让我们创建一个，看看：

```
>>> class SomethingWithPush:
...     def push(self, x):
...         pass
...
>>> isinstance(SomethingWithPush(), Pushable)
False
```

有些东西还是缺少。SomethingWithPush 类肯定有一个兼容的接口，但不是 Pushable
的一个实例。那么，缺少了什么呢？答案是__subclasshook__(subclass)方法，可以
使用该方法将自己的逻辑注入到以确定对象是否是给定类的实例的过程中。不幸的是，你
需要自己提供它，因为 abc 的创作者不想通过重写整个 isinstance()机制而约束开发人
员。我们得到了完全的权力，但是我们不得不写一些样板代码。

虽然你可以做任何你想做的事情，通常在__subclasshook__()方法中应该遵循通用
模式。标准的过程是检查在给定类的 MRO 中的某处定义的方法的集合是否可用，如下所示：

```
from abc import ABCMeta, abstractmethod


class Pushable(metaclass=ABCMeta):
    @abstractmethod
    def push(self, x):
        """ 推入任意参数
        """

    @classmethod
    def __subclasshook__(cls, C):
        if cls is Pushable:
            if any("push" in B.__dict__ for B in C.__mro__):
                return True
        return NotImplemented
```

通过以这种方式定义的__subclasshook__()方法，你现在可以确认隐式实现接口的
实例也被视为接口的实例：

```
>>> class SomethingWithPush:
...     def push(self, x):
...         pass
...
>>> isinstance(SomethingWithPush(), Pushable)
True
```

　　不幸的是，这种验证类型兼容性和实现完整性的方法没有考虑类方法的签名。因此，如果预期参数的数量与实现的不同，仍将被认为是兼容的。在大多数情况下，这不是一个问题，但是如果你需要这样细粒度的控制接口，zope.interface 包可以做到。如前所述，__subclasshook__()方法不会限制你在 isinstance()函数的逻辑中添加更多复杂性以实现类似的控制级别。

　　补充抽象基类的另外两个功能是函数注解和类型提示。函数注解是在第 2 章中简要描述的语法元素。它允许你用任意表达式注解函数及其参数。如第 2 章中所述，在类级别之下，这只是一个不提供任何语法意义的功能桩。在使用此功能的标准库中没有实用程序来强制执行任何行为。无论如何，你可以使用它作为一个方便且轻量级的方式通知开发人员期望的参数接口。例如，IRectangle 接口之前是使用 zope.interface，现在考虑使用抽象基类重写它，如下所示：

```
from abc import (
    ABCMeta,
    abstractmethod,
    abstractproperty
)


class IRectangle(metaclass=ABCMeta):

    @abstractproperty
    def width(self):
        return

    @abstractproperty
    def height(self):
        return

    @abstractmethod
    def area(self):
        """ 返回矩形的面积
        """

    @abstractmethod
    def perimeter(self):
        """ 返回矩形的周长
        """

    @classmethod
    def __subclasshook__(cls, C):
        if cls is IRectangle:
```

```
            if all([
                any("area" in B.__dict__ for B in C.__mro__),
                any("perimeter" in B.__dict__ for B in C.__mro__),
                any("width" in B.__dict__ for B in C.__mro__),
                any("height" in B.__dict__ for B in C.__mro__),
            ]):
                return True
        return NotImplemented
```

如果你有一个只在矩形上工作的函数，例如说 draw_rectangle()，你可以使用如下所示的方式对期望参数的接口进行注解：

```
    def draw_rectangle(rectangle: IRectangle):
        ...
```

这只给开发人员增加了一些有关预期的信息。甚至这是通过非正式约定，因为，我们知道，纯注解不包含句法意义。但是，它们在运行时是可访问的，因此我们可以做更多的事情。这里是一个通用装饰器的示例实现，它能够验证函数注解的接口，如果它使用抽象基类提供的话，如下所示：

```
    def ensure_interface(function):
        signature = inspect.signature(function)
        parameters = signature.parameters

        @wraps(function)
        def wrapped(*args, **kwargs):
            bound = signature.bind(*args, **kwargs)
            for name, value in bound.arguments.items():
                annotation = parameters[name].annotation

                if not isinstance(annotation, ABCMeta):
                    continue

                if not isinstance(value, annotation):
                    raise TypeError(
                        "{} does not implement {} interface"
                        "".format(value, annotation)
                    )

            function(*args, **kwargs)

        return wrapped
```

一旦完成，我们可以创建一些具体的类，它隐式实现 IRectangle 接口（不继承 IRectangle），并更新 draw_rectangle() 函数的实现，看看整个解决方案是如何工作的，如下所示：

```python
class ImplicitRectangle:
    def __init__(self, width, height):
        self._width = width
        self._height = height

    @property
    def width(self):
        return self._width

    @property
    def height(self):
        return self._height

    def area(self):
        return self.width * self.height

    def perimeter(self):
        return self.width * 2 + self.height * 2


@ensure_interface
def draw_rectangle(rectangle: IRectangle):
    print(
        "{} x {} rectangle drawing"
        "".format(rectangle.width, rectangle.height)
    )
```

如果我们用一个不兼容的对象来提供 draw_rectangle() 函数，它现在会抛出一个有意义解释的 TypeError：

```python
>>> draw_rectangle('foo')
Traceback (most recent call last):
  File "<input>", line 1, in <module>
  File "<input>", line 101, in wrapped
TypeError: foo does not implement <class 'IRectangle'> interface
```

但是如果我们使用 ImplicitRectangle 或类似于 IRectangle 接口的任何东西，函数执行它应该：

```
>>> draw_rectangle(ImplicitRectangle(2, 10))
2 x 10 rectangle drawing
```

我们的 `ensure_interface()` 的示例实现基于来自 `typeannotations` 项目的 `typechecked()` 装饰器，该项目试图提供运行时检查功能（参考 https://github.com/ceronman/typeannotations）。它的源代码可能会给你一些有趣的关于如何处理类型注解以确保运行时接口检查的想法。

可用于补充此接口模式格局的最后一个特性是类型提示。类型提示由 PEP 484 详细描述，最近被添加到语言中。它们在新的 `typing` 模块中公开，并且在 Python 3.5 中可用。类型提示建立在函数注解之上，并重用这个稍微被遗忘的 Python 3 的语法特性。它们旨在指导类型提示和检查各种未来的 Python 类型检查器。`typing` 模块和 PEP 484 文档旨在提供用于描述类型注解的类型和类的标准层次结构。

尽管如此，类型提示似乎并不是一个革命性的特性，因为这个特性并没有内置在标准库中的任何类型检查器。如果要在代码中使用类型检查或强制执行严格的接口兼容性，则需要创建自己的工具，因为还没有值得推荐的工具。所以，我们不会深入 PEP 484 的细节。无论如何，类型提示和描述它们的文档都值得提及，因为如果一些非凡的解决方案出现在 Python 类型检查领域，很有可能它是基于 PEP 484 的。

（3）使用 collections.abc

抽象基类像是创建更高抽象级别的小构建块。它们允许你实现真正可用的接口，并且非常通用，同时被设计的可以比单一的设计模式能够处理更多。你可以释放你的创造力，做神奇的事情，但创建一些通用的并且真正可用的类可能需要很多工作。这些工作可能永远不会有回报。

所以，自定义抽象基类不太常用。尽管如此，`collections.abc` 模块提供了许多预定义的 ABC，这些基类可以验证许多基本的 Python 类型的接口兼容性。使用此模块中提供的基类，可以进行检查，例如给定对象是可调用的，映射还是支持迭代。结合 `isinstance()` 函数使用它们比基于 python 类型的比较更好。你应该明确地知道如何使用这些基类，即使你不想用 ABCMeta 定义自己的自定义接口。

在 collections.abc 中，你可能经常会使用的抽象基类有。

- `Container`：此接口意味着对象支持 in 运算符并实现__contains__()方法。
- `Iterable`：此接口意味着对象支持迭代并实现__iter__()方法。
- `Callable`：这个接口意味着它可以像一个函数一样被调用，并实现__call__()法。
- `Hashable`：此接口意味着对象是哈希表（可以包含在集合中，作为字典中的键），并实现__hash__方法。
- `Sized`：此接口意味着对象具有大小（可以是函数 len()的主体），并实现__len__()方法。

在 Python 的官方文档中可以找到 collections.abc 模块中可用的抽象基类的完整列表（参考 https://docs.python.org/3/library/collections.abc.html）。

14.2.2 代理

代理提供对昂贵或远程资源的间接访问。**代理**（Proxy）在**客户端**（Client）和**主题**（Subject）之间，如图 14-2 所示。

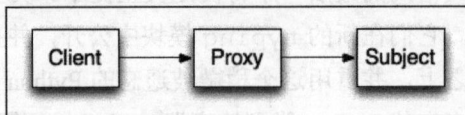

图 14-2 代理在客户端和主题之间

它旨在优化主题的访问，如果它们是昂贵的。例如，第 12 章中描述的 memoize() 和 lru_cache() 装饰器可以被视为代理。

代理还可以用于提供对主题的智能访问。例如，可以将大视频文件包装到代理中，当用户只是请求其标题时，这可以避免将它们加载到内存中。

urllib.request 模块中有这样一个例子。urlopen 是位于远程 URL 的内容的代理。创建时，可以独立于内容本身检索头信息，而无需读取响应的其余部分，如下所示：

```
>>> class Url(object):
...     def __init__(self, location):
...         self._url = urlopen(location)
...     def headers(self):
...         return dict(self._url.headers.items())
...     def get(self):
...         return self._url.read()
...
>>> python_org = Url('http://python.org')
>>> python_org.headers().keys()
dict_keys(['Accept-Ranges', 'Via', 'Age', 'Public-Key-Pins', 'X-Clacks-
Overhead', 'X-Cache-Hits', 'X-Cache', 'Content-Type', 'Content-Length',
'Vary', 'X-Served-By', 'Strict-Transport-Security', 'Server', 'Date',
'Connection', 'X-Frame-Options'])
```

通过查看头信息中的 last-modified 来确定页面是否在更新本地副本之前发生更改。让我们举一个大文件的例子如下：

```
>>> ubuntu_iso = Url('http://ubuntu.mirrors.proxad.net/hardy/ubuntu-8.04-
desktop-i386.iso')
```

```
>>> ubuntu_iso.headers()['Last-Modified']
'Wed, 23 Apr 2008 01:03:34 GMT'
```

代理的另一个使用范例是数据唯一性。

例如，让我们考虑一个网站，在多个位置呈现相同的文档。文档会附加上每个位置的特定字段，例如页面访问数和几个权限设置。可以使用代理来处理特定位置相关的情况，并且是指向原始文档而不是复制它。因此，给定文档可以具有许多代理，并且如果其内容改变，则所有位置都将受益，因为它们不必处理版本同步。

一般来说，代理模式主要用于实现可能存在于其他地方的某物的本地句柄。

- 使处理更快。
- 避免外部资源访问。
- 减少内存负载。
- 确保数据唯一性。

14.2.3 外观

外观（facade）提供对子系统的高层次，简单地访问。

外观只不过是使用应用程序功能的快捷方式，而不必处理子系统的底层复杂性。可以这样做，例如，可以通过在包级别上提供高级功能来完成。

外观通常在现有系统上使用，其中包的频繁使用是在高级功能中合成的。通常，不需要类来提供这样的模式，在 __init__.py 模块中的简单函数就足够了。

requests 包（参考 http://docs.python-requests.org/）是一个很好的示例项目，它在复杂并且综合的接口上提供了一个大的外观。它通过为开发人员提供易于阅读的简洁的 API，真正简化了在 Python 中处理 HTTP 请求和响应的棘手问题。它甚至打出这样的广告易用的 HTTP 库（HTTP for humans）。这种易于使用总是要付出代价的，但最终的权衡和额外的开销不会吓跑大多数人，他们依然将 Requests 项目作为他们的 HTTP 工具的首选。最终，我们可以使用它更快地完成项目，开发人员的时间通常比硬件更昂贵。

> **特别提示**
> 外观简化了软件包的使用。外观通常在使用反馈的几次迭代之后添加。

14.3 行为模式

行为模式旨在通过结构化它们的交互过程来简化类之间的交互。

本节提供了 3 个常用的行为模式的示例，在编写 Python 代码时，你可能需要考虑它们。

- 观察者。
- 访问者。
- 模板。

14.3.1　观察者

观察者（observer）模式用于通知列表中的对象关于被观察组件的状态改变。

使用观察者可以通过从现有代码库中解耦新功能，以可插入的方式在应用程序中添加特性。事件框架是观察者模式的典型实现，随后会在下面的图中描述。每次事件发生时，此事件的所有观察者都会收到触发该事件的主题的通知。

事件触发时创建事件。在图形用户界面应用程序中，事件驱动编程（参考 http://en.wikipedia.org/wiki/Event-driven_programming）经常用于将代码关联到用户操作上。例如，一个函数可以关联到 MouseMove 事件上，因此每次鼠标移动到窗口时都会调用该函数。

在 GUI 应用程序的情况下，从窗口管理内部解耦代码可以简化很多工作。函数是单独编写的，然后注册为事件观察器。这种方法存在于 Microsoft 的 MFC 框架的最早版本（参见 http://en.wikipedia.org/wiki/Microsoft_Foundation_Class_Library）以及所有 GUI 开发工具中，例如 Qt 或 GTK。许多框架使用信号（signals）的概念，但它们只是观察者模式的另一种表现形式。

代码也可以产生事件。例如，在将文档存储在数据库中的应用程序中，通过代码可以提供 DocumentCreated，DocumentModified 和 DocumentDeleted 3 个事件。基于文档工作的新特性可以将其自身注册为观察器，每次创建，修改或删除文档时，它们就会收到通知，并执行相应的工作。文档索引器可以在应用程序中以这种方式添加。当然，这要求所有负责创建，修改或删除文档的代码都会触发事件。但这比在应用程序代码库中添加索引钩子更容易！流行的 Web 框架 Django 的信号机制就是遵循这种模式。

可以在在类级别上编写实现用于在 Python 中注册观察者的 Event 类，如下所示：

```
class Event:
    _observers = []

    def __init__(self, subject):
        self.subject = subject

    @classmethod
    def register(cls, observer):
        if observer not in cls._observers:
            cls._observers.append(observer)
```

```
@classmethod
def unregister(cls, observer):
    if observer in cls._observers:
        cls._observers.remove(observer)

@classmethod
def notify(cls, subject):
    event = cls(subject)
    for observer in cls._observers:
        observer(event)
```

其思想是，观察者们使用 Event 的类方法注册它们自己，并且通过带有触发它们的主题的事件实例获得通知。下面是一些具体的 Event 子类的示例，一些观察者订阅了它的通知：

```
class WriteEvent(Event):
    def __repr__(self):
        return 'WriteEvent'

def log(event):
    print(
        '{!r} was fired with subject "{}"'
        ''.format(event, event.subject)
    )


class AnotherObserver(object):
    def __call__(self, event):
        print(
            "{!r} trigerred {}'s action"
            "".format(event, self.__class__.__name__)
        )


WriteEvent.register(log)
WriteEvent.register(AnotherObserver())
```

下面是使用 WriteEvent.notify() 方法触发事件的示例结果如下：

```
>>> WriteEvent.notify("something happened")
WriteEvent was fired with subject "something happened"
WriteEvent trigerred AnotherObserver's action
```

这个实现比较简单，仅用于说明的目的。为了使其充分发挥功能，可以通过以下方式进行改进：

- 允许开发人员更改顺序或事件。
- 使事件对象保存可以保存更多的信息，而不仅仅是主题。

解耦代码是很有趣的，观察者是处理该情况的正确模式。它组件化你的应用程序，并使其更具可扩展性。如果要使用现有的工具，请尝试 **Blinker**（参考 https://pythonhosted.org/blinker/）。它为 Python 对象提供快速并且简单的对象到对象以及广播的信号传递。

14.3.2　访问者

访问者（visitor）帮助分离算法与数据结构，并具有与观察者模式类似的目标。它允许扩展给定类的功能而不改变其代码。但是访问者做的更多的是，通过定义一个负责保存数据的类，并将算法推送到称为访问者的其他类。每个访问者专用于一种算法，并且可以将其应用于数据。

这种行为与 MVC 范式（参考 http://en.wikipedia.org/wiki/Model-view-controller）非常相似，其中文档是通过控制器推送到视图的被动容器，或者模型包含被控制器改变的数据。

访问者模式通过在数据类中提供可由各种访问者访问的入口点来实现。通用描述是一个 Visitable 类，它接受 Visitor 实例并调用它们，如图 14-3 所示。

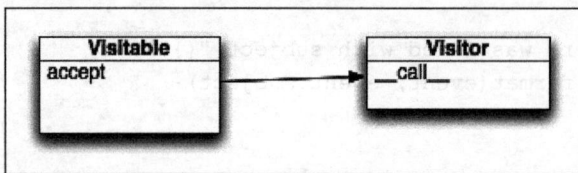

图 14-3　访问者模式

Visitable 类决定它如何调用 Visitor 类，例如，通过决定调用哪个方法。例如，负责打印内置类型内容的访问者可以实现 visit_TYPENAME()方法，并且每个类型都可以在 accept()方法中调用给定的方法，如下所示：

```
class VisitableList(list):
    def accept(self, visitor):
        visitor.visit_list(self)


class VisitableDict(dict):
    def accept(self, visitor):
        visitor.visit_dict(self)


class Printer(object):
    def visit_list(self, instance):
        print('list content: {}'.format(instance))
```

```
def visit_dict(self, instance):
    print('dict keys: {}'.format(
        ', '.join(instance.keys()))
    )
```

下面的示例就是这样做的：

```
>>> visitable_list = VisitableList([1, 2, 5])
>>> visitable_list.accept(Printer())
list content: [1, 2, 5]
>>> visitable_dict = VisitableDict({'one': 1, 'two': 2, 'three': 3})
>>> visitable_dict.accept(Printer())
dict keys: two, one, three
```

但是这种模式意味着每个被访问的类需要有一个被访问的 accept 方法，这是非常痛苦的。

由于 Python 允许代码内省，一个更好的主意是自动关联访问者和被访问的类，如下所示：

```
>>> def visit(visited, visitor):
...     cls = visited.__class__.__name__
...     method_name = 'visit_%s' % cls
...     method = getattr(visitor, method_name, None)
...     if isinstance(method, Callable):
...         method(visited)
...     else:
...         raise AttributeError(
...             "No suitable '{}' method in visitor"
...             "".format(method_name)
...         )
...
>>> visit([1,2,3], Printer())
list content: [1, 2, 3]
>>> visit({'one': 1, 'two': 2, 'three': 3}, Printer())
dict keys: two, one, three
>>> visit((1, 2, 3), Printer())
Traceback (most recent call last):
  File "<input>", line 1, in <module>
  File "<input>", line 10, in visit
AttributeError: No suitable 'visit_tuple' method in visitor
```

该模式以这种方式在 ast 模块中使用，例如，通过调用访问者的 NodeVisitor 类与编译代码树的每个节点。这是因为 Python 没有像 Haskell 这样的匹配运算符。

另一个例子是根据文件扩展名调用 Visitor 方法的目录遍历器，如下所示：

```
>>> def visit(directory, visitor):
...     for root, dirs, files in os.walk(directory):
...         for file in files:
...             # foo.txt → .txt
...             ext = os.path.splitext(file)[-1][1:]
...             if hasattr(visitor, ext):
...                 getattr(visitor, ext)(file)
...
>>> class FileReader(object):
...     def pdf(self, filename):
...         print('processing: {}'.format(filename))
...
>>> walker = visit('/Users/tarek/Desktop', FileReader())
processing slides.pdf
processing shol123.pdf
```

如果你的应用程序具有由多个算法访问的数据结构，则访问者模式将有助于分离关注点。对于数据容器来说，最好只专注于提供数据访问和持有数据，而无需关心其他任何事情。

14.3.3　模板

模板（template）通过定义抽象步骤来帮助设计一个通用算法，这些抽象步骤由子类来实现。这种模式使用**里氏替换原则**（Liskov substitution principle），在维基百科中这样定义。

> "如果 S 是 T 的子类型，则程序中类型 T 的对象可以用类型 S 的对象替换，而无需改变该程序的任何期望属性。"

换句话说，抽象类可以通过在具体类中实现的步骤来定义算法如何工作。抽象类还可以给出算法的基本或部分实现，并允许开发人员覆写其部分。例如，可以覆写队列模块中的 Queue 类的一些方法以改变其行为。

让我们实现一个例子，如图 14-4 所示。

Indexer 是一个索引器类，它以 5 个步骤处理文本，这是无论使用任何索引技术都常见的步骤。

- 文本规范化。
- 文本拆分。
- 去停用词。

- 抽取词干。
- 词频。

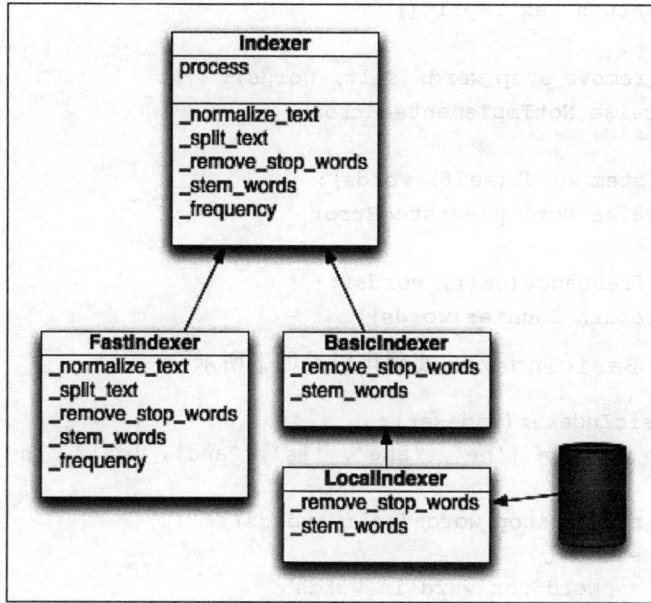

图 14-4 模板示例

Indexer 提供了流程算法的部分实现，但是需要在子类中实现_remove_stop_words 和_stem_words。BasicIndexer 实现最小必须的部分，而 LocalIndex 使用停用词文件和词干数据库。FastIndexer 实现所有步骤，可以基于快速索引器，如 **Xapian** 或 **Lucene**。

一个简单实现如下：

```python
from collections import Counter

class Indexer:
    def process(self, text):
        text = self._normalize_text(text)
        words = self._split_text(text)
        words = self._remove_stop_words(words)
        stemmed_words = self._stem_words(words)

        return self._frequency(stemmed_words)

    def _normalize_text(self, text):
```

```
                    return text.lower().strip()

        def _split_text(self, text):
            return text.split()

        def _remove_stop_words(self, words):
            raise NotImplementedError

        def _stem_words(self, words):
            raise NotImplementedError

        def _frequency(self, words):
            return Counter(words)
```

从那里，一个 BasicIndexer 实现可以是如下所示：

```
    class BasicIndexer(Indexer):
        _stop_words = {'he', 'she', 'is', 'and', 'or', 'the'}

        def _remove_stop_words(self, words):
            return (
                word for word in words
                if word not in self._stop_words
            )

        def _stem_words(self, words):
            return (
                (
                    len(word) > 3 and
                    word.rstrip('aeiouy') or
                    word
                )
                for word in words
            )
```

并且，和以往一样，这里是上面的示例代码的示例用法，如下所示：

```
>>> indexer = BasicIndexer()
>>> indexer.process("Just like Johnny Flynn said\nThe breath I've taken
and the one I must to go on")
Counter({"i'v": 1, 'johnn': 1, 'breath': 1, 'to': 1, 'said': 1, 'go': 1,
'flynn': 1, 'taken': 1, 'on': 1, 'must': 1, 'just': 1, 'one': 1, 'i': 1,
'lik': 1})
```

对于可以变化并且可以被表示为独立的子步骤的算法，应当考虑模板。这可能是 Python

中最常用的模式，并不总是需要通过子类来实现。例如，许多处理算法问题的内置 Python 函数接受允许将部分实现委托给外部实现的参数。例如，sorted() 函数允许一个可选的 key 关键字参数，稍后由排序算法使用。在给定集合中找到最小值和最大值的 min() 和 max() 函数也是如此。

14.4　小结

针对软件设计的常见问题，设计模式是可复用的且有点语言相关的解决方案。对于所有开发者来说，无论他们使用何种语言，设计模式都是必备修养。

因此，对于一种给定的语言，使用实现的例子来说明常用的模式，这是一种很好的学习设计模式的方式。在 Web 开发以及其他开发的书籍中，你可以很容易找到 GoF 书中提到的每一个设计模式的实现。所以，我们只关注 Python 语言中最常见且最流行的模式。